나는 대한민국 건축기사다

대한민국 건축기사의 1000일의 기록

나는 대한민국 건축기사다

두현 지음

대한민국 건축기사의 1000일의 기록

Vall, CP에서 탈출하라!

ACS와 균열, 한판 뜨자!

Mat, Mass Con'c 버블버블 핫핫!

Belt Wall & Outrigger, 이게 뭐꼬?

리 가지 못할까!

에일리언의 부화, RCD Pile

희들이 Desanding의 위력을 알아?

생각나눔

기간별 Process

건축대지

가설휀스 시공

흙파기공사

Earth Anchor

A동 RCD 두부정리

지하 골조공사

기준층 골조공사(4day cycle)

기준층 골조공사 + 외부마감공사

공종별 Process

계 약 → 착 공 → 가설공사 → 흙막이공사 → 흙파기 공사/지보

- 가설공사
  - 펜스/가설바닥
  - 가설사무실/가설 화장실 등
  - 가설도로/가설전기/가설설비
- 흙막이공사
  - Guide Wall
  - Slurry Wall
- 흙파기 공사/지보
  - Earth anchor
Pack anchor
  - Soil nailing
  - Opencut

가설바닥

Guide Wall

Slurry Wall

RCD Pile

흙파기 + 복공판

B동 Mat 기초

지하 상가부, 골조공사

저층부 골조공사

지상 상가층 골조공사 완료

조공사 + 외부마감공사 +
내부마감공사

최상층(68F~69F) 골조공사

완료

지정/기초공사	→	골조공사	→	마감공사	→	준 공
RCD Pile		철근콘크리트공사		방수/조적/금속공사 등		
온통/독립기초		철골공사		인테리어공사		
		커튼월공사		커튼월공사		
				조경/부대토목공사		

목차

3장 토공사

4장 골조공사

5장 마감, 기타

너에게는 **일감**이지만 나에게는 **글감**이었다

일감으로 생각하는 순간, 나에게 주어진 업무들이 내 심장을 짓누른다. 하지만 글감이라고 생각한 후부터는 모든 것이 새롭고 신기하다. 호기심은 도미노 현상처럼 끝없이 이어지고 실수 후에는 원인을 철저하게 분석하고 그 대안을 강구하게 한다. 성공 후에는 더 좋은 방안을 강구할 수 있는 윤활유가 된다.

이력서에 '신입사원 입사 10년 후, 전공관련 서적을 집필하겠다'는 야심찬 포부를 밝혔었다. 이것은 현장에서 근무하는 내내, 내 자신과 '글로 기록, 표현해야한다'는 약속이 되었다. 각종 논문과 전문서적을 정독(精讀), 통독(通讀)했다. 휴무일이면 서점과 도서관에서 살았다. 결혼전까지 장기간의 솔로 생활 덕분(?)에 책과 함께할 시간이 많았다. 슬러리월 관련책은 절판되어 시중에서 구할 수 없었다. 출판사 사장님이 재고 창고의 구석 한편에 박혀 누렇게 변해버린 책을 어렵게 구해주기도 했다.

학교를 졸업하고 입사를 한다는 것은 아마추어 생활을 마감하고 프로 무대로의 진출이다. 그랬기에 '신입사원&건축기사'였지만 엔지니어로서 건축 기술과 한판 승부를 벌이고 싶었다. 건축물을 시공하면서 매일매일의 시행착오를 기록했고 엄청난 양의 자료가 되었다. 2010년 건축기사 시절에 완성되어 출간하려고 했으나 이런저런 사정으로 차일피일 미루게 되었고 지금까지 10년이 넘는 시간이 흘렀다.

인턴사원, 신입사원, 대학교 실습생들에게 '나 때는 말이야, 내가 신입사원일 때는 말이야…." 마치 입에서 입으로 전해지는 드라마 '전설의 고향'처럼 '말로만' 가르치는 것이 싫었다. 아무런 기술적 근거, 데이터 없이 지시하는 엔지니어가 되고 싶지가 않았다. 그리고 10여년 전 건축기사 시절 출간하려고 했던 원고를 이제야 다시 꺼내었다.

건축, 건설은 쉽고 단순한 것 같지만 매우 난해하고 깊은 고민이 있어야 한다. 자칫 잘못하면 너무나 위험한 상황이 발생될 수 있고 회복할 수 없는 결과를 초래한다. 건축물은 100% 수작업으로 만들어지는 거대한 제품이다. 잘못 설계, 시공되어 문제가 발생되면 주머니에 넣어 동네 AS센터에 찾아가서 수리하는 제품이 아니다. 매일 사람이 거주하고 사람이 사용하는 곳이다. 어떤이들은 '이런 건설일을 하는데 무슨 건축적 지식이 필요할까, 그냥 노가다 잖아'라고 얘기한다. 정말 위험하고 무식한 소리다. 다행히 그렇게 생각하지 않은 이들이 더 많기에 우리는 안전한 건축물과 함께하고 있다.

건축, 건설에 종사하는 사람이라면 '나 이 바닥에서 10년, 20년…30년이야'라며 느낌만으로, 경험만으로 설계&시공을 해서는 안된다. 경험은 물론, 축적된 자료에 의한 기술적 근거가 바탕이 되어야 한다. 그러기 위해서는 전문가로서 본인의 경험과 실수를 잊혀지기 전에 반드시 글로 남겨야 한다. 왜 그토록 많은 경험을 했어도 똑같은 오시공과 실패가 반복되는지 곰곰이 생각해 보시라.

이 책은 20대 후반, 건축기사 시절(2008년~2010년) 1000일의 시간동안 직접 기록한 열정의 산물이다. 10년의 시간이 흘러 귓가의 흰머리가 덮인 지금, 건축기사 시절의 기록을 읽어보면 많은 감정이 솟구쳐 오른다. 정말 많은 생각, 처절한 고민의 흔적이 깊게 묻어 있다. 그 시절, 어떻게 이렇게 기록할 수 있었지? 내 자신에게 칭찬해 주고 싶고 한편, 지금의 나를 다시 돌아보게 한다. 지금의 나는 초심을 잃지 않았는가? 바쁘다는 이유로, 피곤하다는 이유로 나의 나태함을 감추려는 부끄러운 변명을 하고 있지는 않는가. 입사했을 때의 열정이 식어 버린 것은 아닌가….

건축기사 시절, 건축기사로서 직접 부딪히며 경험하고 기록했던 자료이기 때문에 많이 부족하다. 지금의 필자와는 다른 관점일 수도 있고, 현시점과는 다른 부분도 있을 수 있고, 뒷쳐진 부분도 있을 것이다. 이해해주시면 좋겠다.

신입사원인 건축기사의 럭비공 같은 질문을 받아 주셨던 선배님들께…
항상 도전해보라는 용기를 붇돋아 주셨던 선배님들께…
건축기사의 불타는 열정을 마그마보다 더욱 뜨겁게 타오르게 해주셨던 선배님들께.
감사의 마음을 전합니다.

2023년 1월

문래동 사무실에서, 새벽을 열며

2062
2060
1400
4 800
R657
2200
2 420
4 325
3725

초고층(超高層)?

고층 건축물보다 더 높은 건축물? 매우 높은 건축물? 궁금하다.

'초고층 건축물'은 **층수가 50층 이상이거나 높이 200m 이상인 건축물**을 말한다(「건축법」 시행령 제2조 15항). 혹자는 초고층 건축물과 고층 건축물이 별반 다르지 않다고 얘기하기도 한다.

'1+1=2'가 되듯이 건축물도 '40층+40층=80층', 40층 2개의 건축물을 그냥 붙여서 시공하는 것과 같다고 얘기하는 이들도 있다. 하지만 초고층 건축물은 초고층 구조, 피난안전구역 등 설계부터 가설공사, 본공사, 유지관리에 이르기까지 저층, 고층 건축물과는 다른 시각으로 접근해야 한다.

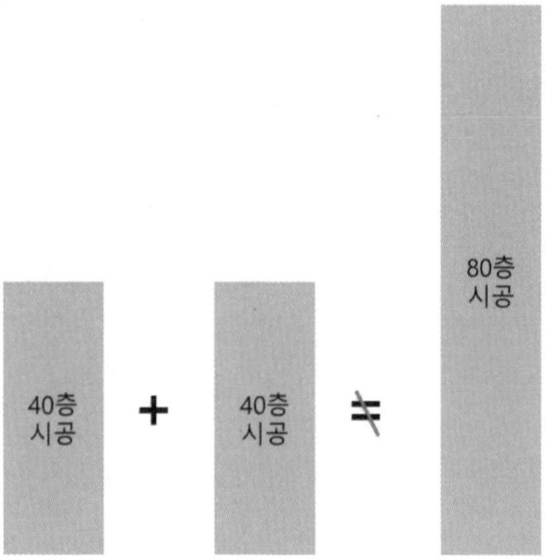

초고층 건축물을 위한 5M 관리

Method	* 횡하중에 대응하기 위한 Belt wall & Outrigger * Column Shortening * Stack effect * 코어선행공법, 코어병행공법 * Tact공정관리/4-day cycle, 3-day cycle
Machine	* 클라이밍 타워크레인, 해체크레인 * 고속 Liftcar * Auto Climbing System Form * Concrete Placing Boom
Material	* 고강도 Con'c * Mass Con'c 관리 위한 저발열 Con'c * 고강도 철근 * 커튼월, 고성능 단열 마감재
Man	* Tact공정관리 위한 숙련된 인원(배치) * 투입인원에 안전보건, 교육 * 초고층 전문인력
Money	* Method + Machine + Material + Man : 원가관리

이 장에서는 건축기사로서 초고층 건축물을 시공·관리하는 과정에서 경험한 시행착오들을 소개하고자 한다.

1장
초고층

Belt Wall + Outrigger, 이게 뭐꼬?

Belt Wall 시공의 어려움, 알랑가 몰라

Belt Wall과 Column Shortening의 만남

Delay Joint, Belt Wall 부등축소와 맞짱 뜨다

Belt Wall, CP에서 탈출하라!

ACS 균열과 한판뜨다

ACS 인상, EV Wall 부분은 다르지 않을까 했더니

Link Beam, 넌 누구냐

연돌효과, 네 이놈 썩 꺼지지 못할까

Belt Wall & Outrigger,
이게 뭐꼬?

하늘로 힘차게 솟아오른 대나무, 보기만 해도 상쾌, 통쾌하다. 늘씬한 자태를 뽐내는 대나무는 다른 나무들과 비교했을 때 굵기는 얇지만 길다. 이렇게 길게 뻗은 대나무가 강풍에도 부러지지 않고 견딜 수 있는 이유는 무엇일까? [그림1]과 같이 태풍, 강풍이 발생하면 대나무는 좌우로 흔들린다. 대나무는 부러질까? 아니다. 손목만큼은 얇은 대나무가 부러질 것 같지만, 절대 부러지지 않는다. 왜냐하면, 대나무에는 응력이 집중되는 부위에 '마디(節)'가 있기 때문이다.

실제로 대나무 마디 부분은 절간 부분에 비해 두껍고 단면이 채워져 있다(그림4). 만약 대나무에 마디(띠)가 없다면 약한 바람에도 맥없이 부러졌을 것이다.

내가 시공하고 있는 초고층 건축물의 Belt Wall & Outrigger의 원리를 대나무에서 찾아보고자 했다.
왜 초고층 건축물은 횡하중에도 붕괴되는 않는 것일까?

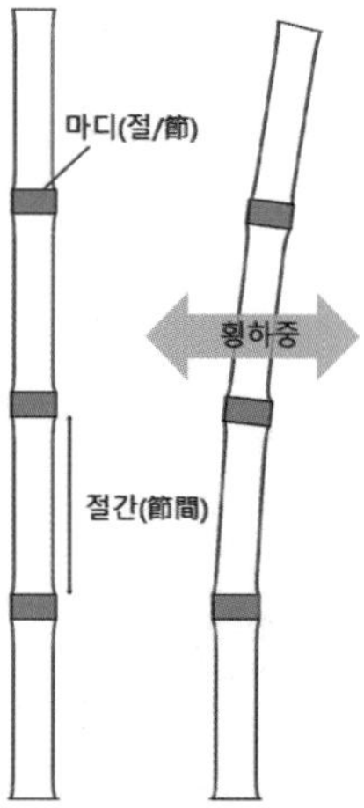

[그림1] 대나무

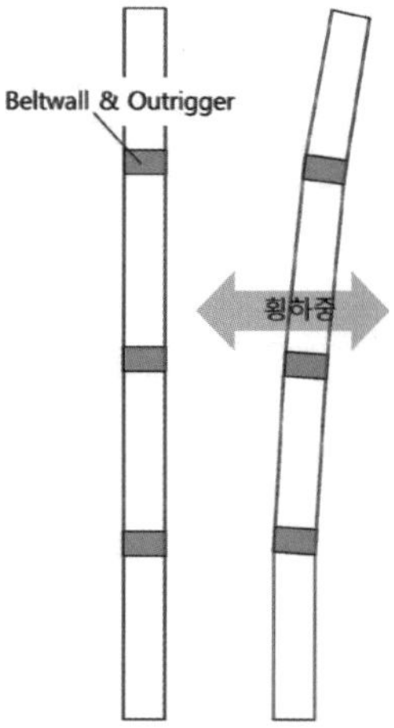

[그림2] 초고층 건축물

초고층 건축물에는 Belt Wall(or Belt truss) + Outrigger System이 적용된다. [그림1]과 [그림2]를 비교해 보자. 대나무는 횡력에 저항할 수 있는 띠, '마디'가 있다. 초고층 건축물은 대나무의 '마디' 역할을 하는 'Belt Wall + Outrigger System'이 횡력에 저항하는 기능을 한다. Belt Wall은 '외각 기둥을 벽(Wall)으로 연결한다(belt)'는 의미이다. 'Wall' 대신 철골을 'Truss' 형태로 적용하면 Belt truss 구조가 되는데, 구조설계 시 현장 여건에 따라 결정하게 된다.

Outrigger는 코어와 외각 기둥을 연결되게 하여 횡력 발생 시 기둥과 코어가 그 힘을 나눠서 부담하게 된다.

Belt Wall/Outrigger를 대나무와 비교해 보면 아래와 같다.

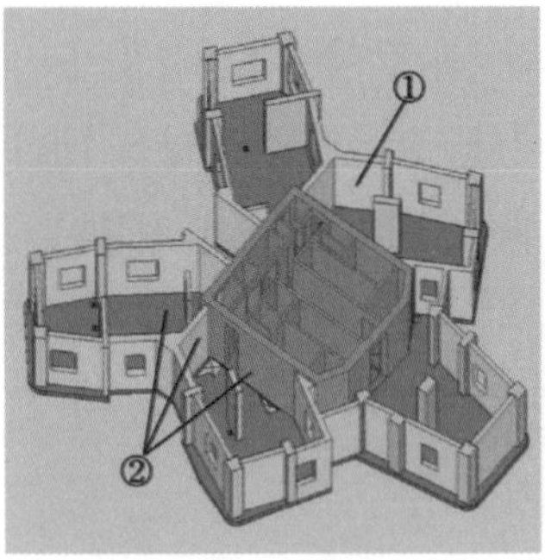

[그림3] Belt Wall/Outrigge

[그림4] 대나무 마디(띠)

구분	건축물	대나무
①	**Belt Wall/Belt Truss**	**마디(띠)**
②	**Outrigger System** (Core Wall + Fin Wall + Link Beam + Slab 등)	**마디 판**

Belt Wall & Outrigger의 설계

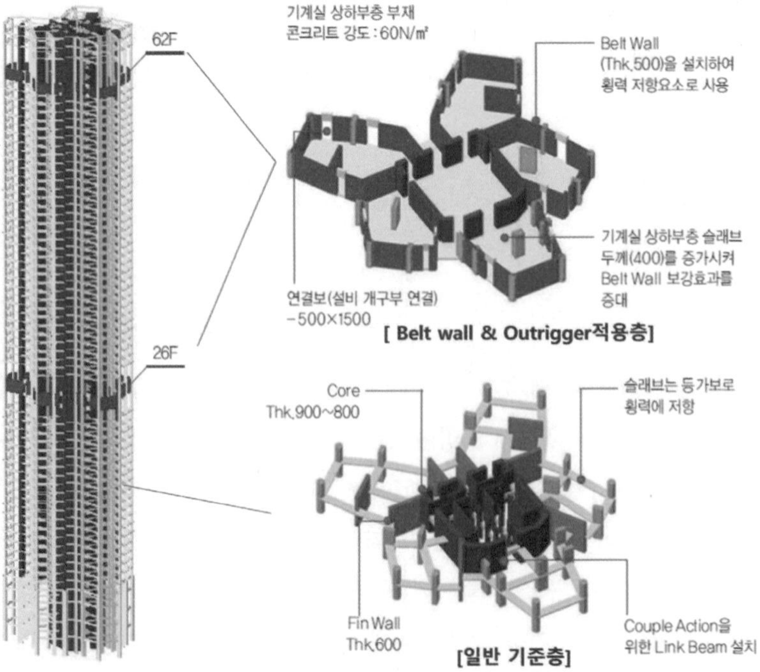

기준층과 아웃리거층은 동일하게 'Core Wall + Fin Wall + Flat Plate Slab + Link Beam'을 적용하여 구조물의 강성을 증대시켰고, 아웃리거층(26F, 62F)은 Belt Wall과 연계, Flat Plate Slab Thk를 증대하여 강성을 최대화시켰다.

나는 강성에 대한 효과를 수치적으로 이해하고 싶었고 단면 2차 모멘트를 통해 대략적으로 그 원리를 파악하고자 했다.

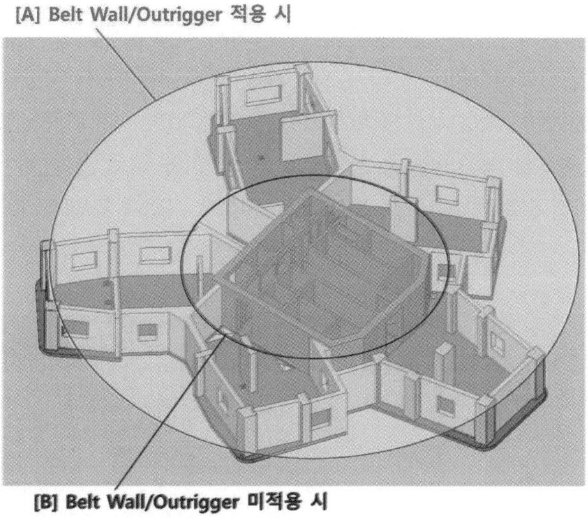

[A] Outrigger/Belt Wall 적용 시
D : 50m

$I = \pi D^4/64 =$ <u>306,640m⁴</u>

[B] Outrigger/Belt Wall 未적용 시
D : 25m

$I = \pi D^4/64 =$ <u>19,165m⁴</u>

위와 같이 단순 비교했다고 가정해 보자. 지름 D의 차이는 2배이지만, 단면 2차 모멘트는 많은 차이를 보인다. 아웃리거층이 기준층보다 강성이 크기에 횡력에 대한 저항력이 강하다는 것을 알 수 있다.

강성을 증대시키기 위해서는 Core Wall, Fin Wall, Outrigger 등 여러 아이템이 적용되었다. 구조 검토 시 단계별 강성은 아래와 같다.

	System Development	Stiffness Ratio
1	Core	100%
2	Core + Fin Wall	194%
3	Core + Fin Wall + Outrigger/Belt Wall(1EA)	260%
4	Core + Fin Wall + Outrigger/Belt Wall(2EA)	284%
5	Core + Fin Wall + Outrigger/Belt Wall(2EA) + Effective Girder	304%

[단계별 강성 기여도]

▶ 건축기사의 생각

'Belt Wall + Outrigger' 단어조차도 생소했다.

고민하기 시작하면서부터 주변에 있는 대나무, 강풍에 쓰러지지 않기 위해 지지대로 묶인 나무들이 눈에 들어온다. 공통적인 무엇인가가 있다. 나무가 강풍에 넘어지는 것을 방지하기 위해 지지대를 설치하고 각각의 나무들을 연결하여 횡력에 대응한 것이다. 건축물에서 외각 기둥을 연결한 벨트월/벨트트러스와 Fin Wall, Link Beam, Slab로 Core Wall과 연결하여 강성을 높여 횡력에 대응하는 것과 같은 원리다. 이뿐만이 아니다. 현장에서 매일 하루에도 수십 번씩 바라보는 이동식 비계, 펌프카, 사다리차의 아웃리거, 등 그동안 눈에 들어오지 않았던 것들이 나의 머릿속에, 나의 심장에 팍팍 박혔다. 시공회사에서 근무한다고 단순 시공에만 힘쓸 것이 아니라 공법에 적용되는 원리를 이해하면 공사 기간과 원가절감에 더욱 충실할 수 있다고 생각했다. 비록 지금 나는 신입 건축기사이지만, 이게 바로 진정한 관리자 & 엔지니어의 정체성이라고 생각된다.

공원의 나무들

강풍에 넘어지지 않도록 지지대와 각각의 나무들이 서로 연결되어 있다. 연결된 나무들은 하나로 일체화되어 횡력에 저항한다.

이동식 비계

현장에서 사용되는 이동식 비계, 전도되지 않도록 아웃리가 설치되어 있다.

Belt Wall 시공의 어려움, 알랑가 몰라

62층, Belt Wall 철근 시공

Belt Wall 층고는 기준층 대비 2배 정도 높고 각 기둥을 연결(Belt)하는 벽(Wall)이 추가되기 때문에 일반 기준층보다 많은 자재와 인력이 투입되고, 공사 기간은 기준층(4day cycle) 대비 10배 이상 소요됐다. 시공 전, 세밀한 선 검토가 필수적이며, 설계사, 협력사와 완벽한 사전 협의만이 공정, 품질, 원가관리가 원활하게 이루어질 수 있다.

ACS(Auto Climbing System), Climbing Towercrane, CPB(Concrete Placing Boom) 등 가설 장비와의 간섭문제 또한 Belt Wall & Outrigger 층 공사를 위해서 많은 고민이 필요했다.

1) 공　정: 기준층 4day cycle 적용 불가, 전체적 공정 재수립
2) 구　조: Column shortening 대비 Delay Joint 적용, 난해한 철근 조립 부분 해결
3) 마　감: 커튼월 시공을 위한 Embed Plate, 후시공 부분 검토
4) 가설장비: ACS , TC, CPB 간섭 부분 해결, ACS Anchoring 부위 보강/동절기 가열 양생

타사의 Belt Wall 철근 시공

X형의 시공은 기둥수직 철근/Hoop 철근, Wall 철근의 간섭으로 철근 정착, 간섭 등으로 시공성이 낮고 피복두께 부족현상이 불가피하다.

현장 적용 Belt Wall 철근 시공

Link Beam, wall로 구성되어 심플하다. 시공성이 아주 우수하다.

26층 Belt Wall층 Slab

Belt Wall은 새롭게 생성되는 수직철근을 시공하기 위해서는 Beltewall 하부층부터 다월바(Dowel Bar)의 간격, 규격 등을 철저히 검토 후 시공돼야 한다.

27층 Slab에 정착되는 Link Beam 상부

26층에 설치되는 Link Beam은 27층 슬래브에 정착된다. 27층 슬래브 철근 시공 전에 철근 간격, 규격에 맞도록 형틀 시공이 필수적이다.

기준층

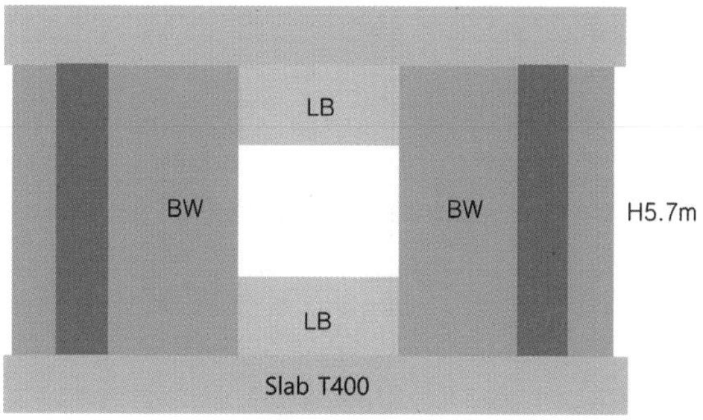

Belt Wall층

기준층 vs Belt Wall층 비교

구 분	층고	Slab thk	철근량	Con' c량	Con' c강도(Mpa)		시공기간	면적
기준층	3. 2m	250mm	55. 5Ton	910m^3	수직 : 45	수평 : 30	4일	888m^2
Beltwall층	5. 7m	400mm	220Ton	2, 220m^3	수직 : 60	수평 : 60	45일	888m^2

* 골조공사 기준. 기준층, Belt Wall층 동일 Flat Plate Slab 적용

Belt Wall & Outrigger 1개층 시공에는 31일이 소요됐다. 이를 위해서 전후층에서 준비해야 할 부분까지 고려하면 15일이 추가된 약 45일 정도의 시간이 소요됐다. 현장에는 26층, 62층 2개소에 Belt Wall & Outrigger 시스템이 적용됐다. 26층 처음 적용 시 많은 시행착오가 발생했다. 이를 반면교사 삼아 62층에서는 가설, 구조, 마감, 시공 부분에서는 면밀한 검토를 진행했다. 철근배근, 형틀, ACS, 커튼월, 단열설계, 레벨 조정 등 철두철미하게 준비했다.

Belt Wall 층에서 공사 기간이 기준층에 비해 8배 이상 소요됐던 이유는 층고가 높고, 기준층에서 사용되던 AL Form, Gangform, ACS를 그대로 사용할 수 없어 유로폼 형틀과 시스템비계로 수작업을 해야 했기 때문이다. 또한, Column Shortening에 의한 부등(不等)축소로 인해 발생하는 부가응력에 대응하기 위해 Delay Joint 시공 시간이 추가적으로 소요됐다.

62F outrigger 작업사항

	일	월	화	수	목	금	토
			1	2	3	4	5
				설연휴			
	6	7	8	9	10	11	12
철근 형틀	62층 1차 슬래브형틀 단열재, 코어부위 단차구간, 계단 재래식형틀작업 단열재위 먹매김, 전기설비 박스시공	철근양중	62층 1차 슬래브철근(명) 62층 1,2차 수직재(33대)		62층 2차 슬래브 철근(명) 62층 1차 슬래브 타설	EV ACS해체	62층 1차 철근양중 EV ACS해체 양중 62층 2차 슬래브 타설
TC	13	14	15	16	17	18	19
기타 철근 형틀 TC 기타	62층 1차 수직철근배근 갱폼해체, 철근양중, ACS발판해체, 형틀양중, 기타 자재양중 등 타워사용이 과부하로 공정차질 불가피, 타워사용불가로 lead time발	62층 1차 수직철근(21명) 1차구간 갱폼해체(후문) 타워갱폼해체 율인으로 타양중 못함	62층 1차 수직철근(9명,오전) 1차 ACS Level-0발판제거(2차슬래브에적재) 발판제거, 타워작업으로 철근 및 형틀작업불가	1차형틀양중 - 수평조절목 2호세대(8명) 발판안전난간대, 비계시공(9명) 1차구간 수직알폼해체 62F로 양중, 반출 Only 16일, 타워러시로 인해 해체, 반출은 수직형틀시공 후 or 슈퍼데크설치 후 연기 2차 갱폼해체 반출,4층 ACS해체,정리	차,2차 수평조절목(18명), 유로폼1차구간 양 62F 동바리, 형틀해체 반출 비계완료세대 없어 형틀선조립 못하여 동바리해체, 2차 수평조절목시공 투입 비계시공(9명)-2호세대 2차 갱폼해체 반출, 3호 ACS인상	1차 수직형틀,선조립-1호세대(18명) EV Wall 시공(inside) Start 고군팀6명 지원, 61층 서포트, 알폼해체 비계시공(10명)	1차수직형틀시공, 선조립 1,2호세대 공간확보로 선조립(17명) 비계시공(9명) 호이스트 인상 S-58F,58F
	20	21	22	23	24	25	26
철근 형틀 TC 기타	1차수직형틀시공, 선조립	1차수직형틀시공, 선조립	1차 수평형틀양중, 시공 2차구간 수직철근양중 2차 수직형틀 선조립 Beam반입 확인	2차구간 철근시공 2차구간은 4층 yard에서 형틀 선조립, 1차때는 4층이 ACS해체정리로 full.	63층 1차 수평철근 양중 2차구간 선조립 수직형틀 양중	1차 수평철근양중, 시공 1차 수직재 타설 - 1(20대)	2차 수직선조립 형틀 시공 1차 수직재 타설 - 2(35대)
	27	28	1	2	3	4	5
철근 형틀 TC 기타	우천으로 작업없음	슬래브 Edge부위 시공 1차 CJ부위 수직형틀(26명) 2차 수직형틀 1차 슬래브 구간 형틀, 자재 정리반출 62층 수직재 타설-3(13대)	오전 눈, 형틀 타워작업 오전불가 Beam설치(1차구간) 타워작업(자재정리, Beam)	2차 수직형틀(20명) 1차 슬래브 형틀 먹매김	슬래브 철근양중 2차 수직형틀(26명) 1차 코어슬래브 형틀 1차 BW외부 슬래브형틀 동바리수평보강재 62층 이동, 시공	1차 슬래브 철근시공 2차 수평형틀	62F 2차 수직재타설-1(20대)
	6	7	8	9	10	11	12
	2차 수평형틀 63F 1차구간 수직재 형틀	2차 수평철근양중 2차구간 수직재 타설-2(44대)	BW 31일 소요 => 62층 바닥 단열재 시공기준으로 오후 강풍으로 타워작업 못함 2차구간 Beam,deckplate 1차구간 슬래브 타설(48대)	수직형틀 해체 2차구간 수평철근 하부일부 1차 슬래브타설 부위 양생부족 => 63F 1차 수직철근시공 못함 오후 강풍으로 타워작업 못함	수직형틀 해체 및 양중 63F 2차구간 수평철근배근 63F 1차 수직재 비계작업 오후 강풍으로 타워작업 못함	63F 1차 수직철근시공 2차 슬래브,수직 타설(53대)	63F 1차 수직형틀시공(22명) 63층 part-2 수직철근(20명)

Belt Wall & Outrigger 작업 기록

62층 Belt Wall 시공을 관리하면서 하루하루의 작업사항을 기록했다. Belt Wall을 시공하기 위해서는 Belt Wall 상하부층까지 포괄적으로 검토해야 한다.

Belt Wall은 26층과 62층에 적용되었다. 처음으로 시공되었던 26층의 Belt Wall은 공정관리 측면에서 많은 우여곡절을 겪었다. 26층에서의 뼈아픈 과오를 발판 삼아 절치부심하며 62층에서는 반드시 성공하겠다고 의지를 불태웠다. 하지만 62층 Belt Wall에는 또 다른 난관들이 줄지어 기다리고 있었다.

1) 62층, 지상 200m 높이로 풍속에 의한 가설장비 운영 효율 저하
- 자재, 인력 양중 시간 증가(지상 1층 ⟨=⟩ 62층)
- 62층 야적 공간 부족으로 인한 자재 적재, 시공 효율 저하
- Towercrane 가동 시간 저하(저/중층부 대비 40% 가동)
- 풍속 증가에 의한 Towercrane 가동 중단(저/중층부 대비 중단율 50% 증가)

2) 가설장비 간섭
- Climbing Towercrane과 ACS(Auto Climbing System)
- CPB(Concrete Placing Boom) vs Climbing Towercrane

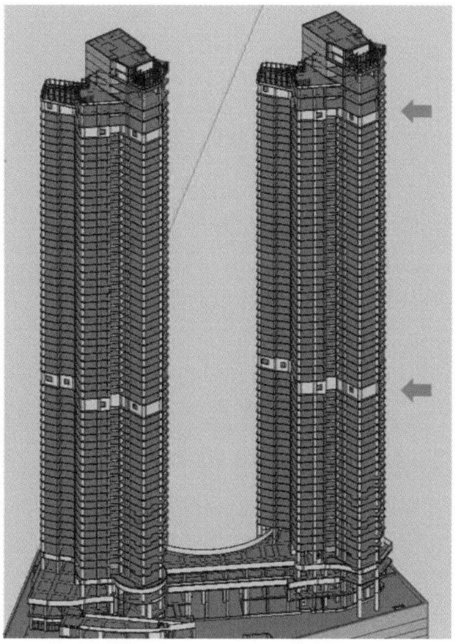

Modeling Belt Wall

커튼월 마감된 Belt Wall

Belt Wall & Outrigger 층은 기준층 대비 4배 정도의 철근과 형틀량이 소요되었다. 이는 자재 야적으로 인해 시공에 필요한 공간이 턱없이 부족했고, 공사 기간이 증가하는 결과를 초래했다. 이에 수직재 철근을 지상층에서 선 조립하여 양중, 시공하는 방안

을 시도해 보았지만, 저층부에서의 선선한 바람은 고층부에서는 초속 15m/s를 훌쩍 넘겨 타워크레인을 운행할 수조차 없었다. 시도는 실패로 끝났다.

모델링을 통해 골조와 마감의 오차를 줄이고, 공기 단축을 시도했다. Belt Wall은 시공사례가 흔치 않기에 공법에 관한 연구와 소요 자재, ACS(Auto climbing system), Climbing Towercrane 등 복합적으로 연계한 검토가 필요했다.

Belt Wall 시공을 관리하면서 Belt Wall이 적용된 26층, 62층의 경우 골조공사와 커튼월 공사를 후시공으로 적용했었다면 공사 기간을 상당 기간 단축시킬 수 있지 않을까란 생각이 들었다.

▶ 건축기사의 생각

26층과 62층에 Belt Wall 시공하며 공기를 연장하지 않으려면 어떻게 해야 할까 밤낮으로 고민했다. 그 고민은 초고층 건축물 시공에 참여했던 엔지니어라면 누구나 했을 것이다.
내가 만약 10년, 20년 후에 초고층 건축물 시공을 다시 경험한다면 Belt Wall 후시공을 적용하여 Belt Wall 층 공사를 CP(critical path)에서 제외시켜 보고 싶다.

Belt Wall과 Column Shortening의 만남

Column Shortening. 기둥(Column) 축소(Shortening)

건축물이 고층으로 시공될수록 수직 부재에 전달되는 압축 하중에 비례하여 압축 변형이 발생된다. 압축 변형에 의해 기둥이 축소되는 현상을 Column Shortening이라고 한다. 부재 전체가 균등하게 축소되면 문제가 덜하겠지만, 각 수직재가 서로 다른 비율로 축소된다면(不等, 부등) 부재에 부가응력이 발생하여 구조적으로 문제가 발생할 수 있다.

시공학에서 '지반이 연약하거나 이질지정으로 인한 구조물은 부등 침하가 발생되어 구조체의 균열을 유발하고 파괴에까지 이른다.'라고 배웠을 것이다. 부등축소도 이와 유사한 피해를 유발시킨다.

부등축소는 不(아니 부), 等(같을 등), 즉 다른 비율로 축소(differential Shortening)된다는 의미로 구조물에 균열이 발생되어 구조적 안정성에 심각한 영향을 미치게 된다.

초고층 건축물에서 수직하중에 의해 서로 다른 규격의 수직재가 다른 비율로 축소됐을 때 부등(不等)축소가 발생되는데 여러 가지 문제점을 일으킬 수 있다.

첫째, 구조적 측면이다. 초고층 건축물에서 횡력에 저항할 수 있는 역할을 하는 Belt Wall & Outrigger에 부가응력을 발생시켜 구조 결함을 유발한다.

둘째, 사용적 측면이다. 커튼월 파손에 의한 탈락과 누수, 설비배관 파손에 의한 누수, 내부 마감재 파손, 엘리베이터 고장 등의 문제점을 유발시킬 수 있다.

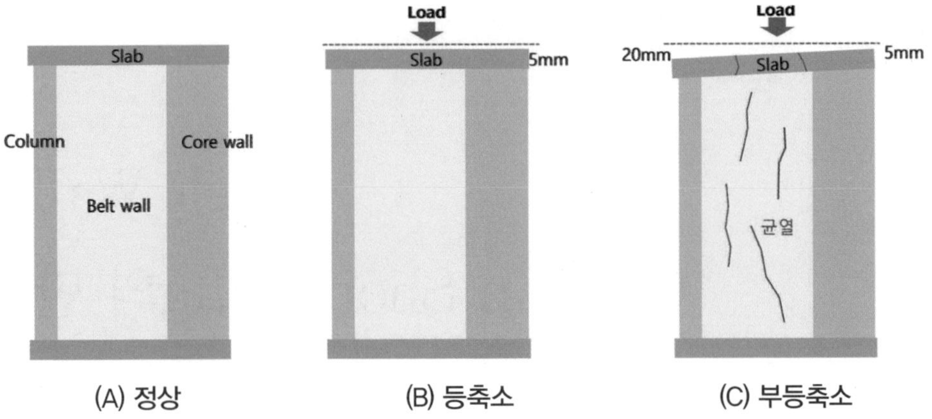

부등축소에 의한 구조물을 영향을 이해하기 위해 위와 같이 모식도를 그려보았다. (B)는 기둥과 코어월이 균등하게 축소되어 구조물이 전체적으로 동일하게 축소되었다. 하지만 (C)는 기둥과 코어월 축소량이 균등하지 않고 부등(不等)하다. (C)의 좌측 기둥은 30mm, 우측 기둥은 5mm 축소되었다고 가정해 보면 수직, 수평 부재에 부가응력을 유발시켜 균열투성이가 될 것이며, 초고층 건축물에서 횡력에 저항하는 역할을 하는 'Belt Wall + Outrigger system'은 무의미한 요소가 될 것이다. 초고층 건축물에서 Column Shortening은 불가피하게 발생된다.

불가피하다면 어떻게 대처해야 할까?

[그림1, 2]와 같이 건축물의 최하층인 지하 7층과 지상 5층 수직재 철근에 부등축소량 예측을 위한 계측센서를 설치했다. 추후 골조공사를 진행하며 축적된 데이터를 통해 해석결과와 계측결과를 분석하여 대안을 마련하기 위한 목적이다.

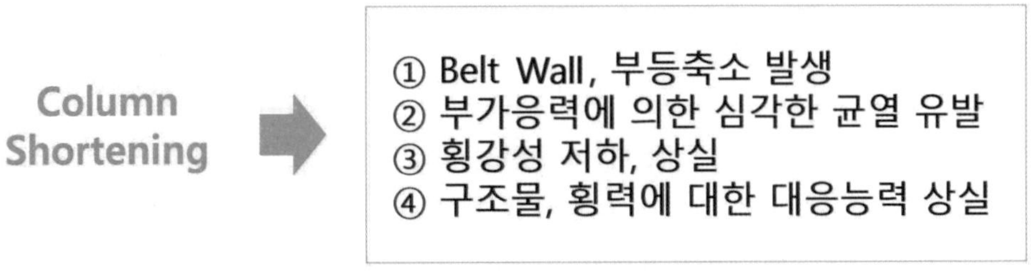

해석결과와 계측결과는 동일한 경향을 보이거나 해석에 비해 계측결과가 작은 경향을 보였다. 계측에 의한 결과 [그림3], [그림4] 부등축소 분포도를 보면 부재 사이에 서로 다른

축소량이 발생됐다는 것을 알 수 있다. 'Belt Wall + Outrigger'에 부등축소는 심각한 구조균열을 유발시킨다. 횡강성이 상실되면 'Belt Wall + Outrigger' 존재의 이유가 없다. 이렇게 된다면 'Belt Wall + Outrigger'는 스스로에게 질문을 던질 것이다.

'나는 누구인가?'

[그림1] 지하 7층, Column Shortening 계측기

[그림2] 지상 5층, Column Shortening 계측기

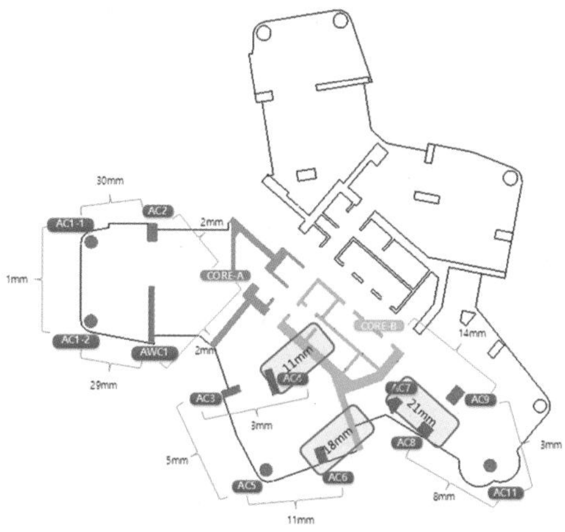

[그림3] 지하 7층, 계측 기준 부등축소 분포

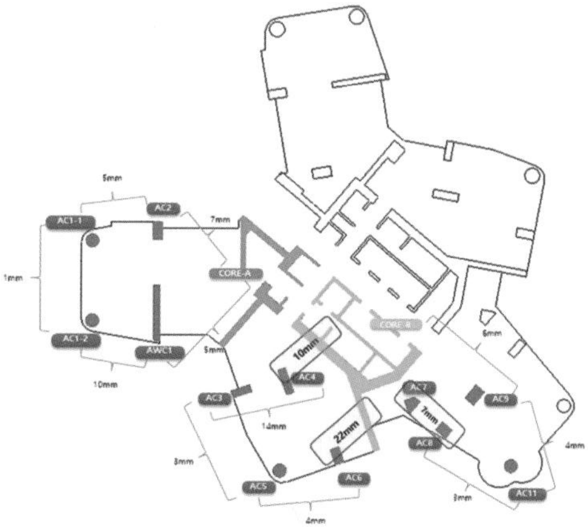

[그림4] 지상 5층, 계측 기준 부등축소 분포

▶ 건축기사의 생각

Column Shortening에 의한 부등축소
(differential Shortening, 不等縮小)

초고층 건축물을 시공하면서 Column Shortening에 의해 부등축소가 발생한다는 것은 처음 알게 되었다. (신입 건축기사로서 당연한 사실이지만) 이 분야에서 우수한 기술력을 보유한 대우 기술연구소로부터 컨설팅을 받았고, 구조사무실과 함께 검토를 하게 되었다. 건축기사로서는 구조설계 의도가 현장에 정확히 적용되는지 파악해야 한다. 팩트 모니터링, 문제점 인식, 문제점 의뢰, 대책 적용 등 심장을 뛰게 하는 업무가 이어졌다. 하루하루 보람이 느껴졌다.

Delay Joint,
Belt Wall 부등축소와 맞짱 뜨다

초고층 건축물에서는 수직하중에 의해 Column Shortening이 발생한다. 이는 부등축소로 이어져 구조체에 부가응력을 발생시킨다. 특히, 'Belt Wall & Outrigger'는 초고층 구조물에서 횡력에 대응하는 기능을 하는데, 구조균열이 발생된다면 횡강성을 상실하게 된다. 현장에서는 Column Shortening 해석 및 계측결과를 분석하여 Belt Wall 부분에 Delay Joint를 적용, 콘크리트를 후타설하여 구조균열 발생을 예방하고자 했다.

Delay Joint는 침하와 수축 등의 부등변위에 대한 영향을 감소시킬 목적으로 슬래브, 벽체에 구조적 응력 발생을 예방하기 위해 적용된다. 슬래브 및 벽체 구간의 일부에 콘크리트를 타설하지 않고 추후에 타설하는 임시 Joint이다.

부등축소(differential shortening)에 의한 Belt Wall 균열을 예방하기 위해 Belt Wall(26층)에 부가응력이 발생되는 부위(A)에 Delay Joint를 적용했다(그림1). 변위에 대한 영향을 받을 수 있는 기간을 초과한 시점에서(62층 Belt Wall 시공 후) 콘크리트를 타설했다(그림2).

철근은 겹침이음 배근하여 철근에 과도한 응력을 피하고 부등축소에 의한 변위에 대응하도록 했다(그림1, B). 이쯤에서 스트립(Strip)의 폭 설정 기준이 궁금해질 것이다. 콘크리트 타설 시 BW1, BW2 구조물의 응력 전달에 필요한 철근의 인장이음 길이를 확보할 수 있는 길이면 된다.

① 시공성과 슬래브 변형에 유리하도록 가로 폭을 최대한 넓게 할 필요 있음(B)

② 후타설 시 밀실한 콘크리트 채움을 위해 역타설 1개소당 2EA 역타슬리브 매입 필요(C)

=> 1st hole(In): 콘크리트 주입, 2nd hole(out): Air Hole

③ Belt Wall, Delay Joint 형성부 상하부 슬래브에는 국부적 집중응력이 발생하기 때문에 철근 보강 필요

④ BW1, BW2 Delay Joint 시공 시 커플러 매립(시공성과 원가 고려하여 겹침이음 or 기계식 이음 판단)

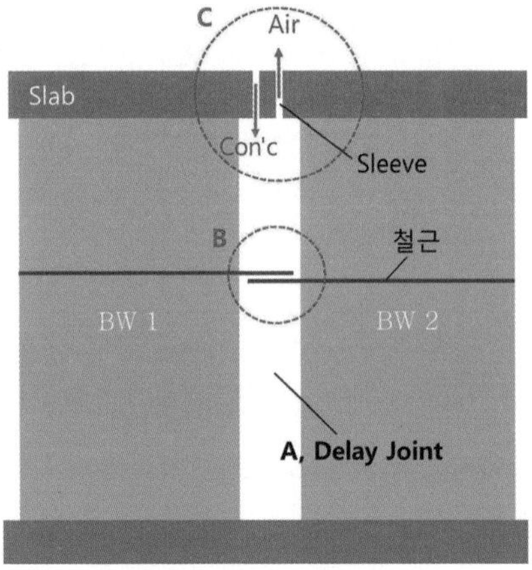

[그림1] Delay Joint

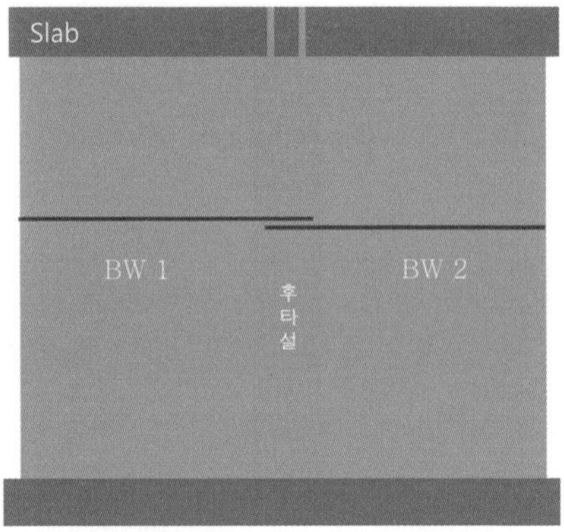

[그림2] Delay Joint, 후(後) 타설

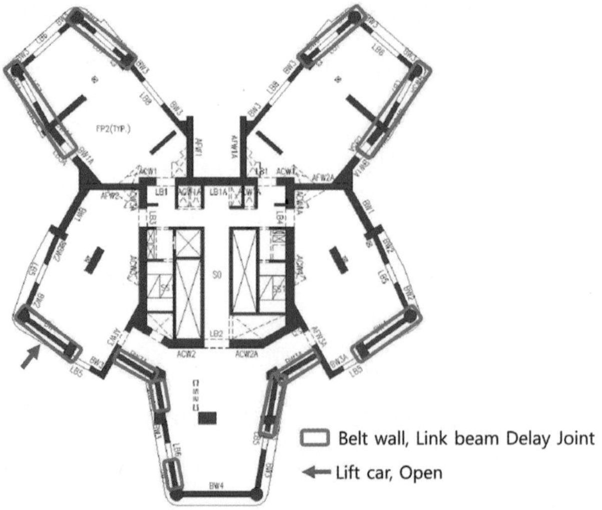

[그림3] Belt Wall, Delay Joint 적용 구간

부등축소 검토결과 26층 Belt Wall에 부가응력이 발생하여 Delay Joint를 적용, 후시공이 필요한 부분은 [그림3]과 같다. Link Beam이 형성되는 구간은 Link Beam 전체를 후시공(후타설)으로 진행하면 쉽게 해결되었다. Belt Wall 층에서도 자재 양중과 근로자 이동을 위한 Lift Car의 정차가 필요했다. Lift Car 정차 구간의 Belt Wall은 벽면 전체에 Delay Joint를 적용시켜 구조성, 시공성, 사용성 모두를 충족시켰다.

26층 Belt Wall의 Delay Joint시공을 위해서 [그림4]와 같이 본공사 시 철근은 이음길이(a)를 확보하여 시공했다. 콘크리트 후타설은 62층 Belt Wall 시공 이후로 계획했다.
Delay Joint 부분 철근의 경우 기계식 이음이 아닌 겹침이음을 적용할 경우 철근 인장이음 길이(a)를 충족하기 위해 형틀 계획을 세워야 한다. 시공 오차와 콘크리트 측압에 의한 형틀 변동을 고려하여 좌우 100mm 여유 있게 폭을 확보하는 것이 좋다. 만약 타설 후 철근의 이음길이가 부족한 상황이 발생하면 Delay Joint 마구리 부분을 할석(割石)해야 한다. Belt Wall은 60MPa 고강도 콘크리트가 적용됐고, 층고가 높다. 할석할 것인가, 충분한 검토 후 말끔하게 시공할 것인가. 고민할 일도 아니다.
Belt Wall에 Delay Joint를 적용하는 구간 중 Lift Car 정차를 위한 부분은 벽면 전체에 후시공을 적용했다(그림5). 이 구간에 수평철근을 겹침이음으로 처리할 경우, 미리 선 시공된 Dowel Bar에 의해 근로자들이 철근에 찔리는 사고가 발생할 수 있다. 이를 예방하기 위해 기계식 이음을 계획했다. 커플러를 미리 매립(b)하여 추후 수평철근 전체를 후시공할 수 있도록 했다.

Belt Wall 구간에 설치된 Link Beam은 Belt Wall에서 Belt Wall로 횡하중을 전달하는 역할을 한다. [그림6]과 같이 Belt Wall의 Link Beam에 부가응력이 발생하는 구간에도 Delay Joint를 적용했다. Delay Joint의 최소폭 기준은 철근의 인장이음길이다. 구조성, 시공성을 확보하고 원가절감을 위해서는 Link Beam 전체를 후시공하는 방법이 최선이다. 단, 추후 외부 마감재인 커튼월 시공을 위해 매입철물(C, channel)을 미리 시공해야 한다.

[그림4] Belt Wall, Delay Joint

철근 겹침이음 길이 기준에 좌우 +100mm 여유 있게 형틀 시공을 했다.

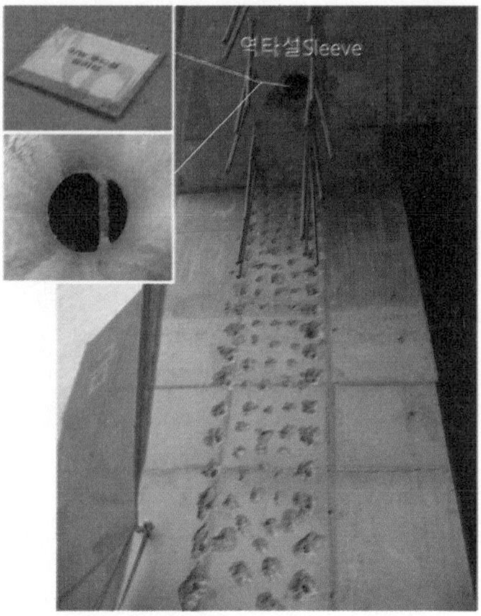

[그림5] Belt Wall Delay Joint

일부 구간은 Lift Car 정차 구간으로 활용했다. 이동자의 안전을 위해 기계식 이음을 계획했다. 형틀 시공 시 커플러를 미리 매립해야 한다.

[그림6] Link Beam, Delay Joint

외부마감은 커튼월로 계획되었다. 후타설 후 커튼월 고정을 위해서는 Embed Channel1 매립이 필수적이다.

부등축소는 수직재만이 아니라 수평재 부분에서도 부가응력을 발생시켜 구조균열을 유발한다. Belt Wall 상하층 슬래브(Thk400)도 Outrigger 요소 중 하나이기 때문에 균열이 발생할 경우 횡강성이 저하될 수 있다. 벨트월 상하부 슬래브에 발생한 부가응력에 대응하기 위해 추가적으로 철근 보강 설계/시공했다.

Flat Plate Slab의 Column Head 경우, 기존 설계안에서도 철근 보강이 적용되어 철근이 매우 촘촘히 배근됐다. 하지만 부가응력에 대한 철근 보강까지 시공된다면 철근 순간격과 피복 두께가 부족할 수 있다. 철저한 사전검토와 샘플 시공을 통해 문제점을 파악하고 보완해야 한다.

부등축소에 의한 슬래브 보강은 Belt Wall 적용 유무에 따라 분류되어 각각 다르게 적용했다. 왜냐하면, Belt Wall이 적용된 슬래브는 미적용된 슬래브보다 부가응력이 더 크게 발생하기 때문이다.

1) Belt Wall 적용 슬래브: 26층(+27층), 62층(+63층)

2) Belt Wall 미적용 슬래브: 이외 지상 기준층 전부

[Belt Wall 미적용 슬래브/기준층]
부등축소에 의한 Flat Plate Slab 철근 보강

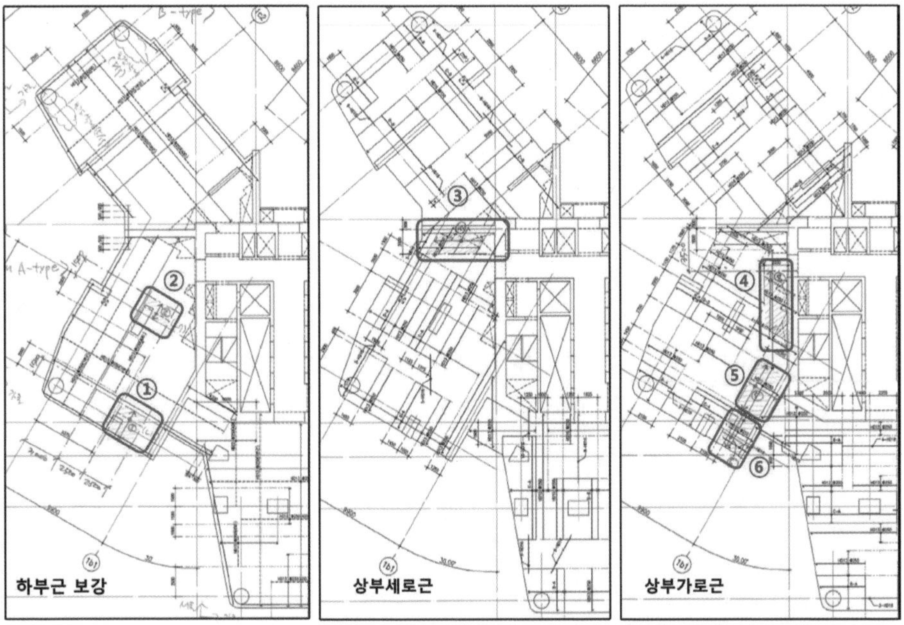

층별, 구간별로 각각 규격의 철근(HD13~HD19)으로 보강되었다. 도면은 좌우 대칭으로 한쪽만 명기했다.

가로 하부근																				
구 간	추가 배근량																			
	11~15F				16~25F				28~37F				38~53F				54~61F			
층갯수	5				10				10				16				8			
①	HD	13	@	250	HD	16	@	250	HD	19	@	250	HD	16	@	250	HD	13	@	250
②	HD	0	@	0	HD	13	@	250	HD	13	@	250	HD	0	@	0	HD	0	@	0
가로 하부근 총 물량(tonf)	0.28				1.17				1.26				1.40				0.45			

세로 상부근																				
구 간	추가 배근량																			
	11~15F				16~25F				28~37F				38~53F				54~61F			
층갯수	5				10				10				16				8			
③	HD	10	@	250	HD	10	@	250	HD	13	@	250	HD	13	@	250	HD	13	@	250
세로 상부근 총 물량(tonf)	0.19				0.38				0.67				1.07				0.53			

가로 상부근																				
구 간	추가 배근량																			
	11~15F				16~25F				28~37F				38~53F				54~61F			
층갯수	5				10				10				16				8			
④	HD	13	@	250	HD	13	@	250	HD	13	@	250	HD	13	@	250	HD	13	@	250
⑤	HD	13	@	250	HD	16	@	250	HD	16	@	250	HD	16	@	250	HD	13	@	250
⑥	HD	16	@	250	HD	19	@	250	HD	19	@	250	HD	19	@	250	HD	16	@	250
가로 상부근 총 물량(tonf)	1.27				3.38				3.38				5.41				2.04			

[Belt Wall Slab]
부등축소에 의한 Slab 철근 보강

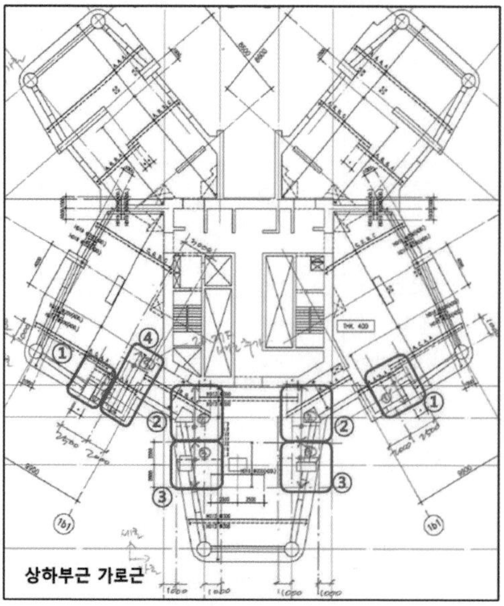

상하부근 가로근

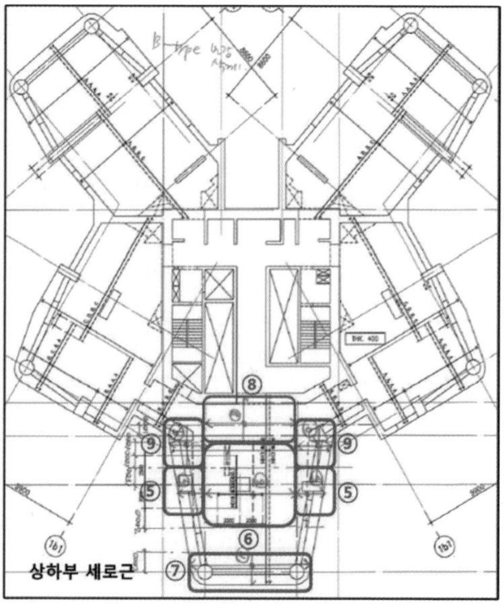

상하부 세로근

가로 하부근																
구 간	추가 배근량															
	26F				27F				62F				63F			
층갯수	1				1				1				1			
①	HD	16+19	@	100	HD	19	@	100	HD	16	@	100	HD	16	@	100
①′	HD	19	@	100	HD	19	@	100	HD	16	@	100	HD	16	@	100
②	HD	16	@	300	HD	16	@	300	HD	[illegible]	@	[illegible]	HD	[illegible]	@	[illegible]
③	HD	16	@	300	HD	16	@	300	HD	16	@	300	HD	16	@	300
가로 하부근 총 물량(ton)	0.53				0.55				0.33				0.33			

가로 상부근																
구 간	추가 배근량															
	26F				27F				62F				63F			
층갯수	1				1				1				1			
④	HD	22	@	200	HD	22	@	200	HD	16	@	200	HD	16	@	200
가로 상부근 총 물량(ton)	0.56				0.56				0.29				0.29			

세로 하부근																
구 간	추가 배근량															
	26F				27F				62F				63F			
층갯수	1				1				1				1			
⑤	HD	16	@	300	HD	16	@	300	HD	16	@	300	HD	16	@	300
⑥	HD	16	@	300	HD	16	@	300	HD	16	@	300	HD	16	@	300
세로 하부근 총 물량(ton)	0.40				0.40				0.40				0.40			

세로 상부근																
구 간	추가 배근량															
	26F				27F				62F				63F			
층갯수	1				1				1				1			
⑦	HD	13	@	300	HD	13	@	300	HD	13	@	300	HD	13	@	300
⑧	HD	19	@	300	HD	19	@	300	HD	[illegible]	@	[illegible]	HD	[illegible]	@	[illegible]
⑨	HD	2-19	@	300	HD	2-19	@	300	HD	2-19	@	300	HD	2-19	@	300
세로 상부근 총 물량(ton)	0.66				0.66				0.44				0.44			

▶ 건축기사의 생각

책에서만 봤던 'Delay Joint'
더욱이 Belt Wall과 연계된 시공은 나를 더욱 흥분시켰다. Belt Wall, 부가응력 부분의 Delay Joint 적용…. 구조전문가도 구조분야에서도 이러한 사례는 상당히 이례적인 경우라고 하며 많은 관심을 보였다.
구조전문가와 밀도 있는 피드백을 진행했다. 시공 중의 문제점을 그대로 전달하여 구조설계안이 시공에 100%, 200% 적용되도록 수정·보완 작업이 끊임없이 이루어졌다. 정말 많이 검토했고, 정말 많이 공부했다.

Belt Wall, CP에서 탈출하라!

부등축소에 의한 Belt Wall 균열 발생을 예방하기 위해 Delay Joint를 시공하면서 이런 생각이 들었다.

'Belt Wall 전체에 후시공을 적용한다면 **1) Delay Joint 적용 가능, 2) 공정관리상 CP(Critical Path)에서 제외**, 두 마리 토끼를 잡을 수 있지 않을까?'

Belt Wall 층은 층고가 높고 부재가 크기 때문에 시공을 위해 투입되는 철근, 콘크리트, 형틀, 시공 인원, 장비 등이 기준층 대비 3~4배 증가했고, 소요되는 시간은 8~10배 증가했다. 문제는 Belt Wall 시공이 불가피하게 장기화되면 철근, 형틀, 마감공사(커튼월) 등에 투입된 기능공들이 이탈하게 되면서 공정이 더욱 지연되는 것이다.

건설업의 특성상 철근, 형틀 등 각 공종의 기능공들은 'Team'으로 움직이며, 본인들이 일이 연속적이지 않으면 다른 현장으로 일거리를 찾아 떠나버린다. (그들도 생계를 위해 일을 지속해야 하기에 무조건 막을 수 없는 일이다.)

이렇게 한 개의 공종이 공사 중에 이탈되면 후속 공종이 투입될 수 없고, 공사는 중단된다. 도미노식으로 공종 투입이 지연되어 공사 기간은 허무하게 늘어만 간다.

Belt Wall 1개 층 시공을 위해(전후 층 공사 포함) 약 1.5개월이 소요됐다. 하지만 Belt Wall 부분 이후 정상적으로 4day cycle 적용되기 위해서는 실질적으로 2개월 이상이 소요됐다.

4day cycle 공정관리에서 2개월이란 시간은 기준층 약 15개 층을 시공할 수 있는 엄청난 기간이다. 이 시간을 만회하기 위한 시간과 노력, 고민과 마음의 상처는 표현하기도 힘들다. 많은 고민을 하면서 건축기사인 나는 이런 생각을 해보았다.

'Belt Wall을 후시공 한다면?'

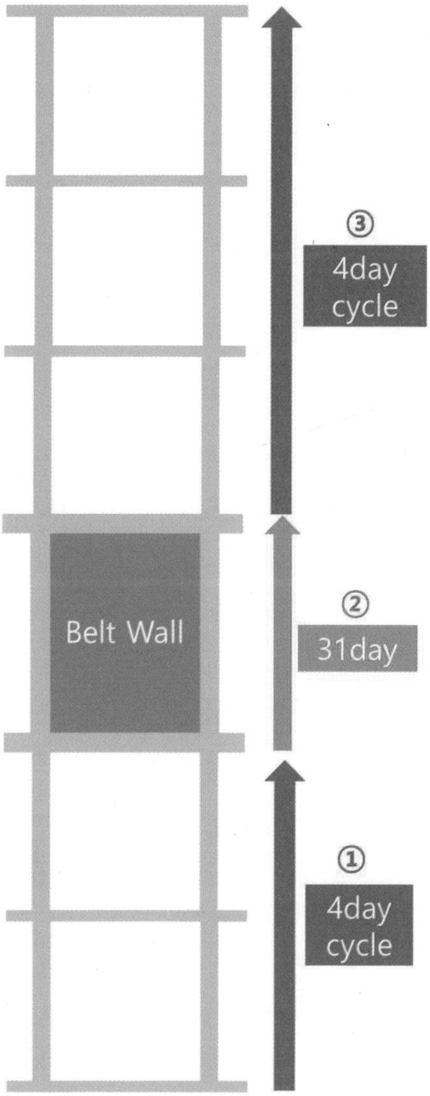

[그림1] 선(先)시공

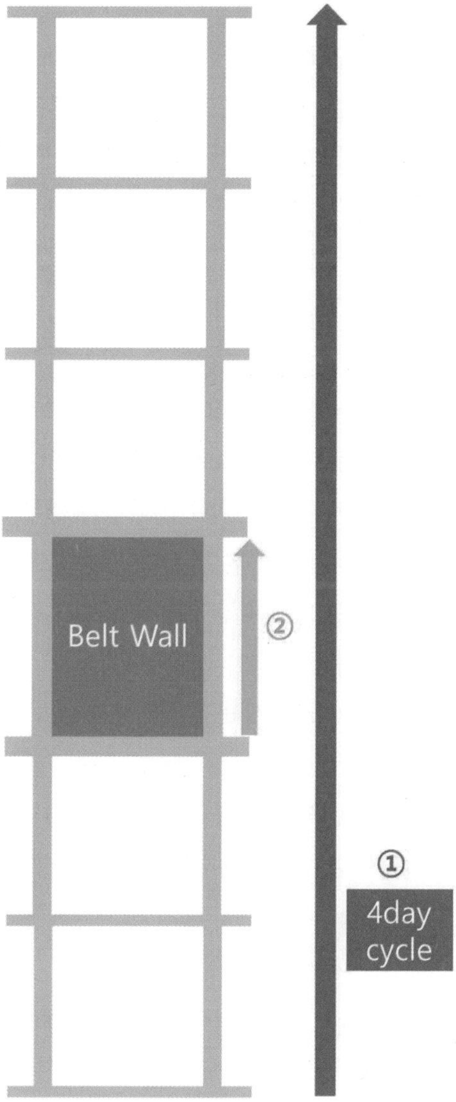

[그림2] 후(後)시공

Belt Wall 선시공/후시공 비교

구 분	先시공	後시공
장 점	* ACS 발판 이용 공사 가능 => 보수 용이	* 공사기간 단축(①, ② 분리) * CP와 별도관리 가능 * Belt wall, 부가응력 대응가능 * 후시공 자체 = Delay Joint * 우천/강풍 시, 근로자 BW시공으로 전환 투입 가능
단 점	* 공사기간 장기화(①=>②=>③) * 후속공사 중단(커튼월 등) * 기능공 이탈 * 커튼월 시공위한 벽체 양생기간 필요	* 영구존치 형틀 필요 * 후시공부 형틀 측압 검토 필요 * 역타 위한 준비 필요 * 기계이음(커플러) 적용 필요

초고층 건축물의 규모(층수)에 따라 Belt Wall의 개소가 결정된다. 기준층의 경우 3day/4day cycle로 진행되다가 벨트월층에서 골조공사만 한 달 이상의 시간이 소요된다면 공정관리에 큰 차질이 발생한다. 후속 공종인 커튼월 공사를 생각해 보자. 커튼월 시공을 위한 콘크리트 타설 후 양생 기간(Fck 100% 확보, 30일)까지 고려한다면 60일 동안 커튼월 공사는 중단된다. 만약 [그림2]와 같이 Belt Wall 후시공을 적용한다면 Belt Wall 공사는 CP(Critical Path)에서 제외된다.

Belt Wall 선(先)시공의 경우(그림1)

하부 기준층(①) => Belt Wall 완료(②) => 상부 기준층(③), 공사가 연계되어 진행된다. Belt Wall이 무조건 완료(②)되어야 상부 기준층 시공이 시작(③)될 수 있다는 것으로, 공정관리상 상당한 부담이 된다. Belt Wall은 정상적으로 시공될 경우에도 시간이 많이 소요되는데, 변수 발생이 추가된다면 Belt Wall 공사 지연은 상부 기준층 공사 지연으로 이어져 전체 공정에 큰 차질이 발생한다.

* 변수사항: 시공/설계 문제, 작업자 투입, 우천/동절기 날씨, 타워크레인 운영 등

Belt Wall 후(後)시공의 경우(그림2)

하부 기준층(①) => Belt Wall 층 기둥(①) => 상부 기준층(①)
=> Belt Wall(②) 분리 관리

Belt Wall은 후시공되기 때문에 CP에서 제외되어 전체 공정에 영향 없이 관리될 수 있다. 따라서 공정관리의 부담이 없고, 후시공은 구조 검토 결과에 따라 현장에서 적절한 시기를 결정하면 된다.

* 적절한 시기라는 것은 Belt Wall 자체가 Delay Joint 적용으로 후시공 되기 때문에 부가응력이 감소되는 시점이다. 또한, 상부 기준층 공사 중 날씨, 인원, 가설장비 등의 문제 발생의 변수로 인해 3/4daycycle 관리에 차질이 발생할 경우 투입된 인원을 Belt Wall 공사로 전환투입이 가능하다. 이는 현장에서 판단하면 된다.

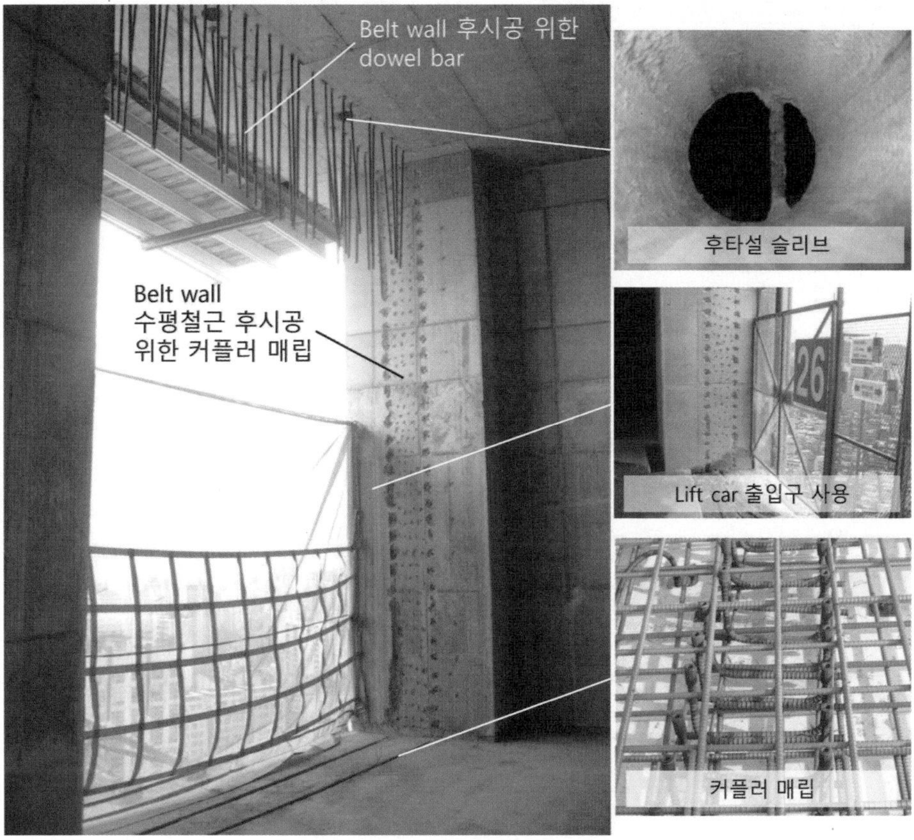

[그림3] Belt Wall 후시공 구간

벨트월 층에도 공사를 위해 Lift Car 정차가 필요하기 때문에 사진과 같이 후시공을 적용했다. 이를 경험하면서 벨트월 부분만 후시공을 적용한다면 공정관리면에서도 문제가 없을 것으로 판단되었다.

물론, Belt Wall 층의 경우 기준층에 비해 층고가 높기 때문에 기둥과 Fin Wall 시공을 위한 시스템 서포트, 재래식 형틀(유로폼, 합판 등), 철근 시공과 Delay Joint 시공이 추가적으로 소요되는 것은 선시공 방법과 동일하다.

후시공이 가능한 이유는 [그림3]처럼 Lift Car 정차를 위해 Belt Wall, 1Span 전체에 후시공을 적용했고, Delay Joint가 적용되는 Link Beam 전 구간도 후시공 했기 때문이다.

실제 구간별 후시공을 적용하면서 Belt Wall 전체 후시공도 가능할 것으로 판단되었다.

[그림4] Belt Wall Link Beam, 외부 형틀시공

Belt Wall 부분의 Link Beam 후타설 부위 외부 형틀은 ACS가 인상되면 추후 형틀작업이 어렵기 때문에 ACS 발판이 이용 가능할 때 선시공 되어야 한다(그림4). Link Beam 외부 형틀은 사진과 같이 방청도장된 철판으로 미리 시공했다. 형틀은 해체, 재사용할 수 없고, 보수는 곤돌라를 이용해야 한다. 골조가 후시공 되기 때문에 이 부분에 정착되는 커튼월도 후시공 된다. 형틀을 시공하기 전에 커튼월 공사를 위한 매립철물(Channel)이 누락되는 일이 없도록 철저하게 관리해야 한다.

▶ 건축기사의 생각

입사 전, 대학 시절에는 시공사에 근무하는 엔지니어는 설계/구조/시공 등 기술적인 부분만 관리하는 줄 알았다. 하지만 공사가 마무리될 수 있도록 인력/장비/자재를 투입 및 관리해야 하고, 공사 기간이 증가하는 것을 방지하기 위해 밤낮으로 방안을 강구하는 선배들의 모습을 보았다. 사실 '엔지니어'로서의 업무보다 '매니저'로서의 업무가 수십 배 더 많았고, 스트레스는 수백 배 더 많았다.

Belt Wall 후시공을 부분적으로 적용하면서 '전체적으로 후시공을 적용한다면 공정관리상 문제가 없지 않을까?'라는 뜬금없는 상상을 해보았다. 나는 건축기사니까.

ACS와 균열, 한판 뜨자! – ①

① 균열과의 만남

② 균열을 분석하다

③ 균열의 원인을 파헤치다 – 1

④ 균열의 원인을 파헤치다 – 2

⑤ 균열 대책을 강구하다

(부○=연합뉴스) 조정호 기자 = 27일 OOOOOO 초고층 주상복합아파트 OOOOO 62~64층 사이에 설치된 외벽작업발판이 1층 바닥으로 떨어지면서 외주업체 직원 3명이 추락, 숨지는 사고가 발생했다. 사진 사고가 난 건물 모습

출처 : 연합뉴스, KBS

동료와 저녁 식사 중 현장 ACS 인상 시 슬래브에 발생하는 균열에 대해 고충을 토로하던 중 TV에서 쏟아지는 뉴스 보도…. 이런 찰나의 순간이 있을까 소름까지 돋는다.

OO 초고층 건설현장의 ACS 낙하에 의한 추락사고.

당 현장과 유사한 규모의 초고층 건축물로 동일한 공법으로 시공되고 있었다. ACS 인상 시 발생하는 균열로 인해 엄청난 스트레스를 받고 있었던 터라 사고 뉴스가 건축기사인 나의 심장을 요동치게 했다.

ACS 인상 시 발생하는 균열의 패턴을 보면서 원인을 찾으려고 밤낮으로 고민했다. 너무나 큰 스트레스였다. 밤에는 악몽, 낮에는 병든 닭마냥 힘이 없었다. 머릿속은 온통 'ACS에 의한 균열이 왜 발생했을까…?'로 가득 차있었다. 주변에서는 크게 신경 쓰지 말라고 했지만, 대안 없이 이대로 진행된다면 후에 대형사고가 발생할 것 같은 걱정이 가슴을 억눌렀다. 건설입문 초짜 건축기사이지만, 정확한 건축적 논리로 원인을 파악하고자 했다. ACS 인상 시 발생하는 충격하중에 의한 균열이라고 추정하면서 균열과의 한판 승부를 시작했다.

[그림1] 정상적 상태

ACS 인상 후 정상적인 Flat Plate Slab(T250)

[그림2] 정상적 상태

ACS 인상 후 슬래브 마구리, 모든 부분에 균열이 발생하지는 않았다.

[그림3] 균열 발생

ACS 인상 시 발생한 슬래브 마구리에 균열이 발생했다.

[그림4] 슬래브, 마구리 균열/탈락

발생되는 균열과 콘크리트 탈락은 대부분 기둥 주변에서 발생되었다.

ACS 인상 시 발생하는 균열은 [그림3, 4]처럼 ACS Shoe가 시공되는 슬래브 마구리에 발생했으며, 90%는 수직재 주변에 발생되었다. Span 중앙에 시공된 ACS Shoe 부분의 슬래브에는 균열이 발생하지 않았다[그림1, 2]. 모든 층의 슬래브 균열을 이 잡듯이 파악했다.

[그림5] 특정 부분만 반복적인 균열이 발생

ACS 인상 시 발생하는 슬래브 균열은 대부분 슬래브 Span의 중앙부(B)가 아닌 수직재 주변(A)의 슬래브에 집중적으로 발생되었다.

* Slab: Flat Plate Slab, Thk250

[그림5]에서처럼 각 층에서 발생하는 균열의 분포는 수직재 주변 슬래브인 특정 라인(A)에만 집중적으로 발생하는 양상을 보였다.

이상하다. 왜 그럴까?

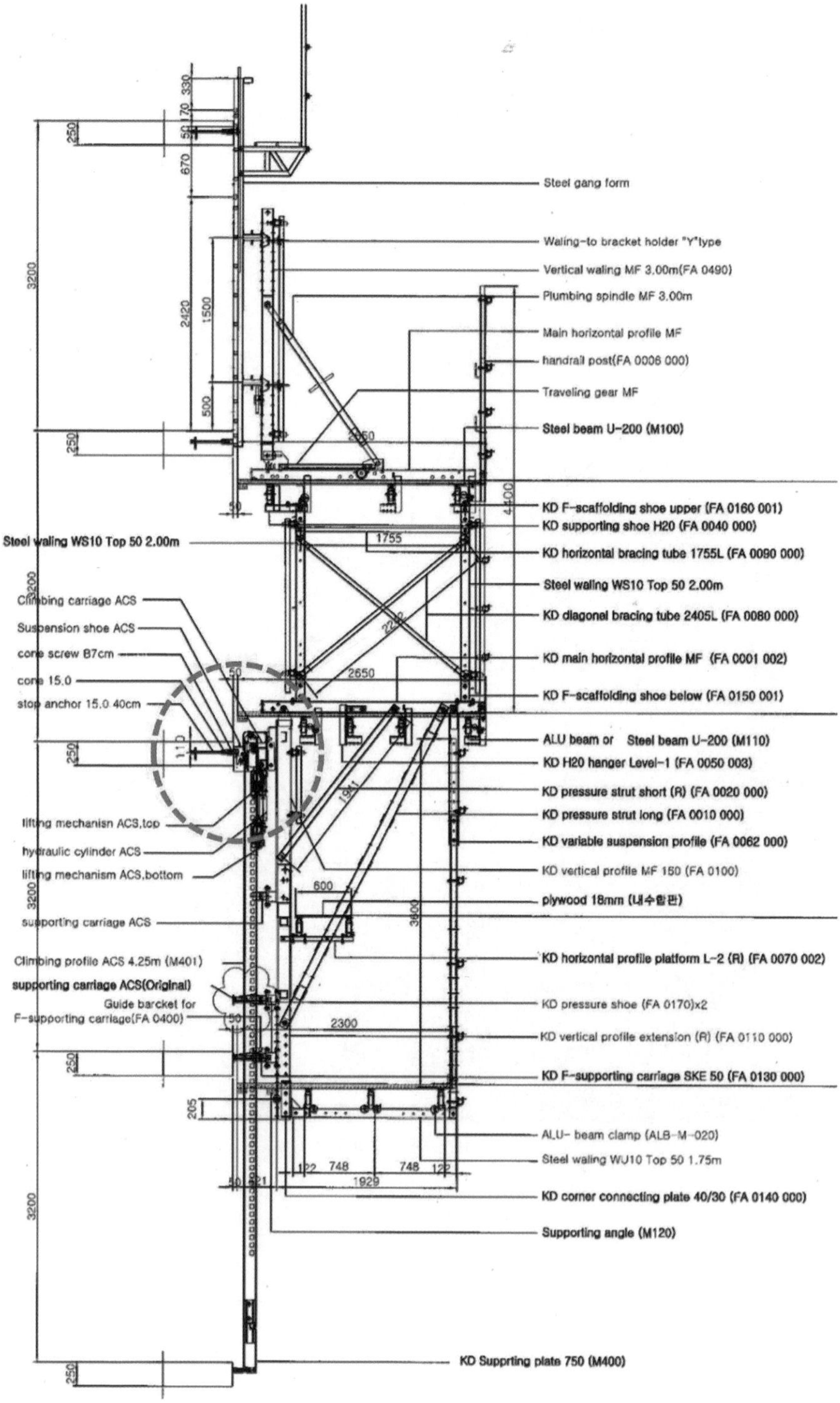

ACS 단면도

ACS는 Flat Plate Slab, 1개 층에만 앵커링된다.(DOKA기준)

ACS와 균열, 한판 뜨자! – ②

① 균열과의 만남

② 균열을 분석하다

③ 균열의 원인을 파헤치다 – 1

④ 균열의 원인을 파헤치다 – 2

⑤ 균열 대책을 강구하다

ACS Anchor는 [그림1]의 A처럼 Flat Plate Slab(Thk 250) 마구리에 정착된다. [그림1]의 ACS 단면을 보면 ACS는 N층 ~ N–3층, 4개층에 연결된 것처럼 보이지만, 단 1개 층의 슬래브(N–2)에 Anchoring 된다. 즉, A 부분에 하중이 집중된다는 것이다. (N–3층 B 부분, ACS 회전 방지, 수직도 유지 목적의 Supporing carriage)

균열은 슬래브 마구리 상부, 하부에 발생하는 균열 두 가지 양상으로 분류된다.
[그림2]에서 슬래브 마구리에 발생된 균열은 유압에 의해 인상되는 ACS의 충격하중에 의해 발생되었다. [그림3]은 슬래브 상부에 발생되었으며, ACS 인상 시 작업자의 단순한 인상 장비 조작 실수로 발생되었다. ACS Profile 인상 중 Shoe anchor 체결과정에서 하중이 상부로 가해지면서 슬래브 피복부위 일부가 탈락된 것이다. 파손 부위는 구조전문가의 검토를 통해 철판보강 처리했다.

Anchoring 부위 균열이 발생하는 원인을 이렇게 추정해 보았다.

1) 동절기 콘크리트 양생 부족에 의한 소요강도 미발현

2) 양생 부족 상태에서, 3day/4day Cycle 적용으로 인한 ACS 인상

3) ACS 유압 인상 시 발생하는 충격하중, 구조설계 미반영
4) Anchoring 부위 철근 보강 부족
5) 작업자의 ACS 인상운전 미숙

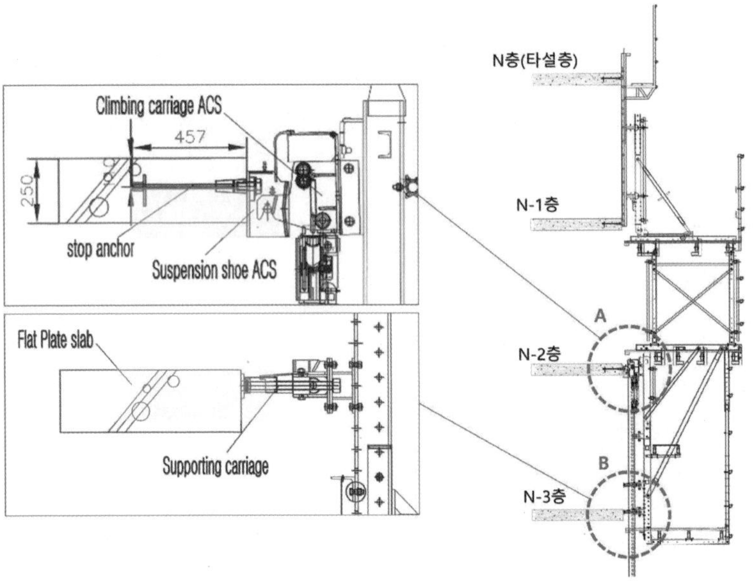

[그림1] ACS 단면

ACS는 콘크리트 타설층을 N층으로 간주했을 때 2개 층 밑인 N–2층 슬래브에 앵커링 된다. 4day cycle 적용 기준으로만 봤을 때 N–2층과 N층은 8일 차이가 발생한다. 하지만 N층 슬래브 콘크리트 타설을 위해서는 타설 2일 전에 N–2층에서 ACS를 인상해야 한다. 즉, N–2층 슬래브는 콘크리트 타설 6일 후 ACS 인상 시 하중을 받게 된다는 것이다. 콘크리트 압축강도 테스트는 7일, 15일, 28일에 걸쳐 진행된다. 그렇다면 7일 압축강도 테스트 전에 ACS를 인상해야 한다는 것인데 '강도 발현이 안 된다면?'

당연히 ACS 인상을 해서는 안 된다.

ACS 인상 시기인 N–2층 타설 6일 차에는 초기 양생 시점에서(6일) 압축강도 테스트를 진행하여 ACS 인상을 위한 슬래브 콘크리트 기준강도를 확보했는지 반드시 확인해야 한다. 이때 압축강도 Test용 몰드를 실험실이 아닌 현장의 ACS가 인상되는 부위에서 타설시점부터 양생시키는 것이 중요하다. 현장의 조건과 동일한 상태에서 양생시켜야 하기 때문이다. 현장 실험실에서 최적의 조건에서 몰드를 양성시켜 강도 테스트를 진행해서는 안된다. ACS 추락사고의 가장 큰 원인이 될 수 있다.

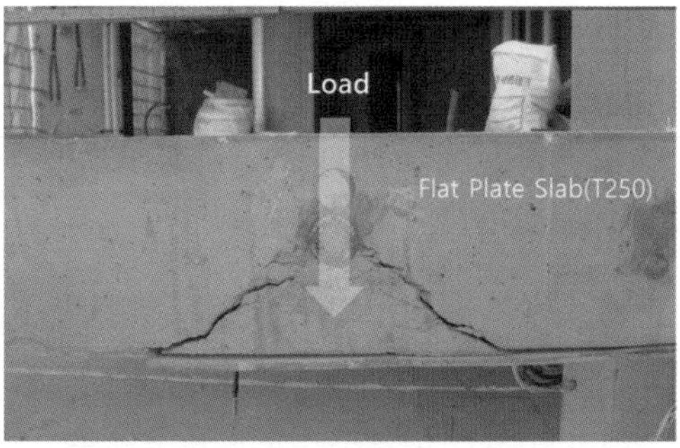

[그림2] 하향 하중에 의한 슬래브 균열

[그림3] 상향 하중에 의한 슬래브 균열

ACS Anchor는 Flat Plate Slab(T 250) 마구리에 정착된다.

타 회사의 ACS 균열 사례를 분석해 보았다. [그림6]은 정상적 상태의 ACS 앵커링 상태로 슬래브 마구리 부분에는 200mm 높이의 파라펫이 형성되어 있다. [그림5]의 터짐 상태를 보면 파라펫 철근이 단배근으로 시공되어 있다. 파라펫의 경우 비구조체(수직하중 받지 않음)이기 때문에 철근 절감 차원에서 단배근을 적용한 것으로 추정된다. 파라펫의 경우 좌우 내력벽과 연결되어 있기 때문에 시공성을 위해 내력벽과 동일한 배근(복배근)을 적용하는 것이 일반적이다.

하지만 이 파라펫은 ACS라는 가설장비의 고정을 위한 구조적 역할을 한다. 단순한 파라펫이 아니라 테두리보 역할도 한다. 철근도 단배근으로 시공되고, ACS 앵커링 부분의 철근 보강도 없다. 총체적 난국이다.

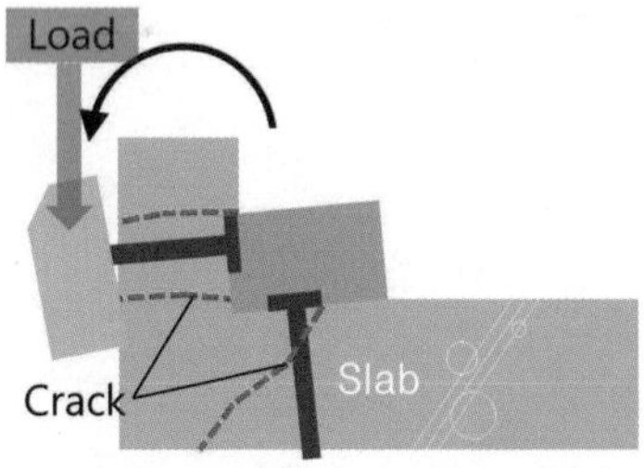

[그림8] ACS 인상에 의한 균열

[그림4~7]를 도식화해 보면 [그림8]과 같다. ACS 인상 시 파라펫과 슬래브에 하중이 가해진다. 모멘트에 의해 균열이 발생하면서 파괴되었다. 사진을 근거하여 원인을 추정해 보면

1) 파라펫: 단배근, 수직철근 누락, 보강철근 누락
2) 슬래브: Anchor 부분 기본배근 누락, 보강철근 누락

기본적인 철근 배근과 보강철근의 누락은 파라펫만이 아니라 슬래브까지 파괴시켰다.

당 현장의 Flat Plate Slab(Case1)와 비교해 보자. 위의 구조는 Slab edge 부분에 파라펫이 있기에(Case2) 기본 철근배근과 보강철근이 제대로 설계, 시공된다면 ACS Anchor가 정착되어 인상되기에는 더욱 안정적이다. 마치 Slab edge 부분에 테두리보가 시공된 경우와 같다(Case3). Case4는 기둥 부분, 코어선행공법의 Core Wall에 ACS가 앵커링 되는 경우로 충격하중에 의한 균열 발생의 확률은 매우 적다. 단, ACS 인상을 위한 콘크리트 최소 강도 기준은 충족되어야 한다.

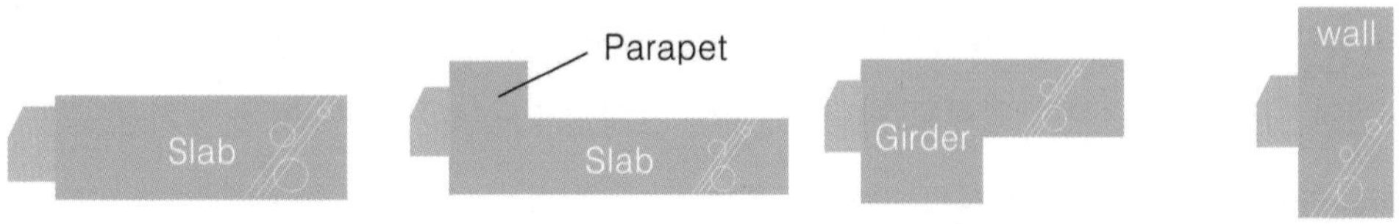

[Case1] [Case2] [Case3] [Case4]

ACS뿐만이 아니라 Gangform, CPB(Concrete Placing Boom), Climbing Towercrane 등 가설장비 또한 수직부재에 정착될지라도 장비 인상을 위한 콘크리트 최소 강도 기준은 충족되어야 한다. 뉴스에서 가설장비 추락사고를 종종 접하게 된다. 벽체 철근보강 누락과 더불어 콘크리트 양생 부족으로 인한 강도 부족에 의해 콘크리트가 터지고 동시에 Anchor가 빠져버리는 경우이다.

ACS 인상 시 발생하는 균열에 대한 대책을 논의하기 위해 ACS 업체, 구조설계 소속 구조기술사 현장 시공관리자들이 모여 의견을 주고 받았다. ACS 업체 소속 구조전문가는 Slab Con'c Fck가 낮다며 Fck를 높이자고 주장했다. 4day cycle 공정관리와 ACS 운영 시스템에 대한 이해가 부족한 것 같았다. ACS 인상 시점은 Anchoring 되는 슬래브가 콘크리트 타설 후 6~7일 경과된 시점이다.

[그림1]의 ACS와 슬래브와의 관계를 보면 이해할 수 있다. N층 Slab를 타설한다고 해보자.

※ 타설 층: N층, 타설 일: D-day

1) 4day cycle 공정관리 적용 시(4일마다 1개 층 골조공사 완료)
 ⇒ 각 층 슬래브, 시공 완료 간격: 4일(ex, N-2층과 N-3층 완료 간격 ⇒ 4일)

2) N층 Slab 타설 위해 타설 2일 전 ACS 인상 필요: -2Day
 [4day cycle]
 1st day: 먹+수직재 철근시공, 2nd day: ACS 인상+수직형틀
 3rd day: 수평재 형틀 + 수평재 철근,
 4th day: 수평재 철근 + 전기/설비/소방 + Con'c 타설

3) N층과 N-2층 타설 간격: 4day cycle × 2개 층 = 8일, 타설 위한 ACS 인상: -2Day
4) N-2층 타설 후 양생 기간: 6일
5) N층 Slab 타설 위해 N-2층, 콘크리트 타설 후 6일 차에 ACS 인상

타설 후 5~6일이 경과된 시점은 콘크리트 초기 강도가 발현되는 시점이다. Fck를 높인다고 해서 ACS 인상 시점(ACS 인상 위한 슬래브 타설 5~6일 차)인 양생 초기에는 어차피 고강도가 발현되지는 않는다. 따라서 ACS 업체 구조전문가 측에서 Fck를 높여야 한다는 주장은 의미가 없다. 즉, ACS 인상 시 슬래브 마구리에 발생하는 균열은 콘크리트 강도로 해결될 문제가 아니다. 인장에 취약한 콘크리트를 보완해 주는 철근에서 균열의 원인을 찾아야 한다고 생각했다.

[ACS인상 시 발생하는 균열에 대한 각 사 입장]

구 분	ACS업체	구조설계 사무실	시공사(현장)
원 인	* 철근 이음부 앵커링 Bent bar 위치 오류 * ACS 인상시 충격하중 * Slab Con'c, Fck낮음	* 구조설계 문제없음	* 동절기 양생부족 * ACS 충격하중 구조계산 미반영 * 구간별로 철근보강 다원화 필요 ▶ 전단력 높은 구간 등
대 책	* 충격하중 최소화 ▶ 댐퍼 설치 필요	* 보강철근 Bent bar ▶ 슬래브 edge방향으로 최대한 설치	* 보강철근 Bent bar ▶ 최대한 슬래브 edge방향 시공 * 전단력 높은 기둥부위 슬래브 ▶ 철근 추가 보강 * ACS Shoe, 인상 시 충격하중 분산 ▶ Support 보강

ACS와 균열,
한판 뜨자! – ③

① 균열과의 만남

② 균열을 분석하다

③ 균열의 원인을 파헤치다 – 1

④ 균열의 원인을 파헤치다 – 2

⑤ 균열 대책을 강구하다

새벽에 출근하여 하루의 첫 일과는 ACS가 앵커링된 슬래브의 균열 유무을 확인하는 것이다. 균열이 발생된 부분은 대부분 기둥과 벽체 주변의 슬래브였다. 이상하다. 모든 층이 동일한 패턴이다. ACS 인상 시 Profile 인상부터 Anchoring까지 지속적으로 모니터링했다. ACS가 슬래브에 Anchoring되는 순간 '철커덕~' 하며 슬래브에 충격이 가해졌다.

처음에는 단순히 작업자의 실수라고 생각했다. 아니었다. ACS 인상 시 불가피하게 발생하는 충격하중이었다. ACS 인상 시 발생하는 충격하중이 구조설계에 반영됐는지 구조설계사에게 문의했다. ACS 자중, Gangform 하중, 풍하중, 작업하중은 반영됐지만, ACS 인상 시 발생하는 충격하중은 구조설계에 반영하지 않았다고 했다. ACS 인상 시 슬래브에 발생하는 균열의 원인이 머릿속에 그려지기 시작했다. 가슴이 두근거린다.

1) 균열의 대부분은 수직재 부분의 슬래브에서만 발생한다.

2) ACS 인상 시 체결과정에서 충격하중은 불가피하게 발생된다.

3) ACS 충격하중은 구조체 구조설계에 반영되지 않았다.

그렇다면 혹시 구조체의 내력과 관계된 것은 아닐까?

구조계산서를 열어보았다. 현장에서 발생한 균열의 위치와 BMD와 비교해 보면 균열은 수직재 주변인 A 부분에서만 발생된다. B 부분은 발생하지 않는다. 모든 층이 동일했다.

그렇다면 확실한 기준이 있을 것이다.

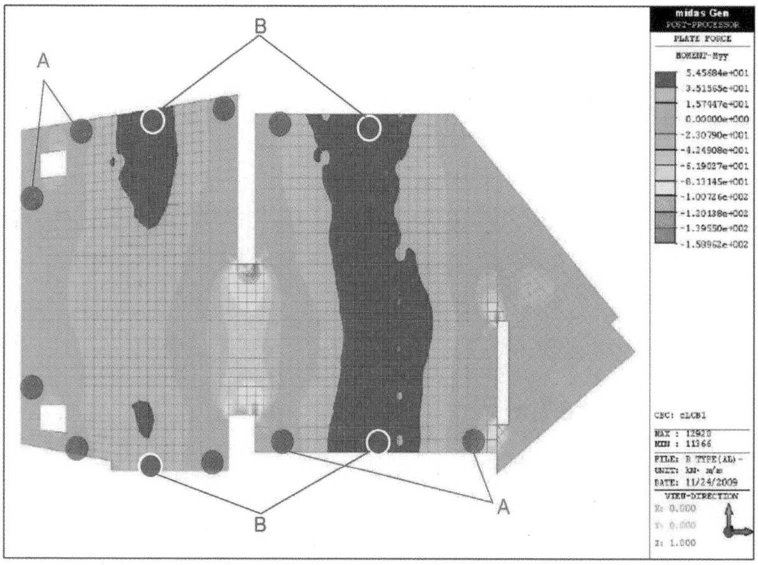

[그림1] Slab, Bending Moment Diagram

ACS 인상 시 균열은 기둥, 벽체 주변의 슬래브인 'A'에서만 발생되었다.

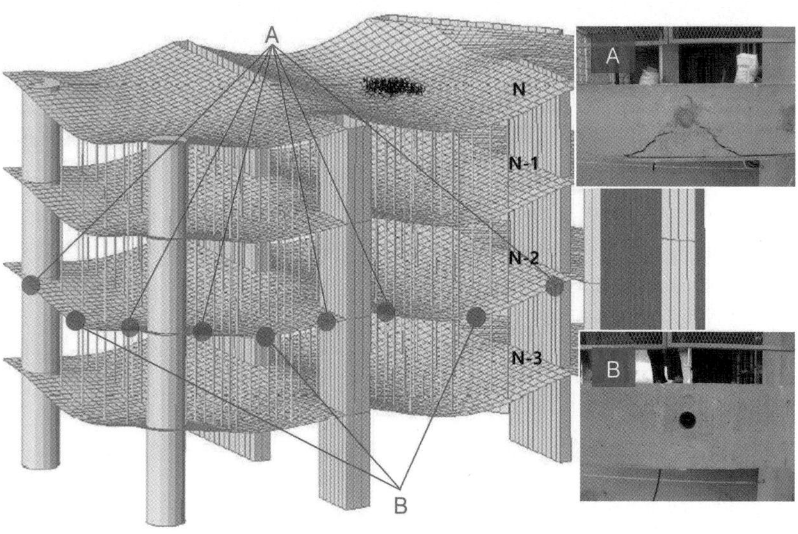

[그림2] Slab의 거동/변위

N층 타설 시 DL + LL에 의한 슬래브 변위다. 동바리는 N-3층까지 지지되며, ACS는 N-2층에 앵커링된다. ACS 인상 시 슬래브에 발생하는 균열은 수직재 주변 슬래브 A 부분에서 발생했으며, B 부분에서는 거의 발생하지 않았다. 모든 층에서 동일했다.

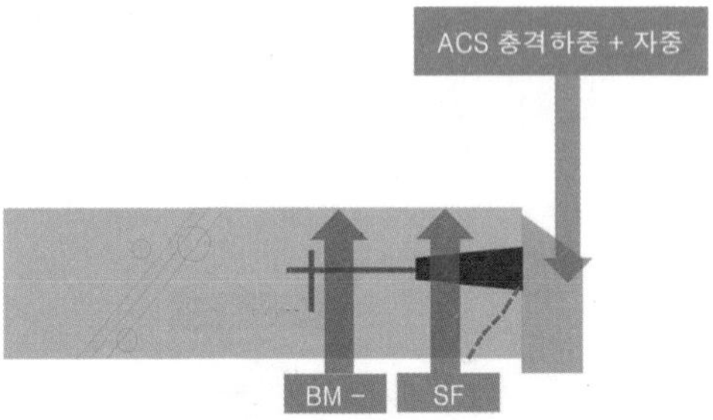

[그림3] A. 수직재 부위 슬래브 ACS anchoring

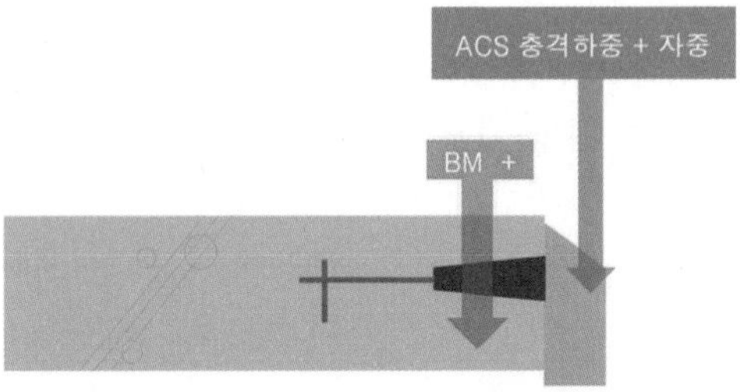

[그림4] B. 슬래브 중앙부 ACS anchoring

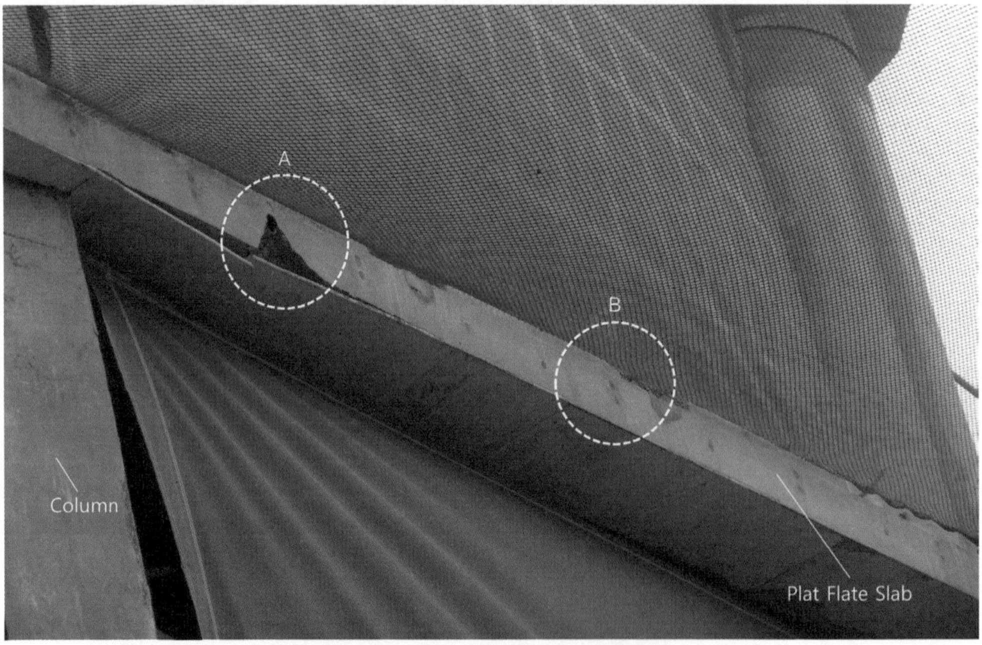

[그림5] ACS 인상 후 Plat Flate Slab

기둥 주변 슬래브에서 ACS를 인상, 앵커링 될 때는 균열이 발생되어 탈락되기도 한다. ACS 인상 충격하중과 내력과의 관계, 동절기 양생 부족에 의한 콘크리트 강도 발현 유무, 이에 대응하기 위한 철근보강 문제 등 모든 것이 거미줄처럼 엮여있다. 어차피 Flat Plate Slab에는 불가피하게 균열이 발생한다. 중요한 것은 신속성과 정확성! 그 원인을 얼마나 신속히, 정확히 파악하고 대안을 마련하여 대처하느냐의 문제다.

ACS 인상 및 앵커링되면서 발생하는 하중과 이때 슬래브에 발생하는 내력의 관계를 파악하고자 했다. [그림1,2,5]에서 보면 기둥 부위에 인접한 슬래브(A)에서는 균열이 발생하는 반면 Span 중앙부(B)에는 균열이 거의 발생하지 않았다. 모든 층에서 동일한 패턴이었다. 이것은 우연의 일치였을까?

수직재 부위의 슬래브(A)에는 전단력(SF)과 휨모멘트(BM−)의 발생이 크다. [그림3]에서와 같이 내력은 ACS의 자중 및 인상 시 발생하는 충격하중과 반대의 방향으로 발생한다. 그렇다면 균열이 발생할 수밖에 없다. Flat Plate Slab에서 (Column Head 부분의 보강이 부실하면) Punching Shear가 발생하는 것과 같은 개념이다.

반면, [그림4]는 슬래브가 중앙부(B)일수록 전단력(SF)은 작아지거나 'O'이 되며, 휨모멘트(BM+)가 발생한다. 이때 휨모멘트(+)는 ACS 자중과 충격하중의 방향과 동일하다.

결론을 내렸다.

ACS 인상시 발생되는 균열의 원인은 내력에 대한 대응 부족 부분도 있다.

▶ 건축기사의 생각

기둥 부위 슬래브는 기둥 바로 옆에 있으니 지탱해 주는 힘이 더 크기 때문에 더욱 단단하지 않느냐고 반문할 수 있다. 이는 구조체에 발생하는 내력에 대한 이해 부족이라고 생각된다. 매일 균열 발생 현황을 조사하고 골조공사와 ACS 인상을 관리하면서 많은 고민을 했다. '괜찮겠지…, 설마… 무슨 일이 일어날까?'라는 생각을 할 수도 있지만, 건축공학 전공자로서 기술적 근거를 찾으려고 노력했다. 내가 생각한, 판단한 원인의 균열이 정답이 아닐 수도 있다. 하지만 나는 건축기사니까, 자유로운 상상과 시도는 할 수 있잖아.

ACS와 균열, 한판 뜨자! – ④

① 균열과의 만남

② 균열을 분석하다

③ 균열의 원인을 파헤치다 – 1

④ 균열의 원인을 파헤치다 – 2

⑤ 균열 대책을 강구하다

ACS 업체 구조전문가는 Flat Plate Slab 가장자리 철근의 겹침 이음 부위에 ACS anchor가 정착되는 것이 문제라고 주장했다. 철근 겹침이음은 이음길이가 충분히 확보되어 이음되는 각각의 철근의 부착력이 확보되면 문제가 없다. 철근의 겹침 이음이 문제라면 철근이 이음처리 되지 않은 부분의 균열은 어떻게 설명할 것인가? 또한, 이 세상에 겹침 이음철근으로 시공된 구조물들은 다 붕괴되겠네? 철근의 이음공법에는 기계식 이음, 겹침이음, 압접이음 등이 있다. 겹침이음은 이음공법 중 하나인데, 그것이 문제라는 것은 이해가 되질 않았다.

[그림5]처럼 실제로 균열이 발생되어 콘크리트가 탈락된 부위는 ACS stop anchor 보강을 위한 Bent bar 피복 부분이 유일하다. 철근 이음공법으로 적용된 부위가 구조적으로 취약했다면 피복 內, 外 측으로 균열이 모두 발생해야 한다.

또한, ACS 업체 구조전문가는 [그림1]의 ACS stop anchor 보강근인 Bent bar 위치에 대해 문제를 제기했다. [그림2]처럼 Bent bar를 ACS stop anchor에 바로 하부에 시공했어야 한다고 주장했다.

이 양반들, 도대체 정체가 뭐야?

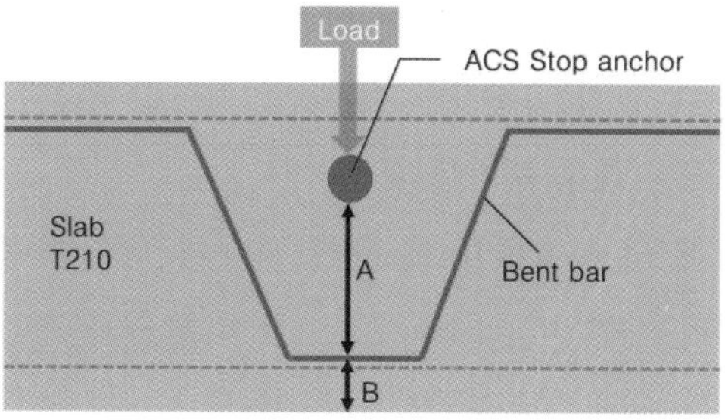

[그림1] 현재 시공 상태

Bent bar는 피복두께(B)의 기준을 준수하면서 최대한 밑으로 시공한다. 즉, Flat Plate Slab 하부철근과 동일한 레벨이다.
(A: 長, B: 短)

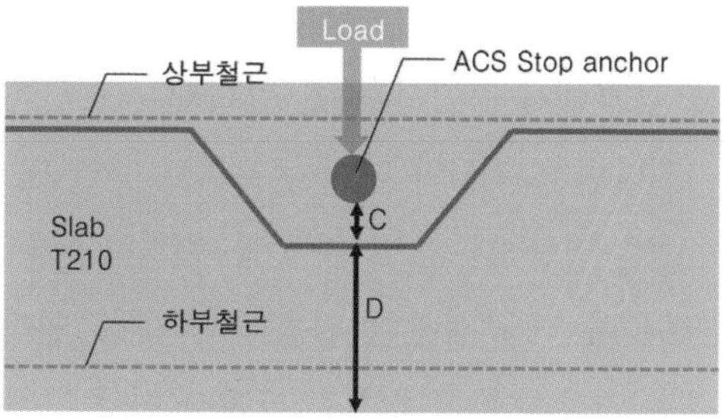

[그림2] ACS 업체 제안

Bent bar는 ACS stop anchor 하부에 바로 붙여서 시공하여 자중과 충격하중을 지탱한다.
(C: 短, D: 長)

[그림3] Bent bar 하부시공

Bent bar는 E 부분의 콘크리트까지 보강됐다. 균열이 발생하지 않는다.

[그림4] Bent bar상부시공

보강근인 Bent bar는 C 부분을 보강해 주지만 D 부분은 보강범위 외에 있게 되어 균열이 발생된다.

[그림5] Bent bar, 콘크리트의 피복 탈락

ACS Stop anchor 보강 Bent bar 피복이 과다할수록 균열 발생이 심하고, 탈락되기도 한다. 이를 예방하기 위해서 Bent bar는 슬래브 피복을 최대한 잡아주도록 해야 한다.

이게 도대체 무슨 말인가? [그림1]에서 Bent bar 하부인 B 부분은 하부 철근과 동일 레벨에 시공하여 피복 두께 20mm 기준이지만 시공 오차로 인해 피복 두께가 증가하고 그 부분에서 균열이 발생, 탈락되는 현상이 문제가 되는 것인데…. [그림2]처럼 D 부분이 커진다면 [그림5]와 같이 콘크리트 균열 및 탈락은 더욱 증가된다.

ACS 인상 시 ACS 자중과 충격하중은 ACS stop anchor로 전달된다. [그림3]처럼 Stop anchor 상부는 압축, 하부에는 인장력이 발생된다. Stop anchor 하부(E) 콘크리트는 인장력에 취약하다. 그래서 이를 보완하기 위해 인장강도가 높은 Bent bar를 보강 시공하는 것이다. 이때 슬래브 피복 두께를 준수하며 최대한 밑으로 시공해야 한다.

[그림1, 3]처럼 Bent bar는 슬래브 하부 콘크리트에 인장력이 발생되는 부분을 보강해 주는 영역(E, A+B)을 최대한 포함시켜야 한다.

ACS와 균열,
한판 뜨자! - ⑤

① 균열과의 만남

② 균열을 분석하다

③ 균열의 원인을 파헤치다 – 1

④ 균열의 원인을 파헤치다 – 2

⑤ 균열 대책을 강구하다

3/4day cycle 공정관리에서 ACS 인상을 위해 설계상 요구되는 콘크리트 강도는 10MPa, ACS가 인상되는 시점인 슬래브 콘크리트 타설 5~6일 차 압축강도 테스트 결과는 20~25MPa(Fck, 수평재: 45, 수직재: 60). 이 수치는 날씨 좋은 봄, 여름, 가을의 콘크리트 압축강도다. ACS 인상 시 문제가 없으려면 이와 같이 소요 강도를 충분히 초과해야 한다. 동절기, 최고기온이 영하온도일 경우 슬래브 열선 패드, 갱폼 단열보양 및 열선, 열풍기에 의해 가열양생을 실시해야 한다(그림3). ACS stop anchor가 정착되는 부분은 슬래브 가장자리로 외기에 매우 취약하기 때문이다. 이렇게 아등바등 관리해야 ACS stop anchor가 정착되는 Slab edge 부분의 콘크리트 강도가 소요강도를 초과한다. ACS stop anchor가 정착되는 '모든 지점'에 대해 소요강도를 충분히 초과해야 한다. 몇 개의 지점 평균 콘크리트 강도가 소요강도를 살짝 초과했다고 해서 해결될 일이 아니다.

사고는 콘크리트 강도가 가장 약한,
가장 취약한 부분에서 발생하기 때문이다.

더욱이 ACS 충격하중이 발생된다는 것을 감안해야 한다. 관리 사각지대, 가장 취약한 부분의 콘크리트 강도를 기준으로 콘크리트 강도 시험을 통해 ACS 인상 가능 유무를 판단해야 한다.

이를 위해서 몰드 양생방법도 중요하다. **동절기 한중 콘크리트 타설 시, 타설된 콘크리트는 현장에서 양생되고 있고, 몰드는 실험실 최고의 환경에서 양생시켜 압축강도 시험을 진행한다면 시험결과를 신뢰할 수 있겠는가?**

예를 들어보자. 동절기 일평균기온 -2℃, 50층 콘크리트 타설, 순간풍속 15m/s. 가열양생 실시. 평면상 중앙부 부재는 양생관리가 용이하다. 하지만 외기에 가장 인접한 부재(측벽, 측기둥)는 아무리 철저히 관리가 된다 해도 상대적으로 강도 발현에 취약할 수밖에 없다. 가장 취약지점의 양생온도 3℃, 실험실 몰드 양생온도는 23℃. 6일 후 실험실 양생 몰드의 압축강도 시험결과 11MPa.

ACS 인상 소요강도(10MPa) 초과를 자축하며 ACS를 인상한다면? ACS 추락사고가 발생하지 않는 것이 신기할 일이다. **압축강도 시험을 진행하는 몰드도 현장에서 가장 취약하고 중요한 지점에서 초기양생을 진행해야 한다.** 즉, ACS의 인상 지점인 Stop anchor 매립 부분에서 실제 콘크리트가 양생되는 똑같은 상황에서 몰드를 초기양생 시킨 후 압축강도 시험을 진행해야 한다. 그래야 시험결과를 신뢰할 수 있고, ACS 인상 시 위험한 상황이 발생하지 않는다(한중 콘크리트 타설 시).

보강적 측면에서 대안은 이렇게 변경했다. ACS 인상 시 발생하는 충격하중으로 인해 발생하는 균열을 예방하기 위해 Bent bar의 위치를 변경하고 추가적인 철근 보강을 실시하였다. 현장에서는 이런저런 변수가 많기 때문에 두 가지 안으로 대안을 설정하고, 상황에 맞게 [그림1]처럼 ALT1, ALT2를 적용하였다. 또한, [그림2]처럼 ACS 인상 시 발생하는 충격하중이 슬래브에 가중되는 것을 분산시키기 위해 각각의 Suspension shoe에 V2 Support를 직접 설치하였다.

[동절기 ACS관리 Key Point]

1) 동절기 콘크리트 타설 시 Gangform 열선보양, 슬래브 열선패드 가열양생 실시
2) 압축강도 시험을 위한 몰드, 시험실뿐만 아니라 현장의 가장 취약지점에서 양생
3) ACS Stop anchor 부위, 보강철근 위치 준수 및 추가 보강 실시
4) ACS Stop anchor 부위, 보강 Bent bar 위치 준수
5) ACS 인상 시 Suspension shoe, 서포트 보강

이는 상대적으로 양생이 많이 된 하부층 슬래브에 하중을 전이시키려는 목적이다.

결과는 "대성공!"

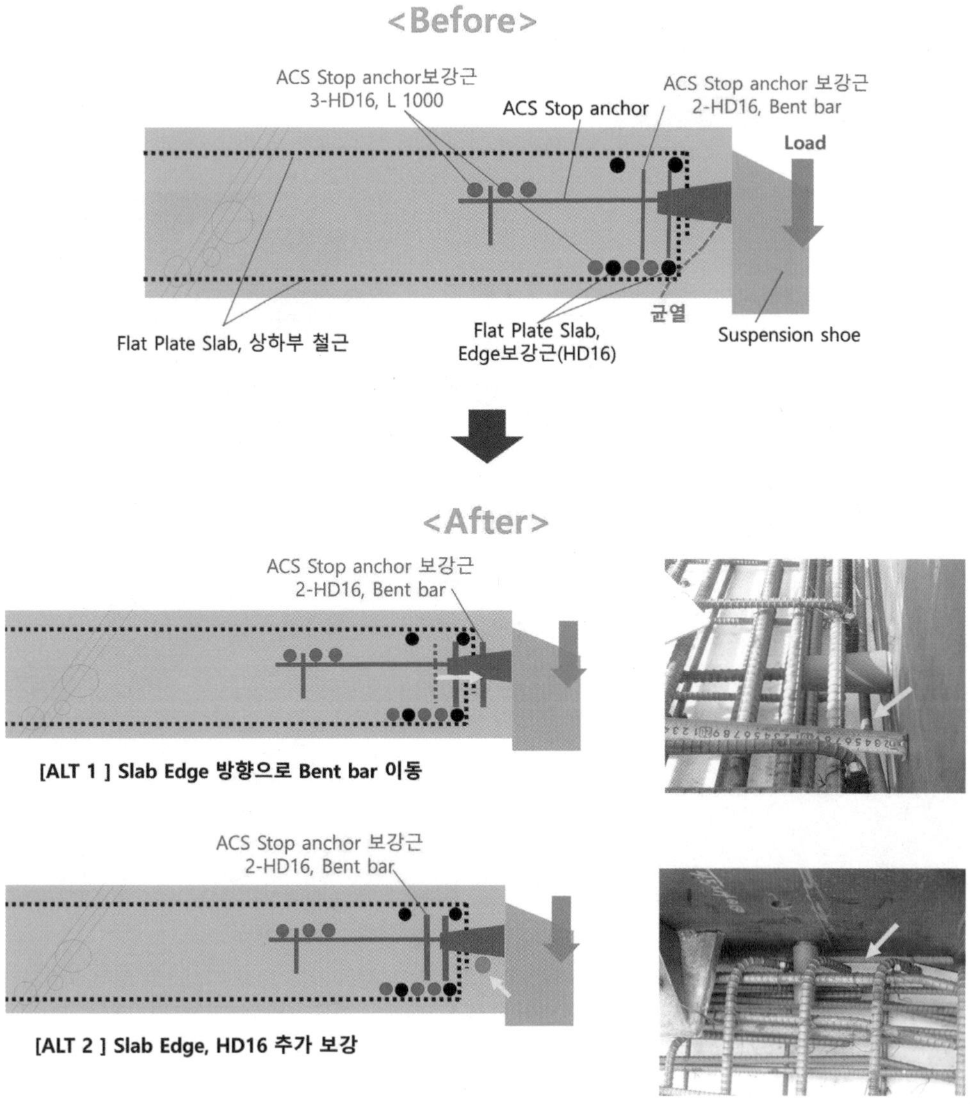

[그림1] ACS Stop Anchor 보강 강화

그림과 같이 슬래브 Edge 부위 피복이 탈락되는 것을 방지하기 위해 Bent bar를 이동하거나 철근을 추가적으로 보강했다. 두 가지 대안을 설정하고 각각의 현장 상황에 가장 적합한 대안으로 현장에 적용했다.

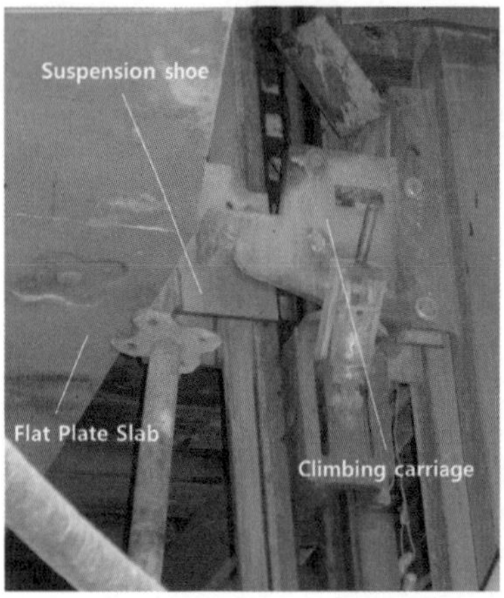

[그림2] 충격도 걱정없다! V2 Support 보강

ACS 인상 시 발생하는 충격하중에 의한 균열을 예방하기 위해 Suspension shoe 하부에 V2 동바리를 보강했다. ACS stop anchor 매립된 부분 등 동바리를 보강해 보며 최적의 위치를 찾았다. 철근보강과 V2동바리 보강은 확실한 결과가 있었다. Climbing form은 제작사별로 인상 메커니즘이 다르다. 건축물은 건축물대로 구조형식이 다르다. 건설엔지니어는 이에 맞게 맞춤형으로 최적의 대안을 마련하면 된다.

[그림3] 모락모락! Slab edge, 열선패드 가열양생

슬래브 가장자리에는 ACS stop anchor가 매립되어 있다. 이 부분은 ACS 인상 지점으로 매우 중요하다. 동절기에는 열풍기 등 일반적인 가열양생을 넘어 갱폼 단열/열선 가동, 슬래브 가장자리 열선패드 가동 등의 추가적, 국부적 가열양생까지 해야 한다. 그래야 4day cycle 공정관리가 가능하다. 사진과 같이 열선패드를 걷어내자 타설된 콘크리트에서 김이 모락모락 피어난다. 열선패드로 가열양생한 부분과 그렇지 않은 부분의 경계가 확실하다.

ACS CHECK LIST

일　　자 :
점검위치 : B동(1~2차)
특이사항　 -

기 안	검 토	조 정	승 인

구 분	점 검 내 용	점검결과
앵 커	- 원형기둥부위 앵커 보강 서포트 설치는 되었는가?	양호
	- ACS앵커 매립위치 크랙이 발생되었는가? * 발생되었다면 위치, 크랙 폭은? * 크랙 발생에 대한 V2 Support는 보강되었는가? * (V2:1.5t, Filler support : 3t)	극소/부분적 3호 0.5mm/4호 0.5mm, 1mm 5호 2mm, 0.5mm
	- Main Frame의 각부 Pin체결이 누락 되어 있지는 않는가?	양호
	- Suspension Bolt & Safety Pin이 shoe에 체결되어 있는가?	양호
	- Profile의 휨, 변형은 없는가?	양호
	- Shoe anchor의 Pin 변형 및 크랙은 없는가?	양호
	- 서포팅케리지가 미설치 된 부분은 없는가?	T/C부위, 파손(교체예정)
발 판	- 틈새가 발생되어 낙하위험은 없는가?	양호
	- 발판 파손 부분이 발생하여 낙하위험은 없는가?	양호
	- 자재가 야적되어 안전하중 이상의 하중을 받고 있지는 않는가? (자재 적재 125kg/m^2, 작업하중 : 125kg/m^2)	안전하중 內
수직망	- 수직망이 설치되지 않아 낙하할 위험이 없는가?	양호
	- 수직망 하부 틈새 발생으로 낙하 위험은 없는가?	양호
	- 알폼 핀 낙하를 방지하는 망이 훼손된 부분은 없는가?(Gangform망)	수정예정
난 간	- 난간이 설치되지 않아 추락 위험이 없는가?	양호
	- 난간과 난간사이 틈이 발생되어 낙하 및 추락 위험은 없는가? (주요관리 세대 : 3호, 5호세대 C.J구간)	양호
인 상	- 인상 前, 단부의 서포트 및 필러는 해체되었는가? (Slab Edge부위 필러 및 서포트 해체 필수)	양호
	- 전담 인상 운전자가 인상하고 있는가?	양호
	- 인상 시 발판에서 근로자가 작업하고 있는가?	양호
	- 인상 시 호이스트 운행은 중지 되었는가?	양호
	- 인상 시 하부 근로자 이동은 통제 되었는가?	양호
	- 인상 시 발판에 적재된 자재가 추락위험은 없는가?	양호

ACS 관리 체크리스트

매일 아침, ACS의 모든 구간을 체크해야 한다. 슬래브, ACS 발판, ACS suspension shoe, anchor….
팩트체크만으로 끝내면 의미 없다. 반드시 발생된 문제점을 **'해결'**해야 한다.
유의해야 할 것은 절대, 형식적으로 체크하고 보고해서는 안 된다. 실제 발생하는 위험요소를 제거하는 것이 목적인 만큼 꼼꼼히 확인하고 바로 수정될 수 있도록 시스템을 갖춰야 한다. 4day cycle 공정관리, 4일에 1개층이 시공되는 상황에서 문제점에 대한 수정이 하루이틀 늦어진다면?

▶ 건축기사의 생각

사무실보다 현장에서 지내는 시간이 훨씬 많기 때문에 건축기사는 어떤 현상에 대해 누구보다도 정확한 'Fact check'가 가능하다. 큰 사고 발생 전에는 사고를 알리는 작은 징후들이 하나둘씩 포착된다. 이런 Fact들이 무시되면 사고(事故)! 처리되면 OK!
ACS anchoring 부분의 슬래브 마구리에 발생하는 균열은 우연함으로 간주하기에는 연속적이고 반복적이었다. 이상한 것이다. 처음에는 이러한 위험한 현상에 대한 우려와 발생 근거에 대해 누구도 반응해 주지 않았다. 병든 닭처럼 힘없이 현장을 투벅투벅 다녔고, 불면증에 식음을 전폐했다. 이 바닥에서 '짬밥 안 되는 건축기사'의 논리와 주장은 소위 '먹히지 않았다'.

건설현장에 근무하려면 엔지니어는 조금은 부정적인 관점이 필요하다. 아니다. 현상을 냉철하게 바라보는 표현이 정확하겠다.
'이상한데…. 문제가 될 것 같은데. 위험할 것 같은데…. 사고날 것 같은데….'
'좀 더 보강해야겠다. 조치해야겠다….'
매일 현장을 관리하면서 원인과 대책에 대해 많은 고민을 했다. 고민, 고통을 알아주는 선배가 있어 대안 마련에 엄청난 가속력이 붙었다. 구조설계사 팀장님과 끊임없는 피드백으로 현장에 최적의 대책을 마련했다. ACS에 의한 균열 발생 문제는 말끔히 해소되었다.

성취감은 대기권을 넘어 성층권을 찔렀다.
건축기사는, 이 맛에 힘들어도 참을 수 있는 것 같다.

ACS인상,
EV Wall부분은 다르지 않을까

슬래브 부분의 ACS 인상 시 발생하는 균열에 대한 대책이 확실히 수립되고 문제없이 진행되는 중에 생각하지도 못한 부분에서 문제가 발생했다. 4day cycle 공정관리를 위해 Elevator Shaft wall 부분도 ACS-Gangform을 적용했다(그림1). 이 부분은 콘크리트 타설 다음 날 ACS가 인상되며 전일 타설된 벽체 부분에 바로 ACS가 anchoring된다(그림5). 콘크리트 타설 후 양생되는 시간은 24시간!

춘하추동(春夏秋冬) 중 겨울(冬)이 문제다. 동절기 골조공사 중 1일 양생으로는 ACS 인상을 위한 소요강도를 충족시킬 수 없다. 그래서 동절기에는 [그림2]처럼 EV Wall 부분을 가장 먼저 타설하여 양생시간을 최대한 확보하고, Gangform에 열선시스템을 적용하여 가열양생을 실시했다.

한밤중 Gangform 열선이 고장 났다.

Gangform이 매번 인상되면서 접속된 전선에서 문제가 발생했던 것이다. 이로 인해 타설된 콘크리트는 수화반응이 지연되어 소요강도가 발현되지 않았다. 콘크리트 타설 양생 24시간, ACS 인상 시 4개의 ACS stop anchor 중에 열선이 고장 난 부분에서 Stop anchor 1개가 벽체에서 탈락했다(그림3, 4).

구조사무실에서는 EV Wall 부분은 슬래브 부분과 다르게 ACS 인상 시 구조적으로는 문제가 없다고 했다. 하지만 나는 이 부분에 대해 끊임없이 의문을 제기했다.

슬래브 부분의 ACS는 N-2 층(N층: 타설 예정층)에 앵커링되기 때문에 5~7일 압축강도 테스트 후 ACS 인상을 위한 소요강도 충족 시 N-3층에서 인상된다. 하지만 EV Wall의 경우 N-2층에서 인상되어 N-1층 벽체에 앵커링된다(그림5). 즉, 24시간 양생된 콘크리트가 ACS를 지지하는 것이다.

ACS 인상 시 슬래브 부분과 EV Wall 부분의 콘크리트 양생 시간이 다른데 어떻게 문제가 없을 수 있지?

Slab와 EV Wall의 ACS 비교

구 분	Slab	EV wall	비 고
Con'c 양생기간 (Anchoring 지점)	6일	1일	- 4day cycle 공정관리 기준 - Fck : 45~ 60Mpa(wall), 45Mpa(Slab) - Flat Plate Slab(T250) - 테두리보 없음
Anchoring(안착)	N-2층	N-1층	
인상지점	N-3층	N-2층	

1) 4day cycle 적용, N: 콘크리트 타설 예정 층
2) Slab의 경우, 8일째(4day × 2개 층) 타설을 위해 2일 전 ACS 인상 필요 => 양생 6일 소요
3) EV Wall의 경우, ACS Suspension shoe는 N-2층에서 인상되어 N-1층(양생 1일)에 안착됨
4) 4day cycle 공정관리상 EV Wall과 Core Wall의 수직철근은 타설 다음 날(1st day) 시공 시작됨

[4day cycle]

1st day: 먹 + Gangform 탈형 + ACS 인상(EV Wall) + 수직재 철근(EV Wall/Core Wall/Fin Wall) 시공

2nd day: ACS 인상(Slab)/Gangform + 외부 측 수직재 철근(Column/wall) + 수직형틀

3rd day: 수평재 형틀 + 수평재 철근

4th day: 수평재 철근(Column Head 보강 등 마무리) + 전기/설비/소방 + Con'c 타설(오전: 수직, 오후: 수평)

* Core Wall/Fin Wall Con'c 타설 시, 전기/설비/소방 작업 진행(CPB 사용으로 간섭 발생 없음)

[그림1] EV Shaft wall, ACS + Gangform

EV Shaft wall 부분의 ACS는 콘크리트 타설 다음 날 인상돼야 수직철근을 시공할 수 있다. 수직철근 시공이 ACS 인상보다 먼저 이루어진다면 ACS 인상 시 철근과 간섭이 되어 위험한 상황이 발생되고, Gangform의 수직도 조율이 불가능하다.

[그림2] 가열양생, Gangform + 열선 + 단열

4day cycle 관리를 위해서 'Gangform 열선 + 단열' 가열양생을 실시했다. 외기 최저 온도는 시간에 따라 변한다. 이에 대응하여 갱폼의 Control box에서 열선 온도를 유동적으로 관리할 수 있다. 콘크리트 타설 후 초기 24시간 동안은 콘크리트 품질을 확보하기 위한 가장 중요한 시점이다. 이 타이밍을 놓치면 ACS 인상을 위한 콘크리트의 품질을 확보할 수 없다. ACS인상, Gangform 해체/시공이 반복되면서 연결부위 열선이 파손되는 경우가 있다. 하지만 어쩔 수 없다. 주기적인 교체가 불가피하다. 동절기, 3/4day cycle 공정관리에 필수적인 조치다.

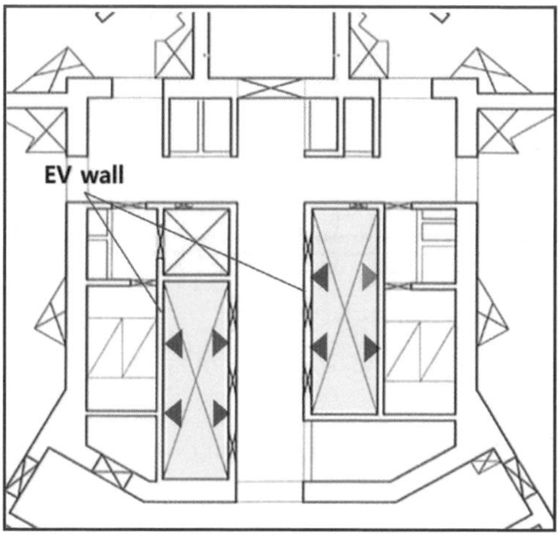

[그림3] Core Wall 평면도

[그림4] 인상 중 ACS Stop anchor 탈락

EV Shaft Wall, ACS 지지 지점 4개소 중 1개소가 탈락되었다. 다행히 3개소 부분은 안전하게 고정되어 문제는 없었다.

결국 가열양생에 필수적인 EV Wall Gangform 열선을 보수하고, 수시로 열선 가동 유무를 모니터링했다. 설계적으로는 구조설계사와 협의 후 철근보강을 실시했다. [그림6]과 같이 EV Wall 기본배근(수직 HD10@400, 수평 HD10@280)에 보강근(4-HD13)을 추가했다. 추후에는 이런 일이 발생하지 않았다.

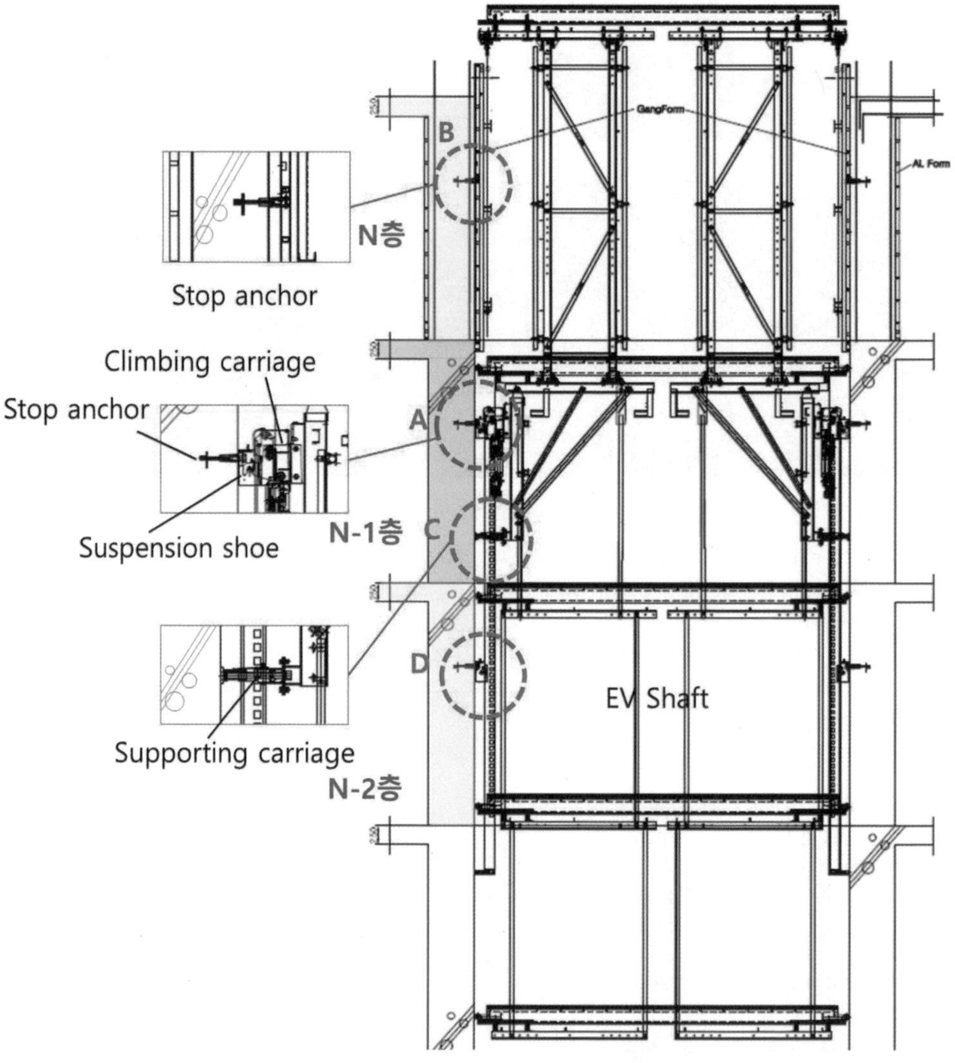

[그림5] Elevator Shaft & ACS 단면도

1) A: 슬래브 N층 타설 시 ACS 하중지지. N-1층 타설 후 다음 날 N-2층에서 인상되어 N-1층 벽체에 앵커링
2) B: 추후 N+1층 시공 시 ACS 하중지지 목적. 철근 시공 후, 형틀 시공 전에 미리 매립
3) C: Supporting carriage, ACS의 수직도 유지
4) D: N-1층 콘크리트 타설을 위해 이미 사용
N층 시공을 위해 Profile의 인상과 수직도 유지를 위한 가이드 역할

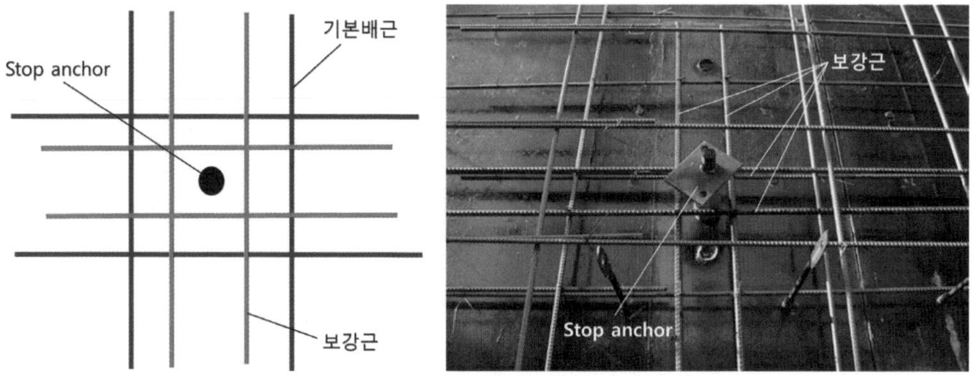

[그림6] ACS Stop anchor 부위 철근 보강 실시

구조전문가의 검토에 따라 Stop anchor 부위에 철근 보강을 실시했다(4-HD13).

▶ 건축기사의 생각

역시 건설현장에서는 '괜찮겠지. 설마, 아무 일 없을 거야.'라는 낙관적인 생각은 절대 금물이다. 아니다. 낙관적인 생각이 아니라 방치, 방임, 직무유기라는 표현이 더 실감 나는 표현일 듯하다. 시공은 설계도면에 의해, 설계도면대로, 수동적으로 끌려가는 것이 아니라 '설계를' 이끌어가야 한다. 왜냐하면, 설계는 시공을 위한 계획, 생각이기 때문에 실전인 현장에서는 시공 중 설계 오류, 부족한 부분 등이 당연히 발생할 수밖에 없다. 그런 부분을 시공적 측면에서 바로잡고, 부족한 부분은 반드시 채워넣어야 한다. 그게 바로 Field Engineer의 정체성이라고 생각한다.고민한 결과에 대한 대안이 정확히 적중했을 때의 성취감…. 정말 힘들고 지쳐도 재충전되는 최고의 에너지다.

역시 답은 현장에 있고, 고민의 열매는 달콤하다!

Link Beam, 넌 누구냐

초고층 건축물이 횡력에 저항하기 위해서는 구조물의 강성을 증대시켜야 한다. 강성증대를 위한 요소 중 하나인 Core Wall! 하지만 건축물에는 [그림1, A]와 같이 출입구가 발생할 수밖에 없다. 이는 Core Wall1과 Core Wall2를 분리시켜 건축물의 강성을 저하시키는 결과를 초래한다. 그렇다면 출입구는 존치시키며 강성은 증대시킬 수 있으려면 어떻게 해야 할까?

그것은 바로 링크빔(Link Beam)!

단어 자체의 의미로 해석해 보면 Core Wall1과 Core Wall2를 서로 연결(Link)해 주는 역할을 한다. 일반적으로 Girder, beam이 슬래브가 받은 하중을 기둥(Column)과 벽(Wall)으로 전달하는 것과는 비교된다. [그림1, A]와 같이 Link Beam이 미설치되면 Core Wall1, 2는 분리되어 전체적 측면에서 구조물의 강성은 약화된다. 하지만 [그림1,8]과 같이 Link Beam 설치로 인해 Core Wall 1, 2가 하나의 매스로 일체화된다면 Fin Wall에서 전달된 수평하중을 Core Wall로 이동시켜 횡력에 저항할 수 있게 된다(그림2, 5).

현장에서 Link Beam은 Belt Wall과 Core Wall에 적용되었다. Belt Wall에 적용되는 Link Beam의 춤(depth)은 1,500mm, 층고도 높거니와 출입구가 아닌 환기용 개구부이기 때문에 RC로 적용해도 문제가 없다(그림4). 하지만 일반 기준층의 코어월에 설치된 Link Beam은 건축물의 이용자가 출입을 해야 하기에 출입구 창호의 유효 높이(2100) 확보를 위해 Link Beam은 SRC로 적용되었다(그림3). 이때 유의해야 할 점이 있다. Core Wall에서 각 세대에 소방, 설비 배관이 연결되기 위해 배관 슬리브는 SRC Link Beam의 Web 부위에서 패싱이 불가피하다. 소방, 설비 담당자와 미리 협의하고 구조 검토를 실시, 공장 제작 시 Stiffener 보강이 이뤄질 수 있도록 해야 한다(그림6, 7).

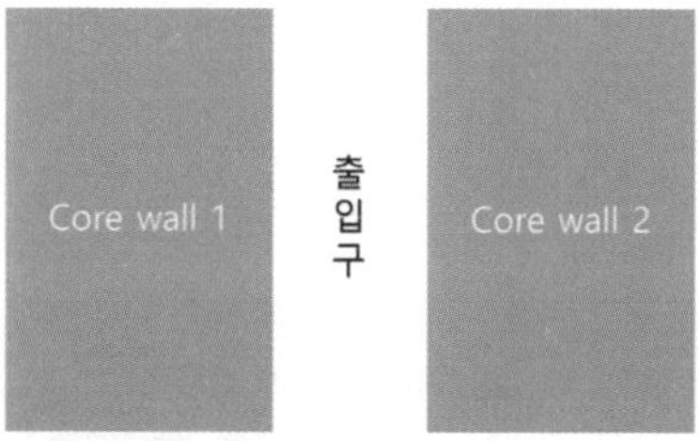

[그림1] A. Link Beam 미설치

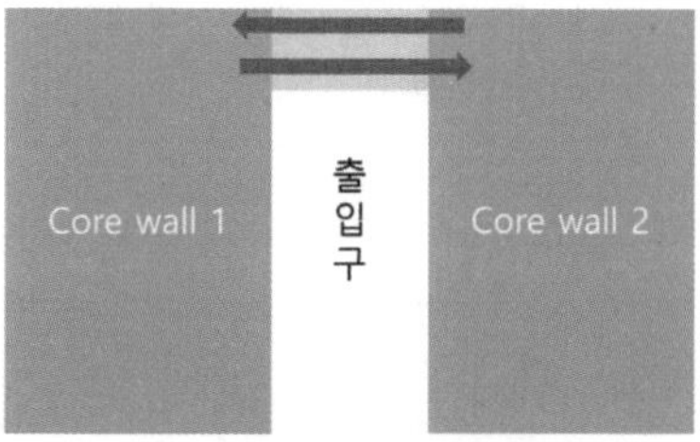

B. Link Beam 설치

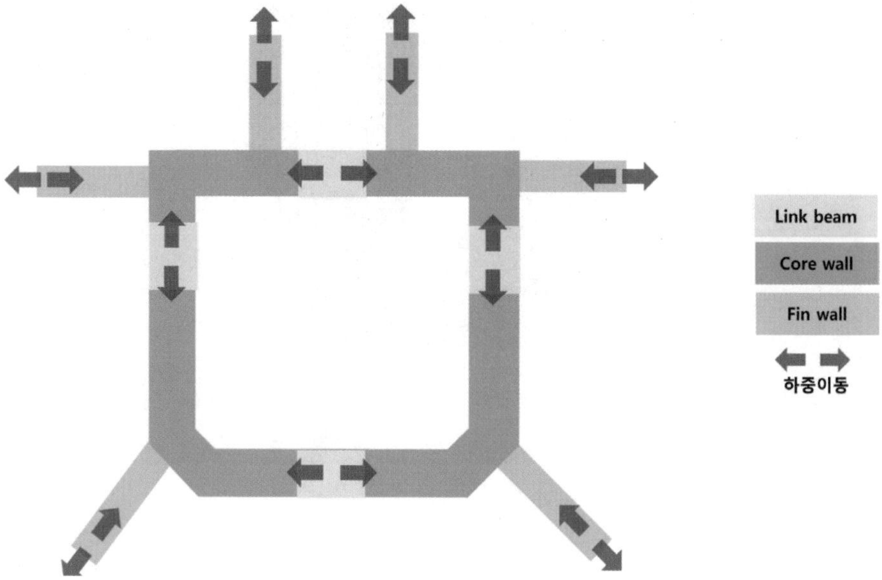

[그림2] Core Wall 평면도

Link Beam, Core Wall, Fin Wall 은 초고층 구조물의 주요 요소로서 구조체의 강성을 극대화시켜 수평력에 저항할 수 있도록 한다. Fin Wall을 통해 코어월로 전달된 수평력은 링크빔에 의해 일체화된 코어월이 횡력에 저항한다.

[그림3] 기준층, SRC Link Beam 시공

[그림4] Belt Wall층 RC Link Beam

Link Beam은 출입구로 인해 분리된 Core Wall을 일체화시켜 구조물의 강성을 확보하기 위해 시공된다. 또한, 출입구 사이즈와 구조체의 강성 확보, 두 마리 토끼를 잡기 위해 기준층의 출입구 링크빔은 SRC로 시공, 보의 Depth를 줄였다.

[그림5] Link Beam 시공 완료 후

Link Beam은 출입구로 인해 분리된 Core Wall 1, 2를 서로 'Link' 해주고 있다. Link Beam이 수평력만을 전달하는 것만이 목적이라면 보의 위치가 슬래브 상부(가)에 있어도 된다. 하지만 슬래브에 부과된 수직하중의 전달 역할도 해야 하기 때문에 슬래브 하부에 위치해야 한다.

실제로 링크빔이 누락되거나 보강이 필요할 경우 슬래브 상부에 시공이 되는 사례(역보)도 있다. 하지만 Link Beam이 사용자의 출입에 장해가 되기 때문에 Pit 등의 특별한 공간이 아닐 경우를 제외하고는 수평재위에는 설치해서는 안 된다.

[그림6] Link Beam, 배관 Sleeve

[그림7] Link Beam 시공 완료 후 배관 Sleeve

Link Beam, Web 부분에는 설비, 소방 공종의 배관을 위해 Sleeve 시공은 불가피하다. 이때 구조 검토를 통해 Stiffener 보강이 필수다. 설계검토 시 설비, 소방 공종과 위치, 규격 등 검토하여 철골 제작 시 보강안을 반드시 적용해야 한다. 검토 지연으로 공사가 중단되거나 보강이 누락되어 구조결함이 발생되는 일이 없도록 해야 한다.

▶ 건축기사의 생각

"설계도면에 나와있으니 그냥 시공해!"
혹자는 이렇게 얘기한다. 그럴 거면 왜 시공사는 건축전공자를 채용하나? 그냥 아르바이트생을 고용하지. 개념을 먼저 이해하고, 그다음이 시공이다. 설계자도 사람이다. 반드시 실수를 할 것이며, 설계과정에서 오류가 있을 것이다. 이것을 찾아내어 바로잡는 것이 시공자의 identity이다.

연돌효과(Stack Effect), 네 이놈들 저리 가지 못할까!

연돌효과는 고층 건축물에서 겨울철 실내외 온도 차로 인해 외부의 차가운 공기가 건축물 저층부로 유입되고, 공기가 따뜻해지면서 EV Shaft, 계단실 등을 통해 건축물 상로 빠르게 이동하는 현상이다. (여름철에는 겨울철과 반대방향으로 역연돌 현상이 발생) 고층일수록 심하며, 압력 차이에 의해 현관문, 엘리베이터 출입구, 계단 문 건물 출입문 개폐가 어렵고, 소음이 발생하는 등의 문제점이 발생한다.

나는 연돌효과 예방을 위한 시설이 설치되기 전에 연돌효과를 이해하기 위해 [그림1]과 같이 테스트를 해보았다. 고층부, 저층부, 지하 EV 출입문, EV 전실 출입문에 화장지를 놓아보니 연돌효과의 개념대로 공기는 저층부에서는 내부로 강하게 빨려 '들어가고', 고층부에서는 외부로 빨려 '나가는 것'을 눈으로 확인할 수 있었다. 아직 공사중이고, 연돌효과 차단 시스템을 시공하지 않은 상태이기 때문에 엘리베이터 문이 닫히지 않는 등의 오작동이 빈번하여 마감공사를 위해 엘리베이터를 이용하는 근로자들의 민원이 빗발쳤다.

저층부는 차가운 공기가 건축물 내부로 유입되기 때문에 출입문의 외부 방향으로의 개폐가 힘들다. 이로 인해 노약자, 어린이들은 출입문 개폐가 힘들어 출입을 할 수 없는 경우가 발생한다.

실제로 나는 연돌효과 차단 시스템이 완료되기 전에 옥탑 엘리베이터 기계실에서 연돌효과에 의한 압력으로 인해 출입문의 개폐가 매우 어려웠던 경험을 했다. EV Shaft로 상승되는 공기가 최상층인 EV 기계실로 모이고, 외부로 나가려는 압력 때문이었다. 마치 럭비 운동에서 스크럼을 짜서 힘차게 밀치듯 출입문을 밀어야지 출입이 가능했다. 또한, 건물 출입문, 복도 출입문, 현관 등에서 연돌효과에 의한 공기의 흐름 때문에 귀신이 나올 듯한 분위기의 소음도 발생했다.

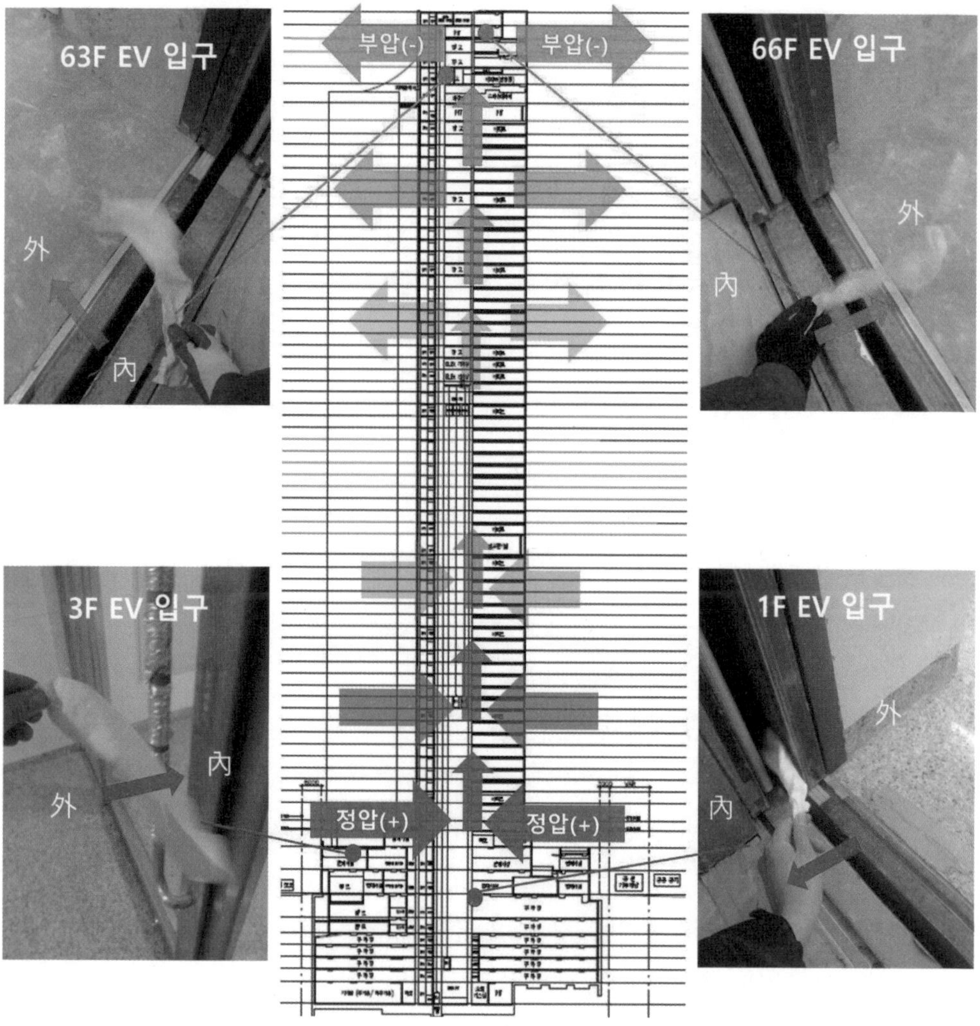

[그림1] 연돌효과 테스트

연돌효과를 시각적으로 확인하기 위해 기온이 낮은 새벽에 고층부, 저층부에서 테스트를 진행했다. 마감공사 중으로 연돌효과 차단 시스템이 완료되지 않은 상태이기 때문에 연돌효과의 위력(?)을 실감할 수 있었다.

그렇다면 연돌효과를 차단하기 위한 대안은 무엇인가?

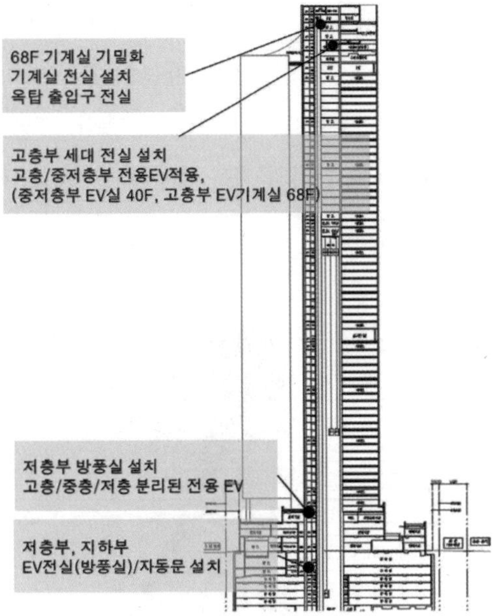

위치별 대안

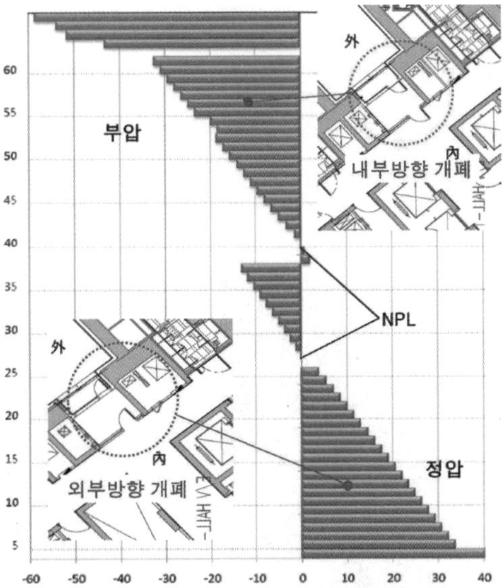

창호개방 방향 설정

1) **엘리베이터 조닝 구획**

중성대(NPL: Neutral Pressure Level) 1개소 => 2개로, 연돌효과 차단에 효과적

- 저층부, 고층부, 중층부, 엘리베이터 분리구획
- 고층부 엘리베이터, 저층부 EV 출입문 폐쇄

2) **엘리베이터**

- EV 고압작동 시스템 및 기계실 기밀화
- EV 출입문 풍음 차단 시스템 설치

3) **창호 기밀도 강화**

① 엘리베이터 전실 베란다 창호 기밀도 강화: 2중문 설치(그림2)

② 옥탑 및 고층부

- 출입문, 기계실 외부 출입구 강화: 2~3중 차단 시스템
- 계단실 출입문, 자동 개폐장치 적용
- 세대 전실 설치(그림3)

③ 지하 및 저층부

- 저층부 로비 출입구 방풍실, 전실 설치 및 틈새 밀폐: 2~3중 차단 시스템(그림4,

그림6)

– 저층부 전실 역할 못 하는 공간 제거 및 위치 변경

– 지하층(주차장, 편의시설) 출입구 기밀화: 2중문(그림5)

– 자동문 추가 설치

④ 창호, 2중 개스킷 적용

4) 창호개방 방향 조정

– 폐쇄에 유리, 개방에 불리하도록 방향 설정

– 정압, 부압에 따라 개방 방향 설정: 부압(–) 시 '안으로 개방', 정압(+) 시 '밖으로 개방'

EV Shaft와 계단실을 통해 상승된 따뜻한 공기는 최상층인 69F 외부(헬리포트)로 유출되며 연돌효과를 발생시킨다. 이를 차단하기 위해 [그림7, B]처럼 방풍실 전실을 추가 설치하여 압력을 저감시켰다(74Pa => 48Pa). EV 기계실 출입문은 폐쇄에 유리하고 개방에 불리하도록 출입문의 개폐방향을 내부 방향으로 변경하였다(그림7, ① ②). 연돌효과를 효과적으로 차단하기 위해서는 출입문의 개폐 방향을 설정하는 것도 중요하다.

부압(–) 발생 시 '안으로 개방', 정압(+) 발생 시 '밖으로 개방' 기본 개념이다.

예를 들어보자. 옥탑에 위치한 EV 기계실 경우, 상승된 따뜻한 공기는 ①, ②번 출입문을 통해 외부로 유출되려고 할 것이다. 즉, 부압이 발생된다. 이때 출입문은 안쪽으로 개방되어야 부압에 대응할 수 있다. 그렇다면 '출입문 ③~⑥의 경우도 부압에 대응하기 위해 내부 방향으로 개폐되어야 하는 게 아닌가?'라는 의문이 들 수 있다. 하지만 이는 긴급상황 발생 시 건축물 사용자가 외부(옥상)로 대피하기 위한 동선을 고려해야 한다. 즉, 출입문은 대피 방향인 외부로 개방되어야 한다. 연돌효과를 차단하는 측면에서는 불리하지만, 대피동선이라는 특수한 상황 때문에 불가피한 조치다. 이러한 사각지대를 해결하기 위해 방풍실이 이미 설치됐음에도 불구하고 방풍실 전실(그림7, B)을 추가적으로 설치했다.

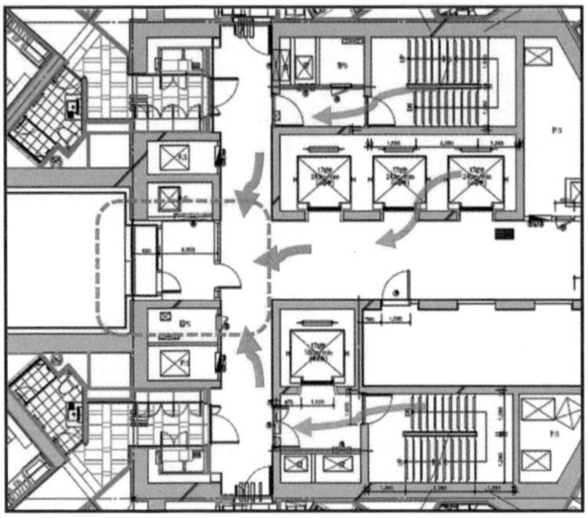

[그림2] 고층부 EV전실, 베란다 2중문

고층부에 설치된 베란다 문을 2중으로 설치하여 계단, EV Shaft 통해 상승된 따뜻한 공기의 외부 유출을 차단하도록 했다. 오픈 방향, 공기의 유입 방향.

[그림3] 고층부 현관 전실

고층부 세대의 경우 현관에 전실을 설치하여 연돌효과를 차단하였다. 전실이 없다면 현관문은 열기도 어렵고, 닫힐 때는 세게 닫힌다.

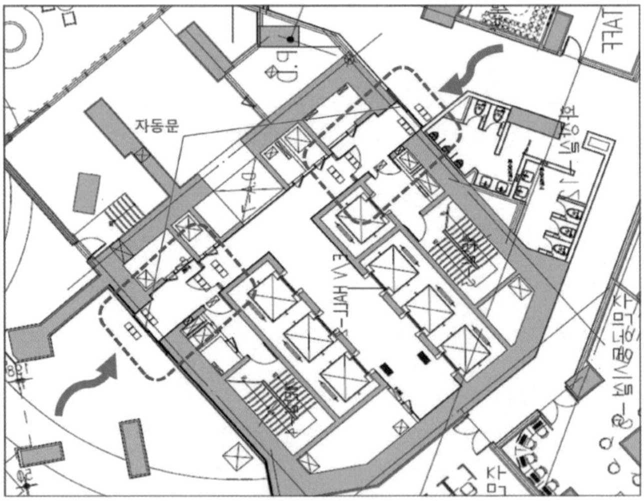

[그림4] 저층부 동출입구 2중문

저층부는 외부의 차가운 공기 유입을 차단하기 위해 '자동문+여닫이문'을 설치, EV 전실/방풍실을 적용했다. 유입되려는 공기를 자동문으로 1차 차단, 여닫이문으로 2차 차단시켰다. 여닫이문 오픈 방향은 공기 유입 방향으로 시공.

[그림5] 지하층 EV 전실

[그림6] 저층부 방풍실

지하층과 저층부는 외기 유입의 차단을 위해, 고층부는 외기 유출 차단을 위해 방풍실이 설치되었다. 하지만 연돌효과를 예방하기 위해 적용된 아무리 좋은 대책이 적용되어도 사용자의 편의를 위해 어느 한 곳의 출입문이라도 개방된 상태로 방치된다면 연돌효과를 피할 수 없다. 연돌효과의 예방은 설계/시공적 측면에서뿐만이 아니라 유지관리, 사용적 측면에서도 철저하게 적용되어야 한다.

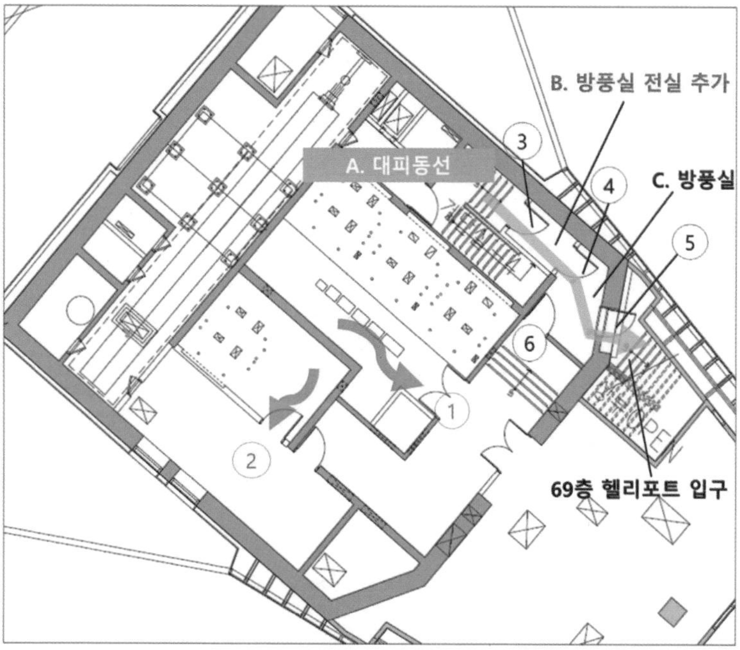

[그림7] 68층, 옥탑 평면도

고층부는 부압 발생과 피난 동선 방향을 함께 검토해야 한다. EV기계실 출입구 개방방향을 내측을 설정하면 EV Shaft를 통해 상승된 공기의 외부유출 차단에 유리하다. 피난 동선 방향 준수와 부압 차단, 두 마리 토끼를 잡기 위해 방풍실이 있음에도 전실을 추가 설치하였다.

▶ 건축기사의 생각

"강 기사가 미쳐가는 거 같아. 요새 계속 새벽에 혼자 주차장, 상가 출입구에서 화장지 들고 서있어~." "엘리베이터 입구에서도 혼자 화장지 들고 서있던데?"
협력회사 근로자와 관리자들이 웅성거린다.
책을 통해 '연돌효과'의 의미를 수십 번 통독했다. 하지만 실무에서 확인하고 싶었다. 연돌효과에 의한 공기의 이동을 눈으로 직접 확인하기 위해 화장지를 이용했던 것이다. 재미있는 애피소드였다.
현관문의 개폐 불가, 출입문 닫힘 불량, EV 작동 중단 등의 연돌효과의 무서움(?)을 실제로 접해보면서 설계 단계부터 이에 대한 대책을 적용하지 않는다면 큰 문제점이 발생하겠다는 생각이 들었다. 실제로 연돌효과에 대한 대책 없이 시공된 초고층 건축물에서 현관문 개폐하기가 힘들고, 엘리베이터의 잦은 고장으로 계단을 이용해야 하는 일이 많다는 얘기를 지인을 통해 들었다.
연돌효과를 예방하기 위해 철저한 시스템이 적용됐을지라도 사용자, 유지관리자가 이를 무시하고 유의하여 사용하지 않는다면 문제가 되겠다는 생각이 들었다. 설계자, 시공자, 관리자, 사용자… 모두 연돌효과에 대한 이해가 필요한 것 같다.

초고층 가설공사

가설(假設)공사/ Temporary work

가설공사는 본공사의 시공 여건을 조성해 주기 위해 임시적(Temporary work)으로 수행되는 공사이다. 본공사(토공사, 골조공사, 마감공사 등)가 우수한 품질로 마무리되기 위한 보조적 역할을 하며, 본공사가 끝나면 철거된다. 마치 멋진 공연(본공사)을 위해 준비되는 무대, 무대 조명, 무대 디자인, 마이크, 앰프, 좌석 등의 무대 시설이 가설공사라고 비유될 수 있다. 세계 최고의 뮤지션이 부실한 무대 시설에서 최고의 실력 발휘를 할 수 없듯이 건설현장에서 부실한 가설공사로는 안전하고 고품질의 본공사를 기대할 수 없다. 그만큼 중요하다.

공통가설공사와 직접가설공사로 구분될 수 있다.

공통 가설공사	* 가설팬스, 가설사무실, 가설화장실, 가설창고 * 가설도로, 가설전기, 가설수도, 가설 급배수 설비 등
직접 가설공사	* 양중시설 : Towercrane, Liftcar, 곤돌라, Con'c 분배기 * 측량 : TBM, CP, TP, Level(FL,SL,EL), 착공측량/준공측량 * 안전시설 : 방호선반, 낙하물 방지망, 추락방호망, 수직보호망 등 * 비계공사 : 시스템비계, 강관비계 등

초고층 건축물 시공을 위해서는 추가적으로 수반되는 사항들이 있다.

ACS(Auto Climbing System)

Climbing Towercrane, 고속 Lift Car

CPB(Concrete Placing Boom)

Slurry Wall과 RCD Pile 시공 위한 Topping Concrete

2장
초고층 가설

초고층 건축물, 왜 Climbing Towercrane을 적용하지?

스파이더맨이 나타났다! Climbing Towercrane

CPB, 매커니즘을 이해해 볼까

CPB와 Towercrane, 궁합이 맞아야 해

CPB, 동맥경화에 걸리다.

한 치의 오차도 없이 수직도 측량을 한다?

강 기사! 엘리베이터 Shaft 수직도 확인해 줘

강 기사님, 먹이 살아 움직여요!

초고층 건축물, **왜**
Climbing Towercrane을 적용하지?

[사진출처]
D: https://sky-line.co.il/en/tziud/climbing-tower-cranes/
E: https://www.liftech.net/liftech_projects/4000-t-floating-crane-design-review/

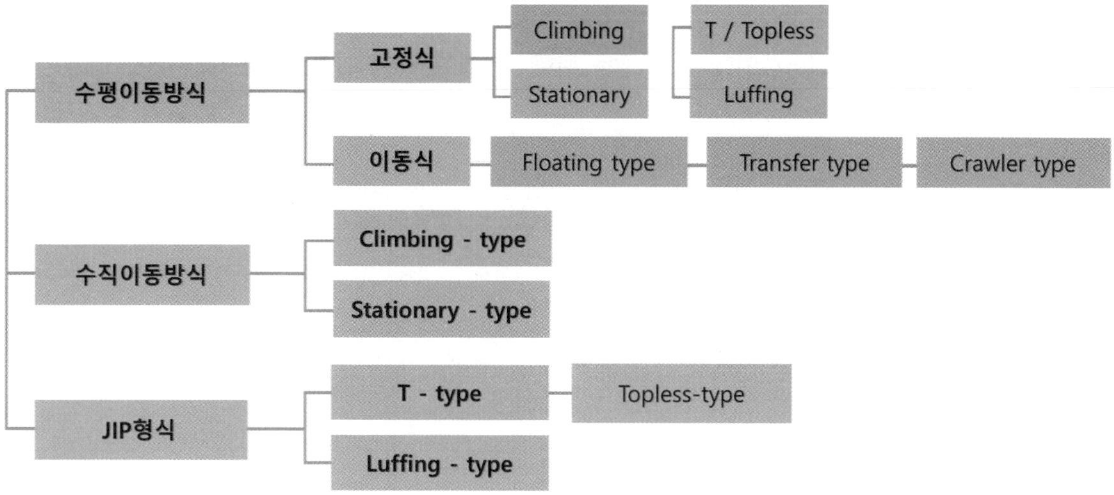

궁금했다.

타워크레인, 이동식 크레인, 러핑크레인, T형 크레인, 크롤러 크레인….
얘기는 많이 들어봤지만, 머릿속에서 정리가 되지 않았다. 체계적인 이해를 위해 위와 같이 분류해 봤다. 타워크레인은 수평/수직/Jip 형식으로 대분류되며, 타워 기초의 바닥 정착 유무에 따라 Climbing/Stationary type, Jip형식의 T형/Y형상에 따라 T-type/Luffing type, Head가 없으면 Topless type로 분류될 수 있다.

주위의 건설현장을 유심히 살펴보면 교외지역 건설현장은 T + Stationary type, 도심지 공사현장은 Luffing + Stationary type이 주로 적용된 것을 볼 수 있다. 건설현장 주위의 건축물과의 간섭, Boom 반경과 대지경계 등을 고려하여 설정하기 때문이다. 초고층 건축물에는 Climbing Type이 주로 사용된다.

나는 건축기사로서 Climbing Towercrane을 관리하면서 초고층 건축물에는

왜… 왜… 왜… Climbing Type을 적용해야 하는지 곰곰이 생각해 보았다. 초고층 건축물은 200m 이상 또는 50층 이상의 건축물을 의미한다(건축법 시행령 제2조 15항). 타워크레인 마스트를 250m, 300m, 400m… 설치한다면 아래와 같은 문제점이 발생한다(Stationary type 적용 시 지하층 기초에 정착).

1) 원가적 측면: 타워크레인 자재(Mast, bracing 등) 과다 투입에 의한 임대 비용
2) 구조적 측면: 타워크레인 좌굴 예방을 위한 Bracing 추가 설치, 타워크레인 기초보강 필요
3) 공사관리적 측면: 공정지연 초래
   ① Mast, Barcing에 의해 외부 마감공사 불가, 외부 마감 불가에 따른 내부 마감공사 불가
   ② 1층 타워크레인 오픈에 따른 부대토목/조경공사 불가
   ③ 지하층 타워크레인 슬래브 오픈에 의한 잔여 골조공사 및 마감공사 불가

결론은 Climbing type이 정답이다.

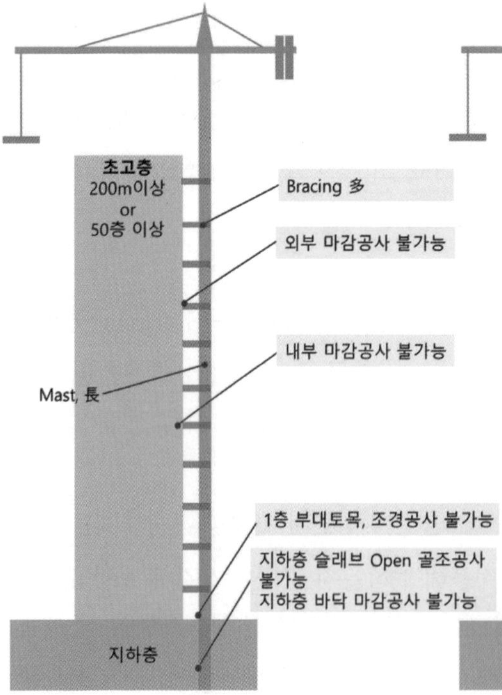

〈초고층 건축물 + Stationary Towercrane〉

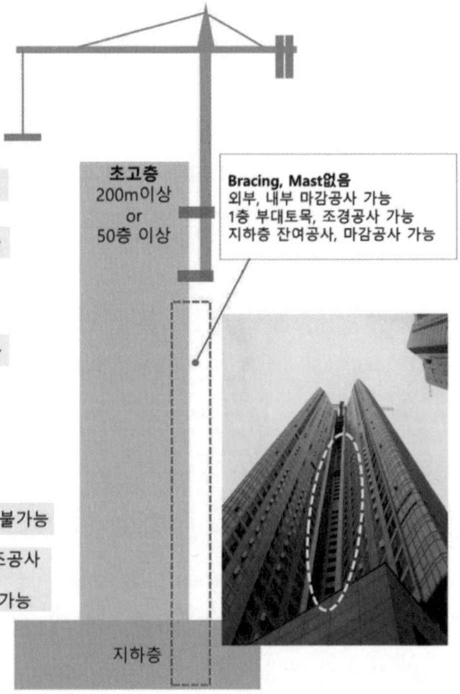

〈초고층 건축물 + Climbing Towercrane〉

▶ 건축기사의 생각

Climbing Towercrane이란 단어조차 생소했다. 신입 건축기사라서 그런 줄 알았다. 하지만 이런 타입의 타워크레인을 현장에 적용해 본 사례가 극히 드물다고 했다. 그냥 그러려니 할 수도 있었지만, 이것저것 궁금한 것이 많아서 Embed Plate 시공, 구조보강, 인상작업, 인상 시점 관리, ACS와 CPB 인상과의 간섭관계 등과 연계하며 공부, 관리했다.
Climbing Towercrane을 경험해 봤던 선배가 힘차게 밀고 나갔다. 공부하고 관리하면서 이것저것 궁금한 부분에 대해 폭풍 질문을 쏟아내도 체계적으로 가르쳐 주셨다. 좋은 선배 밑에서 근무하게 된 것은 정말 행운인 것 같다.

스파이더맨이 나타났다!

Climbing Towercrane

[그림1] 내가 바로 Climbing Towercrane이다!

초고층 건축물을 시공을 위해 적용되는 Climbing Towercrane. 지반에 설치되는 타워 기초 없이 건축물에 철골보 기초가 설치되어 타워크레인이 공중에 떠있게 된다. 타워크레인 인상 시 기초와 마스트는 같이 인상된다. Bracing이 없기 때문에 (가)와 같이 타워크레인 사용 중에도 내외부 마감공사가 가능하다.

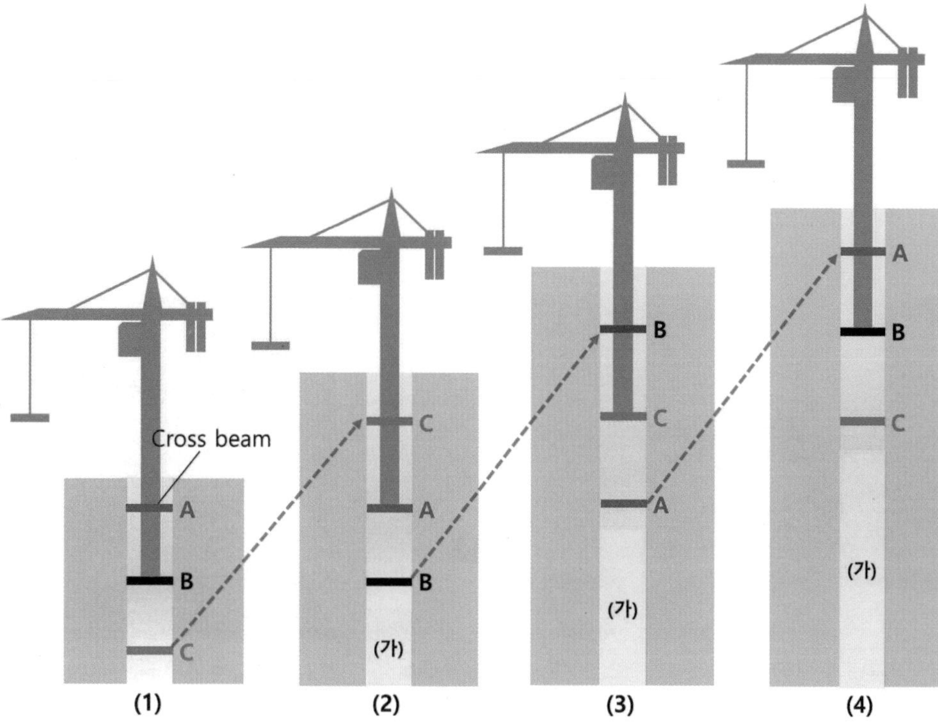

[그림2] Climbing Towercrane 인상

골조공사가 진행되면서 타워크레인도 같이 인상된다. 골조공사 진행 시 Cross Beam이 설치되는 지점에는 Embed Plate 선매입, 철근보강을 진행해야 한다. 당연히, 타워크레인 인상 시 콘크리트 설계강도는 100% 확보해야 한다.

[그림2]에서와같이 골조공사가 진행되면서 건축물은 높아지게 된다. 일반적으로 사용되는 Stationary type은 기초가 지반에 정착되고, Mast가 추가 시공되면서 타워크레인을 인상시킨다. 하지만 Climbing type은 Mast를 추가하지 않고 타워크레인 자체를 인상(Climbing)하게 된다. 타워크레인 자체를 인상하기 때문에 Mast가 추가적으로 소요되지 않아 경제적이다. 또한, Bracing이 추가적으로 설치되지 않기 때문에 [그림1, 2]의 (가)부분에 마감공사(내외부)가 가능하다. 지상 1층는 부대토목공사와 조경공사, 지하층 골조 및 마감공사가 가능하기 때문에 공정관리 측면에서도 매우 우수하다. 타워크레인 자체하중과 양중하중은 'Mast => Cross Beam => Embed plate'를 통해 내력벽으로 전달된다.

Cross Beam은 총 3개가 시공되며 2개는 타워 지지용, 1개는 인상 후 지지를 위한 예비 자재로 사용된다. 타워크레인이 인상되면서 순환적으로 사용된다[(1)->(2)->(3)->(4)]. [그림2]의 (1)을 기준으로 보면 아래와 같다.

① 최하부 Cross Beam(C): 예비 Beam. 타워크레인 인상 시 사용되며, 인상 후 최상부로 이동되어 타워크레인 전도 예방

② 중앙부 Cross Beam(B): 타워크레인 기초역할을 하며, 수직하중 전달(크레인의 자중, 양중하중)

③ 최상부 Cross Beam(A): 타워크레인 Bracing 역할, 수평하중에 대응하여 전도 예방

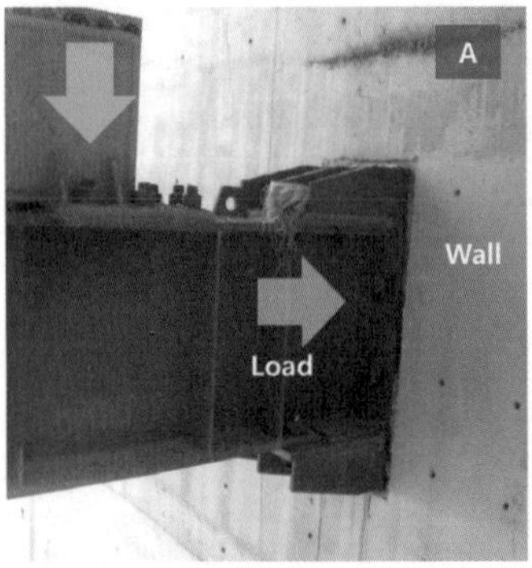

[그림3] 타워 기초

타워기초(Cross Beam)는 Embed plate와 볼팅 접합되어 하중이 전이한다.

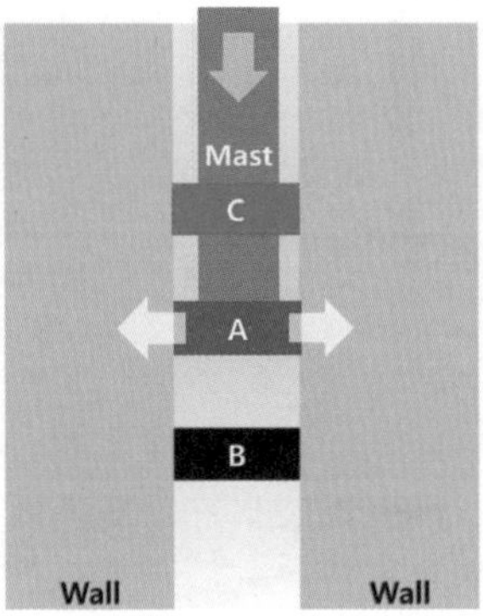

[그림4] 하중흐름도

하중은 마스트 => 기초 => 벽체로 전이된다.

[그림5] 전도 예방 위한 Cross Beam

Cross Beam A는 수직하중, Cross Beam C는 수평하중에 대응한다.

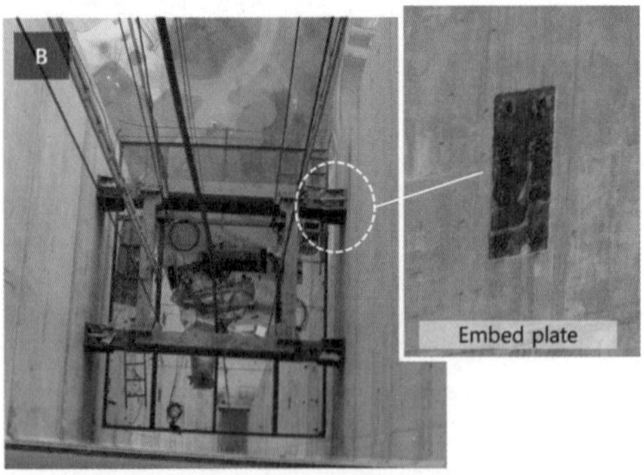

[그림6] 예비 Beam과 Embed plate

3개의 Cross Beam은 타워가 인상되면서 순환된다. Embed plate는 골조공사 시 매립되며, 설치 부위에는 철근보강, 인상 시 콘크리트는 설계강도 100%를 반드시 초과해야 한다.

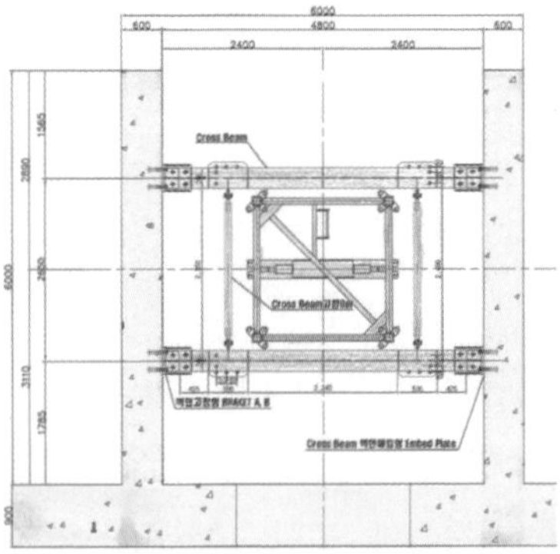

[그림7] 타워 기초설계도

타워전문가, 구조전문가와 긴밀한 협의를 통해 타워 인상 시 구조적 문제가 발생하지 않도록 유의해야 한다.

타워크레인의 자중과 양중하중은 구조체로 전달된다. 따라서 골조공사 진행 전에 구조전문가에게 검토를 받아야 하며, 타워크레인 업체, 골조업체 등 관계자들과 긴밀한 협

의·검토가 필수적이다. Cross Beam이 설치되는 Embed plate Shopdrawing을 통해 정확한 위치에 설정돼야 한다(그림7). Embed plate 레벨이 불균형하다면 Cross Beam, Towercrane 기초, Mast…. 불균형이 연속되어 결국 타워크레인에는 편심이 발생할 수밖에 없다. [그림3]에서와 같이 Cross Beam과 Embed plate는 Bolting 접합되는데, Embed plate 매립 시 시공 오차, 콘크리트 타설 시 측압에 의한 위치 이동 등이 발생되면 정말 되돌릴 수 없는 문제가 발생된다. [그림5]와 같이 Cross Beam은 벽체 4개소에 접합되며, 정확한 레벨에 시공되도록 유의해야 한다.

[그림6]의 Embed plate는 철근공사 시 정확한 위치에 시공, 철근보강, 콘크리트 타설 후의 모습이다. Embed plate 부분에는 철근보강을 해야 하며, 콘크리트를 충분히 양생시켜 타워크레인 인상을 위한 소요 강도를 확보해야 한다. 특히, 한중 콘크리트 타설 시 콘크리트 강도 확보에 유의해야 한다. 이 부분은 외기에 취약하기 때문에 가열 양생 시 Gangform에 설치된 열선의 작동과 온도를 모니터링해야 한다. 또한, 강도테스트 몰드는 Embed plate 위치에서 양생을 진행하여 실제 Embed plate가 위치한 벽체의 콘크리트 강도 발현 상태를 추정해야 한다.

현장에서는 Embed plate 시공된 부분의 콘크리트는 설계 기준 강도(fck 45~60MPa) 100% 확보 후 Towercrane Cross Beam을 시공, 타워크레인을 인상했다. Embed plate 시공이 누락되면 대책이 없기 때문에 타워크레인 인상계획을 숙지, 타워크레인 업체와 미리 일정을 조율해야 한다.

Climbing Towercrane 적용 시 유의사항

1) Embed Plate 시공

① 시공되어야 할 층 숙지, 확인 필요. 타워 인상팀과 일정조율 => 누락되면 대책없음.

② Shopdrawing 작성 후 정확한 위치에 시공, 철근팀 철근 보강 실시.

③ 적용 타이밍 관리, 3/4day cycle적용 시 시공 가능한 시간은 only 3시간.

- Embed plate 시공 + 철근 보강 => 직후 ACS/Gangform 인상 및 내부 형틀 시공.

④ 변동 사항이 많이 때문에 각팀 긴밀한 사전협의, 협조 필요.

- 타워 인상팀 + 철근 시공팀 + ACS인상팀 + Gangform 설치팀 + Alform설치팀.

2) CPB, ACS와의 간섭 유무 검토

① 골조공사 진행 시 Towercrane, CPB, ACS와 함께 인상될 시기에 충돌위험 있음.

- 공종 간섭 시 공사 중단 되는 사례 있기에 유의

② 관련 협력사, 공종 담당자 사전 협의 필요

3) 인상시간

① 예비 Cross Beam 인상 및 설치 + 타워 크레인 인상: 2~3일 소요

- 고층부일수록 풍속에 영향이 큼

② Towercrane 인상 기간 중, 3/4day cycle 공정관리 불가

4) 시공/구조검토

① 타워크레인 시공 업체 조기 선정하여 구조체 설치위치, 인상 및 해체계획 수립 필요

- 옥상, 해체크레인 설치 필요(지붕층 슬래브 구조검토)

② Embed plate 위치확정 후 구조전문가와 구조검토 실시

③ 동절기 Con'c타설 시 가열양생 실시, 몰드는 Embed pate위치에서 양생 후 강도 시험 실시

▶ 건축기사의 생각

Embed plate가 누락되는 엄청난 사고(?)를 예방하기 위해 시공일정에 심혈을 기울였다. 건설현장에서는 만약의 경우를 대비하여 준비해야 하지만 이번만큼은 달랐다. '만약 누락된다면 어떻게 보강할까?'라는 가정조차 해서는 안 될 일이었다. '무조건, 무조건 누락은 없다!' 라는 생각뿐이었다. 책에서, 주변 건설현장에서 타워크레인을 자주 본다. 하지만 Climbing Towercrane은 생소했다. 정말 좋은 경험이었고, 이를 기회로 삼아 메커니즘을 이해하는 데 중점을 두었다.

Climbing Towercrane는 초고층 건축물 시공 시 양중장비로 사용되며, 구조체의 형상에 따라 외부/내부에 설치된다. 3/4day cycle에 맞춰 Climbing 해야 하기 때문에 기초의 거치 및 Bracing 역할을 하는 Cross Beam 관리가 중요했다. 동절기의 경우 Embed plate 부분의 콘크리트 강도(양생), 유의해야 한다. 또한, ACS(Automatic Climbing System), CPB(Concrete Place Boom)와의 간섭에 의한 공사중단 등이 발생할 수 있기 때문에 상호 연계한 검토가 필수적이다.

CPB,
메커니즘을 이해해 볼까?

CPB(Concrete Placing Boom)는 고층건축물 시공 시 콘크리트를 타설하기 위한 양중장비이다. 고층부 골조공사 시 펌프카의 압력으로는 고층위치까지 콘크리트를 압송할 수 없다. 그래서 고층건축물 현장에는 CPB 적용이 불가피하다. 1층 압송펌프실에서 고압으로 고층까지 압송하고, 타설층에서는 CPB를 이용해 타설부 전역을 타설하게 된다.

3/4day cycle에서 CPB는 ACS와 Climbing Towercrane과 함께 시스템적으로 인상되어야 한다. 동절기 기간에 콘크리트 양생이 부족한 상태에서 인상을 실시한다면 붕괴 위험이 발생할 수 있다. 따라서 인상 시점에서의 콘크리트 강도관리에 유의해야 하며, Block frame이 설치되는 부분은 철근 보강과 서포트 보강이 필수적이다.

내가 근무했던 현장의 경우 CPB(JB- M29H)는 슬래브에 설치, 인상되었다. 구조 검토상으로는 문제가 없었지만, Tubular Column이 관통되는 개구부에는 건조수축 균열이 불가피하게 발생했는데, CPB 타설 시 발생하는 펌핑압력에 의해 확대되었다. 수차례 보강방안을 강구하는 과정에서 CPB 하중전이 메커니즘을 이해하고자 했다.

Block Frame 1은 CPB Tubular Column을 지지하여 전도되는 것을 예방한다. Block Frame 2는 CPB의 자중과 펌핑하중을 슬래브로 전달한다. 문제는 이 부분이다. Con'c 타설 시 펌핑하중으로 인해 N-3 Slab는 하중에 대한 부담이 커진다. CPB 오픈구 모서리에서 발생된 건조수축균열은 지속적인 CPB 펌핑으로 인해 길이와 폭이 증대되었다. 초기에 발생되는 건조수축균열은 미세하다. 하지만 지속적인 펌핑에 의해 발생되는 충격하중에 대한 대안이 필요했다.

[그림2, 3]과 같이 Block Frame이 위치한 슬래브 N-1층과 N-3층과 그 이하 층에 V2 동바리를 충분히 보강시켰다. 7~10day cycle로 공정관리가 되는 경우 문제가 없을 수 있다. 하지만 3~4일에 1개 층씩 골조공사가 완료되는 3/4day cycle 공정관리가 적용될 경우에는 유의해야 한다.

4day cycle 적용 시 N층 타설을 위해 N-1층은 양생 4일차에 Block Frame 1, N-3층은 양생 12일차에 Block Frame 2가 설치되어 CPB의 자중과 펌핑하중을 받게 되는 경우가 발생한다.

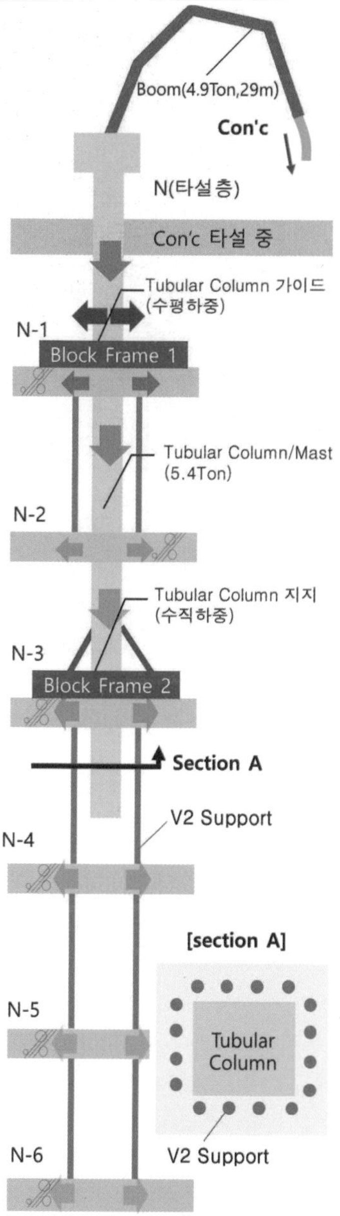

[그림1] CPB 하중 전이와 하중에 대한 보강

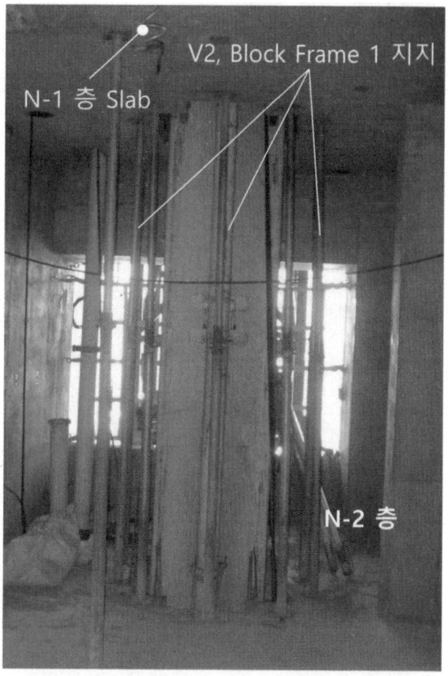

[그림2] Block Frame 1에 대한 보강

[그림3] Block Frame 2에 대한 보강

[그림4] N-3 Slab, Block frame 2

블럭프레임은 슬래브에 설치되어 CPB를 고정시키고 CPB의 자중, 펌핑하중을 수평재에 전달한다.

즉, 설계기준강도(Fck)가 100% 확보되지 않은 상태에서 하중을 받게 되는 것이다. AL form 적용 시 Fck가 100% 확보되지 않은 상태에서 타설 하부층 3~5개 층에 Filler Support 존치하여 하중을 분산시켜 구조적으로 문제가 발생하지 않도록 한다. 이와 같이 CPB 사용 시에도 [그림1, 2, 3]과 같이 동바리를 보강하여 하중분산을 시켜야 균열 발생을 예방하고, 붕괴사고를 예방할 수 있다.

▶ 건축기사의 생각

CPB 붕괴 사고

OOO 공사현장 12층에서 콘크리트 타설 장비인 CPB가 무너져 현장에서 1명이 사망하고 4명이 부상을 입었다.

* 출처 : 아시아경제

현장에서 CPB를 이용하여 콘크리트 타설을 관리하던 중 타사 초고층 건축물 현장에서 CPB 붕괴 사고 뉴스를 접했다. CPB가 설치되는 위치는 시공적, 구조적 검토를 통해 결정되는데, 사고현장의 경우 건축물 벽체에 설치되어 인상되고 있었다. CPB가 Wall bracket 타입으로 운영될 경우 Climbing Towercrane과 같이 Embed Plate 부분의 정착강도, 철근보강, 콘크리트 양생 등의 관리가 중요하다.

메커니즘을 이해하면 답이 보인다!

구조검토가 항상 완벽하지는 않다. 현장에서 근무하다 보면 분명 문제가 발생함에도 불구하고 '구조검토 받았으니 괜찮다'는 말로 넘어가려는 이들을 종종 볼 수 있다. 시공사에 근무하는 엔지니어는 설계와 시공에서 발생하는 오류의 격차를 줄이고, 설계상에서 누락되는 부분을 발견하여 이에 대한 방안을 강구해야 한다.

이게 바로 엔지니어의 정체성이다. 특히, 건축기사는 과장, 차장…. 직급이 못 하는 정확한 'Fact check'를 할 수 있기 때문에 매의 눈으로 현장을 바라보며 문제점을 간파해야 한다.

문제점을 인식해야만이 그에 대한 대안을 준비할 수 있기 때문이다.

CPB와 Towercrane, 궁합이 맞아야 한다

골조공사가 진행되면서 계획된 시점에 가설장비의 인상을 진행함으로써 간섭에 의한 사고를 피해야 한다. [그림1]처럼 고층 건축물 시공 시에는 CPB, ACS, Lift Car, Climbing Towercrane 간의 안전거리를 항상 유지해야 한다. 타워크레인과 CPB는 [그림2]처럼 콘크리트 타설 시 CPB Boom이 최고 높이가 되는 지점과 Towercrane의 Count weight 지점의 안전거리(A)를 확보해야 한다.

골조공사가 진행되면서 CPB는 3개 층, 타워크레인은 8개 층의 슬래브가 시공되면 인상되었다. 그런데 마지막 시공 층인 69층에서 예상치 못한 일이 발생했다. 타워크레인 인상은 종료되고, CPB는 69층 슬래브 타설을 위한 인상이 1회분이 남은 상태. 하지만 [그림5]처럼 CPB가 인상된다면 콘크리트 타설 시 CPB Boom이 타워크레인과 충돌될 위험이 우려되었다. 결국, [그림4]와 같이 CPB를 해체하고 CPB에 연결된 수직 압송배관과 Flexible hose를 이용해 타설했다.

기준층과 같이 69층 슬래브도 Flat Plate Slab였다면 중간대 주분은 상부철근이 없기 때문에 타설 호스의 이동에 따른 철근 훼손 문제가 발생했을 것이다. 하지만 최상층인 69층은 기준층과 다르게 라멘구조로 설계되어 문제는 없었다. (CPB는 높은 위치까지 콘크리트의 압송의 장점 이외에 타설 작업 중에 철근 훼손이 예방된다는 장점도 있다.)

이러한 상황에서 타워크레인에 Mast를 추가적 삽입하거나 1회 더 인상하면 되는 게 아닌가 하는 의문을 가질 수 있다. 하지만 그렇게 쉽게 해결된 문제가 아니다. 이유는 이렇다.

1) Mast 추가 시공 불가

Climbing Towercrane은 자체 인상을 진행하기 때문에 Stationary Towercrane 타입과는 다르게 Mast를 추가 삽입하며 인상하는 'Telescopic cage'가 없다.

2) 추가 Cilmbing 불가

Cross Beam을 연결할 Embed Plate없다. 케미컬 앵커 후시공을 통해 시공해서 될 일이 아니다.

ACS와 Lift Car 간의 간섭문제도 중요하다. [그림3]과 같이 Lift Car Mast 최상단과 ACS 최하단 발판이 간섭되지 않도록 안전거리를 확보해야 한다. 4day cycle에서 골조공사는 4일에 1개 층이 시공된다. ACS가 적용되면 기본적으로 Lift Car가 정차될 수 있는 최고층과 타설되는 층과의 사이는 최소 4개 층, 최소 4개 층은 걸어서 올라가야 한다. 만약 안전거리를 너무 크게 유지하거나 Lift Car 인상 시점을 놓친다면 10개 층 이상을 계단을 이용하여 걸어가야 하는 일이 발생할 수 있다. 건축기사의 날카로운 인상관리 계획에 근로자 수백 명의 노고가 달려있음을 명심해야 한다.

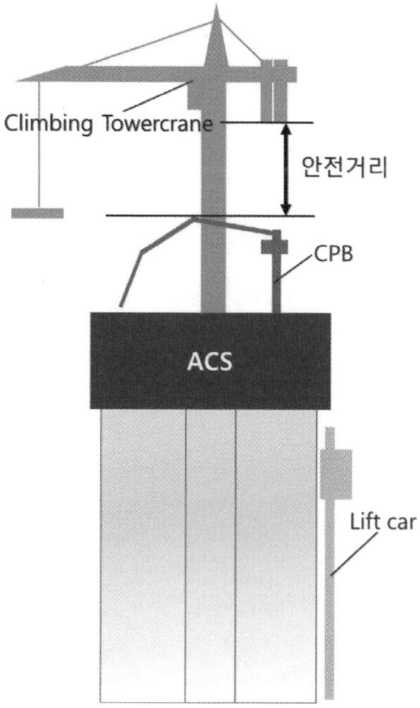

[그림1] 양중 가설장비

[그림2] 타워크레인과 CPB 안전거리 유지

[그림3] 인상중인 Lift Car, Mast와 ACS의 안전거리 유지

[그림4] 69층 CPB의 해체

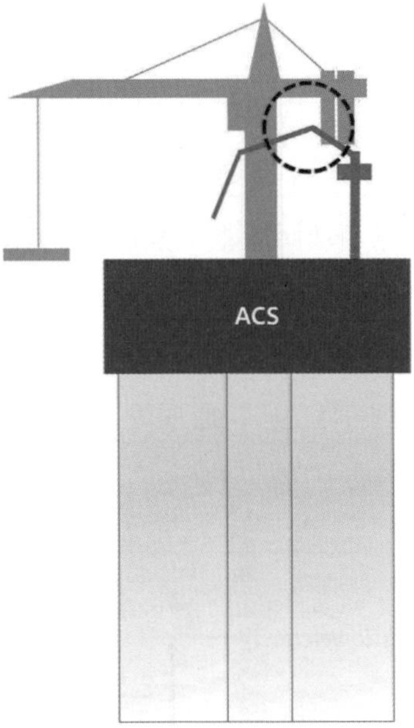

[그림5] CPB와 Towercrane의 간섭 추정

▶ 건축기사의 생각

최상층에서 CPB, 타워크레인 간섭 발생으로 인한 CPB 해체는 정말 뼈아픈 경험이었다. 그렇게 검토하고 협의했지만, 간섭이란 일이 발생할 것이라곤 생각지도 못했다. 물론 Luffing type–Towercrane이었다면 문제 없었겠지만 양중하중, 반경 제한으로 T type–Towercrane을 적용할 수밖에 없었다. 아픈 경험이지만 추후 초고층 공사를 수행할 기회가 있으면 반드시, 반드시 두 번의 실수는 발생하지 않도록 해야겠다.

CPB,
동맥경화에 걸리다

콘크리트로 막혀버린 CPB 배관

타설 시 콘크리트로 막혀버린 CPB 배관, 동맥경화에 걸린 혈관처럼 CPB 배관이 꽉 막혀있다. 동절기, CPB를 이용하여 Flow Test Con'c를 타설하는 고층현장에서 발생할 수 있는 문제다.

일반 건설현장에서는 콘크리트 타설 시 Slump Test를 진행하지만, 초고층 건축물 현장에서 CPB 타설 시에는 고층 높이까지 콘크리트를 압송해야 하기 때문에 콘크리트의 Workability가 매우 높아야 한다. 따라서 Flow Test 콘크리트를 적용하게 된다.

[그림1] Slump Test(25-45-180)

[그림2] Flow Test(25-45-600)

Slump Test와 Flow Test를 비교해 보자.

[그림1, 2]에서 보듯이 Slump Test와 Flow Test의 액성은 상당한 차이를 보인다. 액성이 높은 콘크리트가 영하의 온도에 노출된 배관을 통해 압송될 때는 결빙될 확률이 높다. 고층부 타설 시에는 배관 길이가 길어 외기에 노출되는 시간과 면적이 높아 압송되는 콘크리트가 결빙될 확률이 더욱 높다(그림3, 4).

동절기 한중 콘크리트 관리 시 타설 진행 층은 열풍기, 열선패드 등의 가열 양생을 진행하는 등 콘크리트가 동해를 입지 않도록 한다. 하지만 CPB의 Boom 배관은 외기에 노출되어 있기 때문에 레미콘이 결빙 위험에 노출될 수밖에 없다. 특히, 고층 부위 타설 시에는 풍속이 높기 때문에 온도가 더욱 낮다.

결빙이 진행되면 배관 내경이 점진적으로 축소된다. 즉, 서서히 막히기 때문에 타설 속도가 저하되고, 타설 종료 시간도 늦어진다. 이는 콘크리트 양생 부족으로 ACS 인상에 필요한 소요 강도 미달을 초래한다. 즉, 타설 1일 차에 EV 부분의 ACS, 타설 5~6일 차에 슬래브 ACS 인상을 할 수 없게 된다. 결국, 3/4day cycle 공정관리에 문제가 발생하게 된다. 또한, CPB 배관 내의 콘크리트가 결빙되면 동절기에 자연적으로 해빙될 수도 없고, 인위적으로 해빙할 시간도 없다. 즉, 배관을 교체해야 한다. 배관 교체로 타워크레인을 사용되면 철근 등의 자재 양중을 할 수 없게 되고… 시간적, 경제적 손실이 발생하게 된다. 가장 좋은 방법은 영하의 날씨에 타설을 하지 않는 것이다. 하지만 동절기에는 영하의 온도가 약 2개월 동안 지속되는데, 이 기간 동안 공사를 중단할 수는 없지 않은가? 뭔가의 대책이 필요하다.

이런 생각이 들었다. 갱폼에도 동절기 공사를 위해 열선과 단열폼을 시공하는데, 외기에 노출된 압송배관에 대해서도

열선과 보온재 시공을 하면 어떨까?

[그림3] 외기에 노출된 CPB

고층부 타설 부위의 기온은 더욱 낮기 때문에 CPB Boom으로 압송되는 콘크리트의 결빙 위험은 더욱 높다.

[그림4] 내부로 연결된 CPB 압송배관

펌프실에서 시작되는 압송배관은 콘크리트가 타설되는 층까지 연결되어 있다. 골조공사중에는 창호의 유리도 미시공 상태이기 때문에 압송관은 외기에 노출되어 있다고 봐야한다.

[그림5] ACS Gangform, 열선 + 단열

ACS의 Gangform 외부에는 열선과 단열재로 시공하여 동절기 영하온도에서 콘크리트 타설 시 가열양생을 진행한다. 외기온도에 따라 적정하게 온도 조절을 할 수 있기 때문에 추후 ACS Stop anchor 부분의 콘크리트의 강도 발현에 문제가 없다. 3/4day cycle 공정관리를 위해서 필수적인 조치다. 'CPB 배관에도 이렇게 적용한다면?'

▶ 건축기사의 생각

동절기에 콘크리트 타설 층에서는 열풍기, 슬래브 Edge 열선패드 등의 가열양생 이외에 Gangform에 열선 + 단열폼 시공하여 추가 가열양생을 실시했다.
동절기에도 4day cycle을 적용하기 위한 조치였다. 40층, 50층, 60층…. 온도는 더욱 저하되고, CPB 배관 내의 콘크리트가 결빙되지 않을 방법이 없을까 고민했다.
펌프실에서 이어지는 배관만이 아니라 고층까지 연결된 수직배관, 붐대까지 전구간에 걸쳐 "열선 + 보온재" 시공을 했으면 어땠을까 하는 생각을 했다.
물론 그렇게 적용하기 위해서는 비용이 수반될 것이다. 공정관리와 원가관리, 거시적 관점에서 고민해 봐야 할 사항이기는 하다.
내가 만약 또다시 초고층 건축물을 시공하게 된다면 CPB에도 이렇게 적용해 봐야겠다.

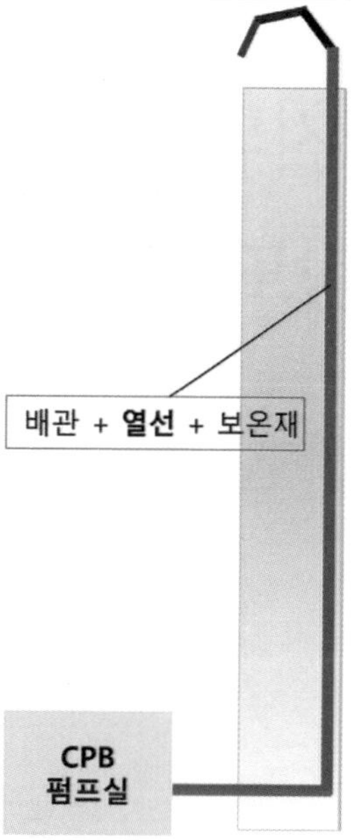

한 치의 오차도 없이 수직도 측량을 한다고?

건축기사로서 초고층 건축물을 공사관리하면서 나름대로 중요하다고 생각되는 아이템들을 위와 같이 분류해 보았다. 물론 '왜 저것만 있느냐?'라고 의문을 가질 수 있겠지만, '직접' 경험했던 부분만 언급했다. 그중 수직도를 관리하면서 고민하고 새롭게 시도해 봤던 사항들을 정리하고자 한다.

"위성측량 시스템을 통해 '한 치'의 오차 없이 초정밀 시공을 하고 있다."

건설사들이 언론을 통해 홍보하는 하는 장면을 한 번쯤 본 적이 있을 것이다.

한 치의 오차도 없이 정밀 시공을 하고 있다?

한 치…. 단위 '치'는 약 3.03cm. 한 치 = 3.03cm
나는 의문이 갖기 시작했다. 한 치의 오차도 없이 관리를 한다는 것이 어떤 기준일까? 한 개 층에 대한 한 치의 오차도 없이 관리한다는 것인가. 초고층 건축물 전체 높이에 대해 한 치의 오차도 없이 관리한다는 것인가. 수직도는 골조공사 진행 중에 한 개 층씩 정밀하게 관리해야 하는데 건축물 전체 높이에 대해서만 관리된다면, 골조공사 종료 후 확인한 결과 잘못됐다면…. 그때의 대안은?

나는 건축기사로서 골조공사를 접하기 전에 'GPS 시스템으로 수직도 관리를 한다면 정말 초정밀 시공을 할 수 있겠다.'라는 생각을 했었다. 하지만 큰 착각이었다. GPS로 측량 시 5mm~10mm의 오차가 발생한다. 건축공사 분야에서 이런 오차는 엄청난 수치이다. 토목공사 시 파일 위치 선정, 도로 경계 측량 등에서 이 정도의 오차는 허용될 수도 있지만, 건축현장에서 골조, 마감공종을 관리하기 위해 5mm~10mm의 오차는 매우, 매우 엄청난, 상상 불가한 수치이다. 추후 구조, 마감, 하자관리 측면에서 너무나 많은 문제점을 야기할 수 있다. 설계도서에서 토목 설계단위 'm', 건축 설계 단위 'mm'가 사용된다. 그만큼 건축에서는 1mm 오차를 예방하기 위해 'mm' 단위로 관리해야 할 필요가 있다는 것이다.

초고층 건축물, 전체 높이에서 10mm의 오차는 매우 정밀하게 관리된 수치이지만, 층별, 동일 층 각 공간에서 10mm 오차가 발생한다면 관리 실패이며, 이에 대한 조치가 없

다면 문제가 발생한다. 예를 들어보자

1) 초고층 건축물 전체 높이 300m에서 10mm 오차 발생: 0.00003%

2) 초고층 건축물 층별 높이 3.2m에서 10mm 오차 발생: 0.003%

위와 같이 수치로 비교해 보면 확실히 느껴질 것이다.

그렇다면 10mm 수직도 오차는 어떤 문제점을 발생시킬까? 층별 10mm 수직도 오차가 발생됐다고 가정해 보자. 이는 평면상에서 건축 먹선 10mm 오차를 야기할 수 있다.

1) 외부마감, 커튼월: 매 층, 동일 층에서 커튼월 Unit 조인트 10mm 오차

=> 조인트 누수, 결로, 누풍(漏風)

2) 내부마감 : 실내마감(석고, 석재, 타일, 문틀 등) 부분 10mm 오차 발생

=> 마감재 이격, 조인트 발생

3) 구조 부분: 기둥 편심 발생, 이에 Column Shortening까지 추가된다면….

현장을 경험해 본 사람이면 그 답을 알 것이다.

GPS 관리는 시공 후 재확인 차원, 건축물 전체적인 길이의 확인을 위해서는 실효성이 매우 높지만, 각 층을 관리하는 측면에서는 부족하다. 따라서 반드시 GPS와 병행한 수직도 관리가 필요하다. [그림1]의 경우 시공되고 있는 건축물 전체를 고려할 때 수직도 오차 5~10mm 관리된다면 완벽한 시공이라고 할 수 있다. 하지만 [그림2]의 경우 골조공사가 한 개 층씩 시공될 때 오차가 5~10mm 발생한다면 대형사고다.

예를 들어 한 개 층에 5mm, 10mm의 오차가 발생했다고 가정하면 전체적으로 봤을때

100층 X 5mm = 500mm

100층 X 10mm = 1,000mm

이런 수직도 오차에 더불어 횡하중에 의한 변위까지 발생된다면?

아뿔사다!

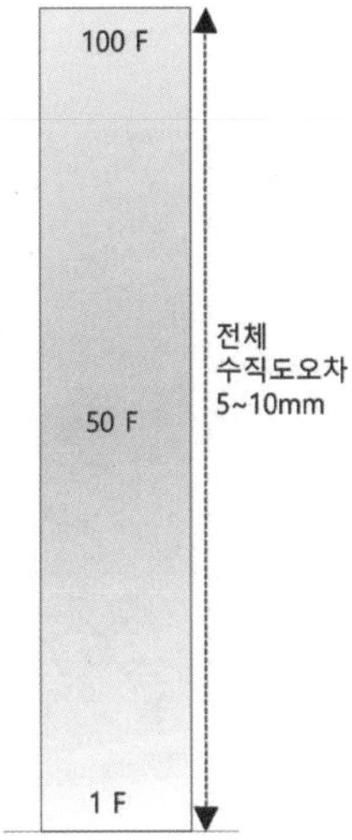

[그림1]

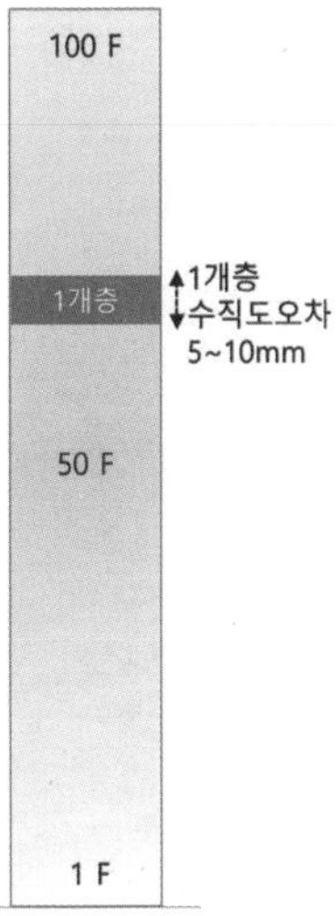

[그림2]

고민 끝에 나는 측량전문가들과 이렇게 관리하기로 했다. 골조공사 진행 중 1개 층씩의 수직도 관리는 아래와 같은 방법으로 관리하고, 전체적인 수직도 관리는 GPS 시스템!

수직도 확인 대상(기둥, 벽체, Lift Car Mast)을 정하고 광파기로 각 층의 포인트(1, 2, 3…)를 지정하여 거리 측량을 하면 거리값 C를 얻을 수 있다. 그리고 발생하는 'COS A'에 의해 각 포인트에 대한 거리값 B를 얻을 수 있다. 설계상으로는 각 포인트에 대한 B 값이 동일해야 하나 시공 오차로 인해 'COS A'의 변동에 따라 B 값도 층마다 달라진다.

[그림3] 건축물 수직재, Lift Car Mast 수직도 확인 중

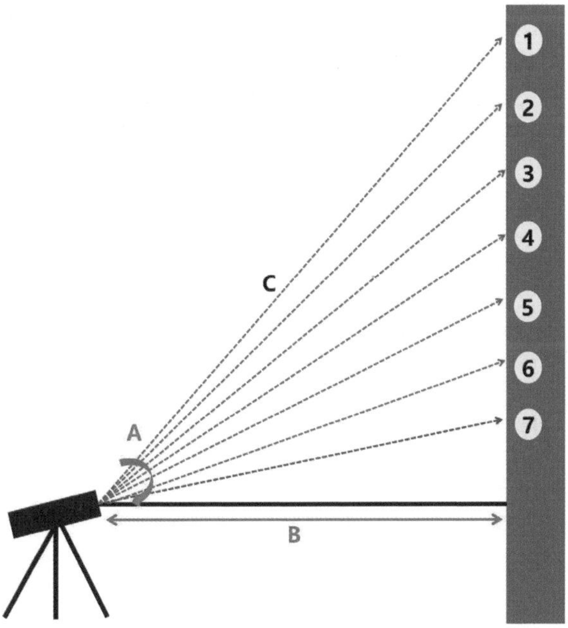

[그림4] COSθ 이용한 수직도 확인

이를 확인할 때 각 층의 수직부재의 상하 포인트를 정한다면 동일층의 수직 부재의 수직도 또한 확인이 가능하다. 현장 부지 내에서는 골조가 진행될수록 각도(A)가 나오지

않기 때문에 50층 이상은 현장 외부에서 측량해야 했다.

골조 벽체와 기둥의 수직도 관리와 더불어 Lift Car Mast 수직도 점검도 동일한 방법으로 진행했다. Mast 수직도 불량으로 Lift Car 중단, 고장이 발생하기 때문에 반드시 확인해야 한다. Lift Car Mast의 경우 4~5개 층마다 인상(ACS 인상 등 현장 계획에 따라 상이함)이 필요하다. Mast 시공이 한 번 잘못되면 그 이후 Mast가 인상되면서 걷잡을 수 없이 오차가 증가하게 된다. 결국, 전체를 해체해서 재시공해야 하는 비극을 맛보게 된다. 문제는 그 기간 동안 공사를 중단해야 한다는 것. 3/4daycycle 공정관리 현장에서 7~10일 동안 Lift Car 운행을 못 한다고 생각해 보시라.

근로자들에게 '40층, 50층, 60층… 그냥 걸어서 올라가셔야 합니다'라고 말할 수 있겠는가? 계단을 통해 수백kg의 자재를 양중하겠는가?

Oh My God!

▶ 건축기사의 생각

정말 많은 시행착오를 거쳤다. 측량팀을 너무도 괴롭혔다. 이렇게도 해보고, 저렇게도 해보고…. 공무팀장님은 "현장원가 소모하면서까지 꼭 측량팀을 운영해야 하니?" 하시며 회의적인 반응을 보이셨다. 멋진 결과로 보여주기 위해 더욱 악착같이 관리했다. Lift Car 설치 업체 관계자는 Mast 수직도 오차에 지속적인 문제점을 제기했기 때문에 정말 짜증스러워했다. 건축기사가 'Mast 수직도가 어쩌니 저쩌니' Mast인상 때마다 수정요청을 했기 때문이다.
어쩔 수 없었다. 문제는 초기에 잡아야 한다. 추후에 더 큰 문제가 발생하지 않기 위해서….
이게 바로 건축기사의 의무라고 생각한다.

강 기사, 엘리베이터 Shaft 수직도 확인해 줘

"강 기사! 나중에 엘리베이터 Shaft 골조 틀어지면 엘리베이터 가동될 때 문제되니까 신경 좀 써줘~."

전기공사 팀장님께서 무심코 던져주신 숙제는 측량팀과 많은 고민을 하게 했다. 이미 외부에서 골조 수직도와 Lift Car 수직도를 모니터링하고 있었지만, EV Shaft 수직도는 생각하지 못했다. 후에 EV가 가동되는데 수직도에 문제가 있다면 EV가 골조에 부딪히는 최악의 경우가 발생할 것이라는 생각이 건축기사인 나의 심장을 다시 뛰게 만들었다.

엘리베이터는 고층부, 저층부, 비상용으로 분리되어 있다. 코어평면도의 각 엘리베이터 Shaft의 포인트를 선정하여 매 층 거리를 측정, 수직도를 체크했다. 문제가 발생하는 부분, 타설 시 측압에 의해 변위 발생 부위 등 문제 부분은 수정을 진행했다(그림1).
만약의 경우를 생각해 보자. [그림2]은 정상적인 EV Shaft 수직도이며, [그림3]는 비정상적인 EV Shaft 수직도이다. [그림3]와 같은 상황에서 엘리베이터 설치를 시도하지도 않겠지만, 설치하면 문제가 된다. 최상층 EV 기계실까지 시공되는 골조공사가 완료되는 시점은 Lift Car의 해체, 엘리베이터가 설치, 운영되는 중요한 시점이다.

이때, EV Shaft 수직도 불량으로 엘리베이터 설치가 지연되거나 공사가 중단된다면 공정관리상 큰 문제가 발생한다. 그래서 반드시 골조공사 **'진행 중'**에 수직도 체크를 수시로 하면서 문제가 발생된다면 즉시 수정해야 한다.

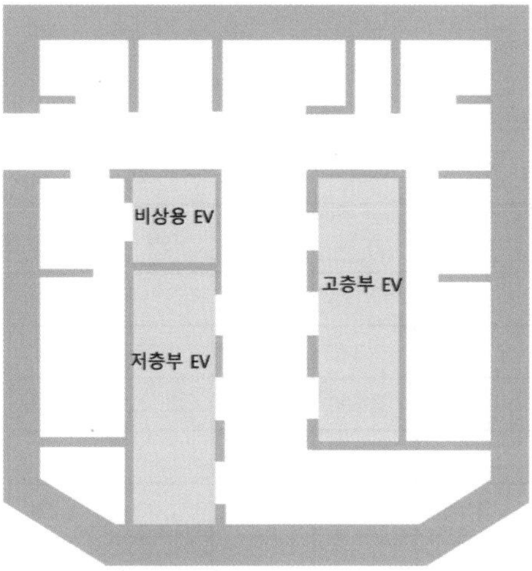

[그림1] 코어평면도 & EV Shaft

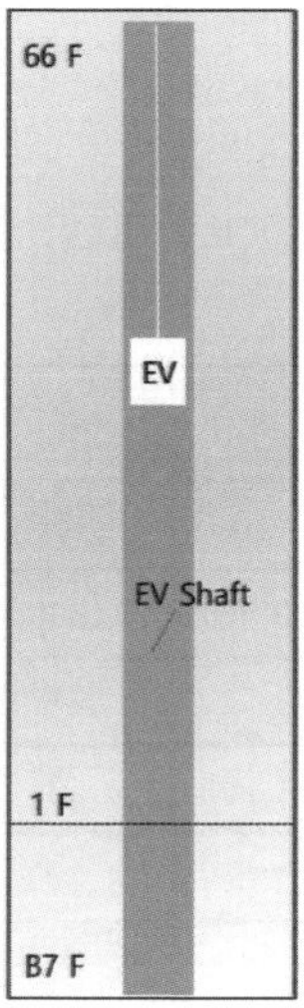

[그림2] 정상적 수직도

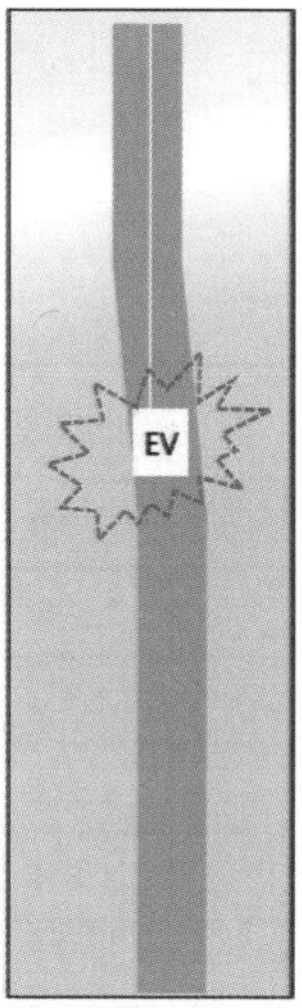

[그림3] 오류 발생 수직도

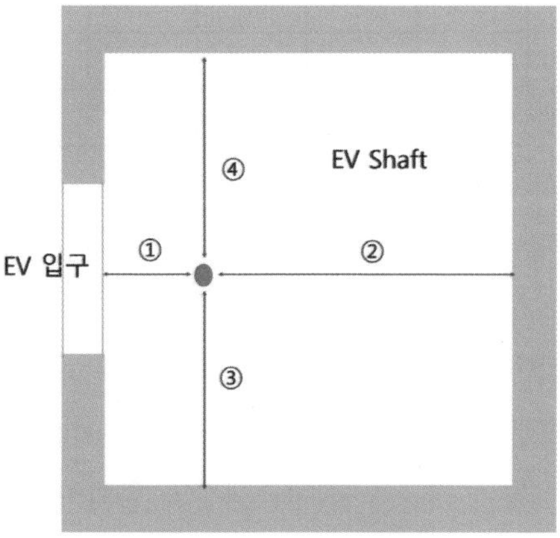

[그림4] EV Shaft 평면도

기준 포인트를 기준으로 (①~④) 거리를 측정했다.

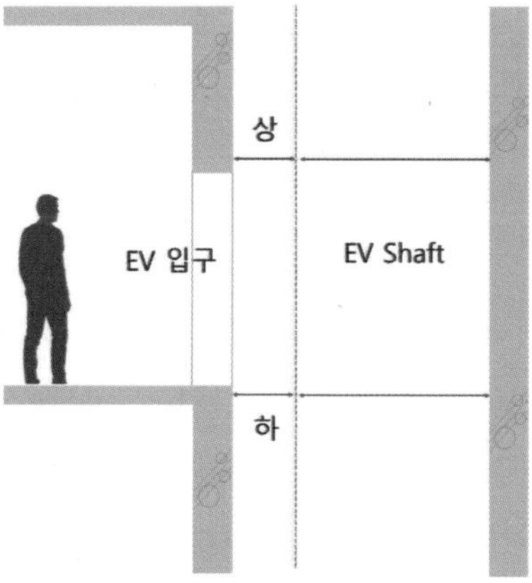

[그림5] EV Shaft 단면도

동일 층에서도 상하 부분의 두 부분에서 거리를(상, 하) 측정했다.

수직도 관리가 시작되었다. [그림4, 5]와 같이 EV Shaft에 실을 내리고, 그 기준으로 상하/좌우 거리를 측정하여 데이터를 관리하였다. 여기서 'GPS로 관리해야지, 이런 재래식 방법을 사용하느냐'고 반문할 수 있다. EV Shaft는 실외가 아닌 실내 부분에서 측량되어야 한다. GPS를 사용할 수도 없고, GPS 측량 시마다 기본 오차 10mm가 발생하기 때문에 결과의 신뢰성도 부족하다. 한 개 층 내에서도 10mm 측량 오차가 발생한다면 5~10개 층, 20~30개 층… 오차가 누적되어 오차의 수치는 더욱 증가할 것이고, 설치 자체가 불가능하다.

EV Shaft 골조 수직도 체크

(단위 : mm)

구분	층	N+9	N+8	N+7	N+6	N+5	N+4	N+3	N+2	N+1	N
상	①	61	58	60	58	62	62	55	57	57	55
	②	2,440	2,440	2,453	2,440	2,440	2,448	2,445	2,457	2,455	2,445
	소계	2,501	2,498	2,513	2,498	2,502	2,510	2,500	2,514	2,512	2,500
	③	1,280	1,290	1,293	1,284	1,283	1,277	1,280	1,282	1,285	1,275
	④	1,315	1,311	1,309	1,320	1,325	1,325	1,335	1,325	1,320	1,330
	소계	2,595	2,601	2,602	2,604	2,608	2,602	2,615	2,607	2,605	2,605
하	①	59	59	60	58	59	60	55	58	56	53
	②	2,440	2,445	2,444	2,457	2,441	2,448	2,445	2,451	2,450	2,445
	소계	2,499	2,504	2,504	2,515	2,500	2,508	2,500	2,509	2,506	2,498
	③	1,282	1,289	1,293	1,284	1,280	1,279	1,280	1,285	1,290	1,275
	④	1,315	1,318	1,300	1,320	1,320	1,317	1,335	1,325	1,370	1,320
	소계	2,597	2,607	2,593	2,604	2,600	2,596	2,615	2,610	2,660	2,595

오차가 발생되면 측압에 의한 단순 배부름인지, 갱폼 자체의 수직도 오류인지 확인했다. EV Shaft 부분도 3/4day cycle 적용으로 인해 ACS-Gangform이 적용되었다. 따라서 Gangform 자체 수직도 불량이면 진행 중인 골조공사 부분의 ACS-Gangform 설치 시 오차 반영이 필요했다. 매번 측정된 데이터는 골조공사 형틀팀장과 협의하여 상부층 갱폼 세팅 시 반영하면서 발생된 오차를 줄여나갔다.

▶ 건축기사의 생각

지하 7층부터 시작되는 EV Shaft 수직도 관리는 저층부까지 현장 실측을 통해 정기적으로 확인하며 골조공사 중 형틀 시공 시 데이터를 반영해서 수정해 나갔다. 하지만 건축물이 고층부로 올라갈수록 연돌현상에 의해 Shaft 내 기류상승으로 설치된 실이 움직였기 때문에 1mm 확인이 어려웠다. 3/4day cycle 공정관리로 인해 수직도 오차가 발생하면 원인을 파악하여 바로 다음 층에서 수정해야 했으나 EV ACS/Gangform이 40회 이상 사용되면서 Form Frame이 조금씩 틀어지는 현상이 발생했다. 50층 이상에서는 오차 발생이 10mm 이상 발생했고, 대부분 콘크리트 배부름 현상이었다. 수직도 오차 부위는 배부름 부위 제거와 재측량으로 관리해 나갔다. 공정관리와 병행해야 했기에 어려움이 많았다.

강 기사님,
먹이 살아 움직여요!

"강 기사님! 이상해요,
하부층 슬래브 먹이 움직였나 봐요. 먹이 맞지 않아요!"

먹 시공 작업자가 먹이 움직이는 것 같다고 했을 때 웃음을 참지 못했다. 먹이 살아있는 생물도 아닌데 움직인다니…. 작업 중 실수를 핑계 삼는 것으로 간주했다. 그도 그럴 것이 지하층부터 10개 층 시공 중에는 문제가 없다가 기준층에서 4day cycle 공정관리가 적용되는 시점에서 먹이 움직인다고 하면 누가 믿어주겠는가?

하지만 지속적인 작업자의 불만과 건의는 먹시공에 대해 조금씩 의문을 갖게 했다.

골조공사 중 수직철근과 수직형틀 시공을 위해서는 전일 타설한 슬래브에 먹을 시공한다. 먹 시공을 위해서는 하부층에서 기준이 되는 포인트를 이용하는데, 지하 7층부터 상가층 3층까지는 문제가 없었다. 하지만 지상 기준층부터는 4day cycle 공정관리가 적용되면서 수직재 시공을 위해 시공한 먹의 오차가 발생했다. 단순히 먹 시공팀의 실수였겠지 하고 생각해 무심코 넘어갔다. 기준층 4개 층을 시공하면서 먹 오차 발생이 지속되어 뭔가 잘못되고 있음을 느꼈다. 먹 시공팀 반장은 본인이 시공한 먹이 잘못될 리가 없다고 하며 수차례 확인했다. 측량팀을 투입해 확인해 본 결과 [그림3]과 같이 2~4mm의 오차가 발생했다. 많은 곳은 5mm 이상까지 발생했다. 먹 시공은 먹 두께, 시공 숙련도에 따라 오차가 1~2mm 정도는 가끔 발생할 수 있지만, 층마다 이런 오차가 발생한다는 것은 확실한 무엇인가가 있을 것이라고 판단하고, 그 원인을 파악하려고 했다.

측량팀을 투입하여 먹이 움직이는지 확인하고자 했다. 콘크리트 타설 다음 날 아침, 3개의 포인트 선정 후 좌표값을 설정, 7일 후 재측량하며 문제점의 원인을 파악하려고 했다. 형틀팀에서 먹 시공하는 시점과 동일한 시간에 측량팀에서 [그림4]와 같이 3개의 포인트를 설정하고 임의의 좌표를 설정했다. 그리고 타설 7일 후 광파기로 재측량을 했다. 결과는…

먹이 움직인다!

초기 측량 수치와 비교했을 때와 비교 시 3~5mm 비틀어졌다. 단순 실수일 수 있기에 3~4개 층을 반복적으로 테스트했다. 결과는 동일했다. 맙소사!
[그림1]과 같이 지하층, 지상 저층부(상가) 층의 경우 20일~30일에 1개 층이 시공되기 때문에 N-1층 슬래브 콘크리트 타설 후 충분히 양생된다. 그리고 N층은 N-1층의 메인 포인트를 기준으로 먹 시공이 이루어진다. 하지만 [그림2]와 같이 기준층의 경우, 3/4day cycle 공정관리가 적용되기 때문에 N-1층 슬래브 콘크리트 타설 후 콘크리트는 양생되는 과정에서 수축되며 먹이 움직이는 것이다. 먹을 기준으로 철근과 형틀이 시공되는데 평면상의 벽체, 기둥들이 설계 위치와 오차가 생기면 추후 마감공사 시 문제가 발생한다.

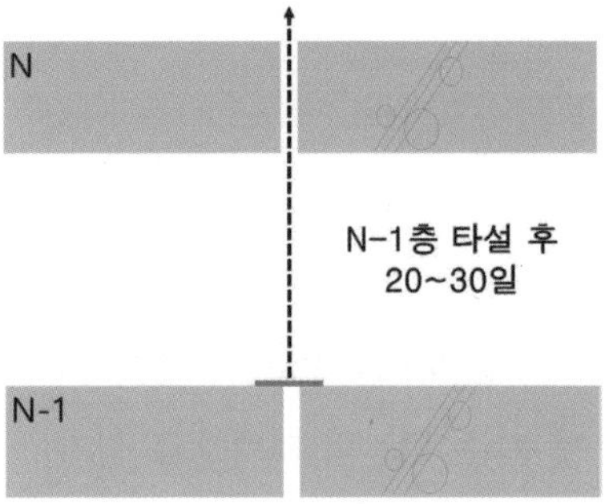

[그림1] 지하층, 기준층의 기준 먹

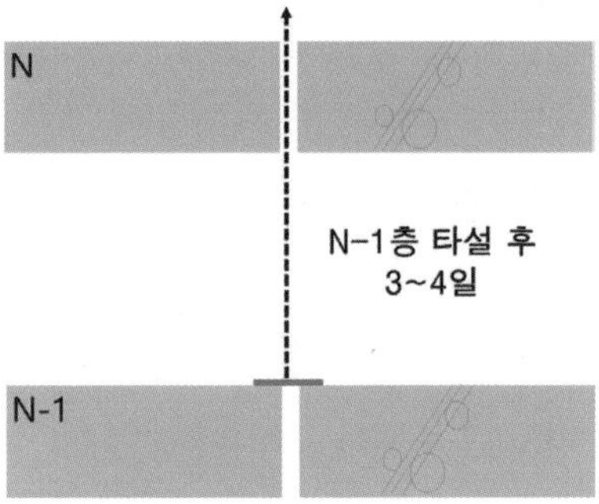

[그림2] 기준층(3/4day cycle)

[그림3] Main Point와 측량포인트의 오차

하부층을 기준으로 시공된 Main Point와 측량을 통한 Point는 3~4mm의 오차가 발생했다. 먹 시공자의 단순 실수라고 생각했지만, 3~4층에서도 동일한 현상이 발생했다. 이상하다. 무엇인가 있다.

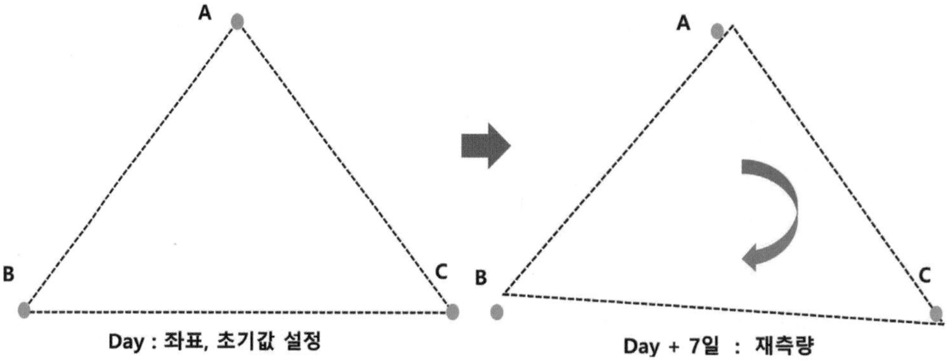

[그림4] 콘크리트 양생에 의한 먹 Point 이동 Test

슬래브 콘크리트 타설 다음 날 아침, 3개의 포인트를 설정하여 좌표값 측정 후 양생 7일 후 좌표값의 변동을 확인했다. 콘크리트는 응결, 경화의 과정을 거치면서 수축된다. 3/4day cycle 공정관리상 짧은 양성기관 탓인가? 고강도 콘크리트의 특성인가, Flow Test Con'c 특성인가?

어떻게 해야 할까?

골조 형틀팀에게 이렇게 제안했다. 바로 전에 타설된 층의 슬래브는 수축이 진행 중이기에 먹도 수축된다. 그러니 충분히 양생된 슬래브를 기준으로 먹 기준으로 삼자!

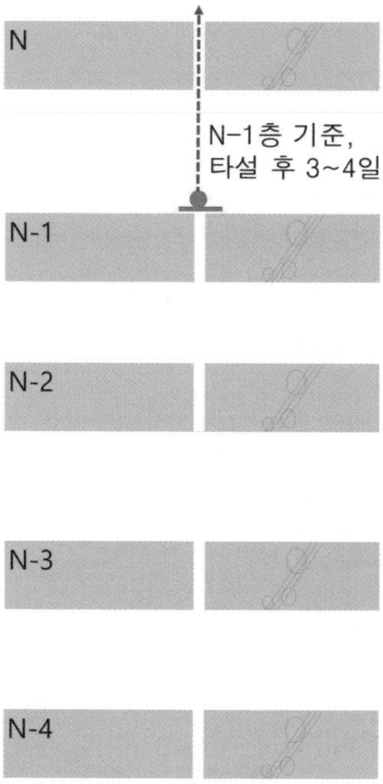

[그림5] 기존 먹 시공안

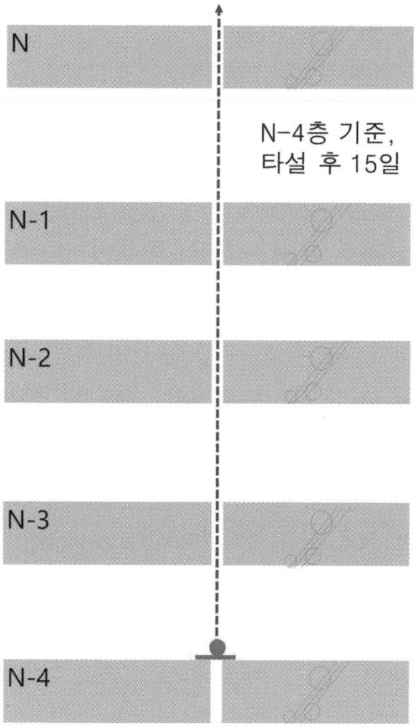

[그림6] 변경 먹 시공안

[그림5]에서 현재 콘크리트가 타설된 슬래브를 N층이라고 보자. 4day cycle 공정관리가 적용되기 때문에 직전에 완료된 슬래브 N-1층은 콘크리트 타설 4일 차 양생 중으로 콘크리트가 수축하며 먹이 같이 수축될 수 있다. 이런 N-1층의 먹을 기준으로 N층에 먹을 시공한다면 오차가 크게 발생된다.

이에 대한 대안으로 [그림6], 15일 전에 타설된 N-4층의 먹 포인트를 기준으로 N층에 먹을 시공했다. 결과는 좋았다. 이전보다 훨씬 오차가 줄어들었고, 철근, 형틀 시공하는데 문제는 발생하지 않았다. 그렇다면 N-9, N-10층…을 기준으로 하면 더 좋지 않냐고 생각할 수 있지만, 하부층에서는 마감공사가 진행되기 때문에 먹 박스를 폐쇄시켜야 했다. 그래서 가장 적절한 기준이 타설 층인 N층을 기준으로 4개 층 밑인 N-4층을 기준으로 삼아야 했다.

▶ 건축기사의 생각

먹이 움직인다는 작업자의 말을 무시했으면 어땠을까?

측량팀과 의심이 되는 부분을 테스트, 대안을 마련하는 과정이 쉽지는 않았다. 측량팀은 건축기사인 내가 여러 가지 제안을 제시했을 때 흔쾌히 응해주고, 수십 년간의 측량 경험에서 얻은 숨겨진(?) 아이디어도 제시해 주었다. 현장의 선배님들은 끝까지 파헤쳐 보라고 독려해 주셨다. 정말 고마웠고, 뜻깊은 경험이었다. 이번 건을 통해 건축기사의 Fact check의 중요성을 다시 한 번 느꼈다. **'Fact Check => 원인 파악 => Test => 발생 원인 확정 => 대안 설정'**

'2-day 사이클' 공법 - 미국 초고층 빌딩 공사에 보편화

- 지난해 준공된 뉴욕 트럼프 월드 타워의 사례, 한 층 공사를 단 이틀 만에 끝내 -

건설 관련 서적에서 '2day cycle' 적용 관련 글을 보았다. '타설하자마자 먹 시공 하나?', '현실적이지 못해…', '콘크리트 양생은…' 동료들은 부정적 견해가 일반적이었다. 나 또한 그랬다. 하지만 실제로 3/4day cycle을 경험하면서 가능하겠다는 생각을 하게 됐다. 1년 365일 내내 가능하지는 않을 것이다. 양생 중인 슬래브는 Filler support를 추가적으로 시공하면 된다. 동절기 양생, 하절기 장마, 노조 관련 문제 등 기술 외적인 부분은 가장 큰 변수이기는 하다. 이번 슬래브 먹 시공 건을 경험하고 개선하는 과정에서 더욱 확신이 들었다. 개선된 방법의 먹시공을 적용한다면 콘크리트 수축에 의한 먹 이동 문제는 충분히 해결될 것이기 때문이다.

이번에 개선안을 통해 초고층 건축물 시공을 위한 5M 항목에 **'먹 시공 측량관리'** 아이템을 추가해야겠다.

토공사

토(土)공사

거리를 지나다 보면 거대한 장비가 땅속으로 파이프를 박고, 굴삭기로 땅을 파고, 덤프트럭으로 흙을 나르는 모습을 볼 수 있다. 건축물을 시공하기 위해서는 땅을 파서 기초공사를 하고, 그 위에 기둥과 슬래브를 시공하여 건축물이 한 개 층씩 완성된다. 그 '땅을 파는' 일련의 과정들이 바로 토공사이다. 땅을 안전하게 파기 위해 흙막이를 시공하고, 흙막이가 붕괴되지 않기 위해 지보공(支保工)을 설치한다. 굴착된 저면에 유입되는 지하수를 컨트롤 하기 위해 영구배수공법을 적용한다.

'흙막이공사'와 '굴착공사(터파기)'가 토공사의 대표적 공종이라고 할 수 있다.
흙막이공사는 건축물의 기초, 지하구조체 공사를 위해 굴착진행 시 흙이 붕괴되지 않도록 흙을 막는 공사이다. 아래와 같은 공법이 대표적이다.

* **H-Pile 토류판 공법**
* **CIP(Cast In Place Pile)**
* **SCW(Soil Cement Wall)**
* **지하연속벽(Slurry wall)**

흙막이공사가 완료되면 땅을 파는 굴착공사가 진행된다. 대표적으로 Slope Open Cut, 흙막이 Open Cut으로 구분된다.

건축물이 완성될 즈음 되메우기, 성토, 배수, 우수, 오수관, 도로포장 등의 부대 전반적인 공사를 진행하는데, 이를 부대토목공사라고 한다.

이 장에서는 흙막이공사인 'Slurry wall'과 기초공사인 'RCD Pile' 공사를 진행하면서 경험했던 시행착오를 소개하고자 한다.

3장
토공사

Slurry Wall, Finger Joint는 뭔가요?

너희들이 Desanding의 위력을 알아?

우리, Cleaning합시다

슬러리월 Joint, 원래 Dowel Bar는 없어요

슬러리월 Dowel Bar의 오류 부분을 수정하라!

에일리언의 부화, RCD Pile

RCD Pile, 어떻게 시공되는거죠?

RCD는 전석층을 만나려 하지 않았지만

가설바닥 Topping Con'c 꼭 타설해야 해?

나에게 묻고 나에게 답하다

Slurry Wall, Finger Joint는 뭔가요?

슬러리월은 Primary Panel과 Secondary Panel로 구성되며 1차적으로 Primary Panel, 2차적으로 Secondary Panel이 시공된다. Secondary Panel 시공 시에는 [그림 1]과 같이 Hydrofraise 굴착기를 이용해 기(旣) 시공된 Primay Panel 측면부를 벗겨내면서 Finger Joint를 시공한다. 이는 접착 면적을 극대화하여 Primary Panel과 Secondary Panel 간의 부착력을 강화시켜 지하수의 유입을 차단시킨다.

슬러리월은 흙막이 공법 중 차수(遮水) 능력이 가장 뛰어난 공법이다. 하지만 슬러리월 시공 중 Primary Panel과 Secondary Panel 사이의 조인트는 불가피하게 발생된다. 이는 [그림6]과 같이 Piping 현상을 발생시키는 주요 원인이며, 추후 지하수 유입으로 인해 지하층 공간에 누수문제를 야기시킨다. 따라서 Finger Joint는 반드시, 정확히 시공되어야 한다.

Finger Joint는 Hydrofraise 굴착기의 Bit에 의해 형성된다. Bit 부품은 영구적이지 않기 때문에 주기적으로 교체해야 한다. 하지만 Bit 부품 비용 증가의 이유로 슬러리월 시공팀은 Finger Joint 시공을 기피하는 경우가 있기 때문에 철저한 관리가 필요하다. 건축기사는 이 Finger Joint의 기능을 이해하고 누락이 없도록 반드시 확인해야 한다.

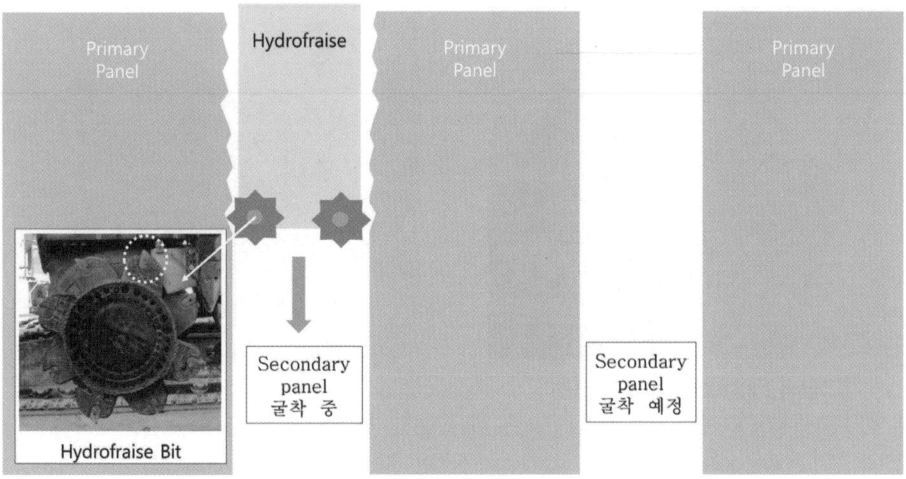

[그림1] Primary Panel과 Secondary Panel Finger Joint 시공 입면

Hydrofrasie 굴착이 진행되면서 이미 시공된 Primary Panel의 피복 부분을 벗겨낸다. Finger Joint 시공을 전제로 철근 피복두께가 설계/시공되기 때문에 철근 노출은 발생하지 않는다.

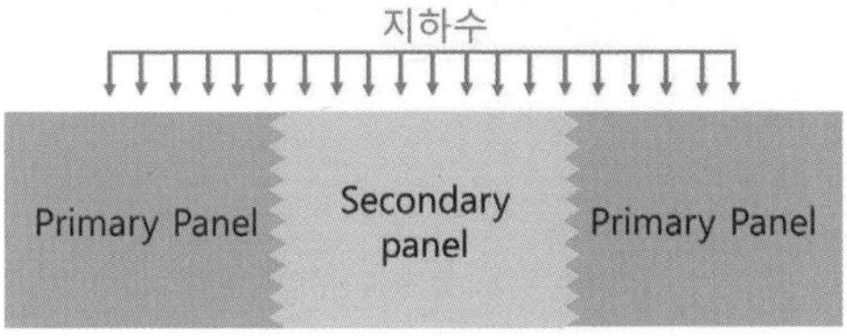

[그림2] Finger Joint 시공 단면

Finger Joint는 Primary panel과 Secondary panel의 접착 면적을 증가시켜 접착력을 증가시키고 지하수 유입을 차단한다.

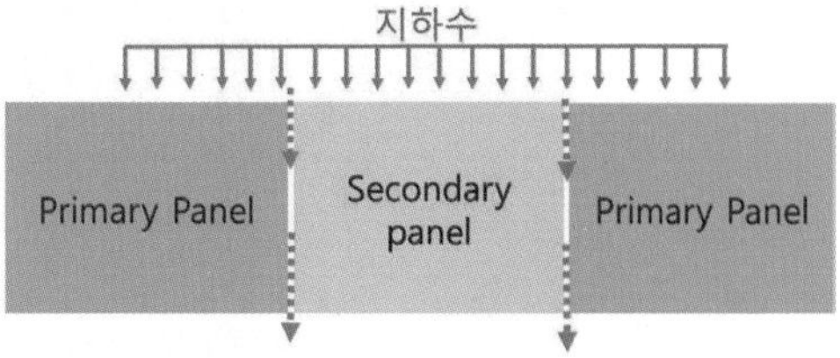

[그림3] Finger Joint, 미시공 된다면?

Finger Joint가 미시공 된다면 판넬 조인트로 지하수 유입이 발생된다. Piping 현상의 주요인이다.

Finger Joint 시공 유무에 따라 추후 지하 공간의 누수 여부가 결정된다. [그림2]는 Finger Joint가 시공되어 Panel 간의 접착 면적이 높아 지하수 유입이 차단된다. [그림3]은 Finger Joint 미시공 상태로 조인트 부분에서 Piping 발생 확률이 매우 높다. 더욱이 슬러리월은 지하 공간에 벽체를 형성하는 공법이기 때문에 굴착 및 콘크리트 타설 시 Panel Joint에 슬러지가 끼어있을 가능성이 크다. 이는 지하수 유입을 가속화시키는 원인이 된다. 반드시 유의해야 할 사항이다.

[그림4] Finger Joint 시공 前

[그림5] Finger Joint 시공 後

[그림4]의 시공된 판넬은 Primary Panel이다. Hydrofraise 굴착기를 이용해 Secondary Panel 측부를 긁어내면 [그림5]와 같이 Finger Joint가 형성된다. Hydrofraise 장비는 '지반굴착 + Finger Joint 형성'이란 두 마리 토끼를 잡아야 한다. 시간이 부족하다고 그냥 넘기는 경우가 없도록 건축기사의 철저한 관리, 감독이 필요하다.

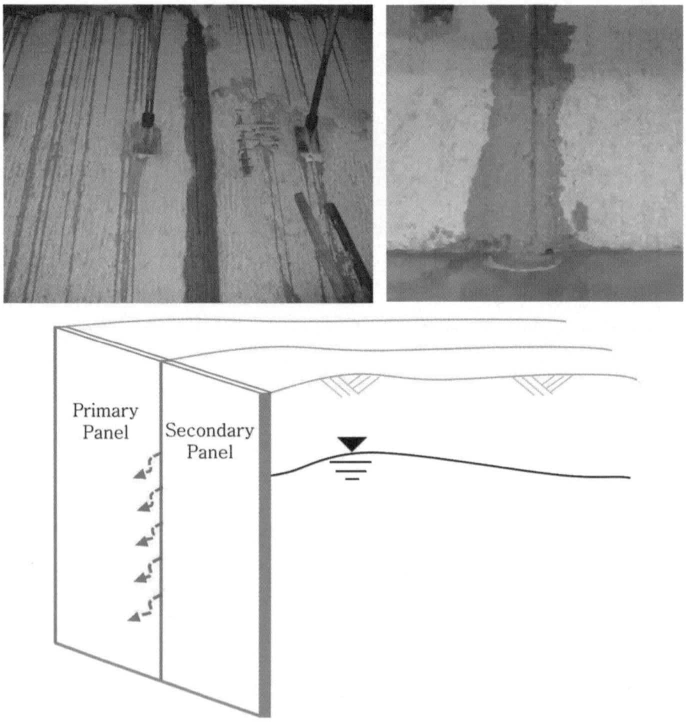

[그림6] 슬러리월 Panel Joint, Piping 사례

흙막이 공법 중 최고의 차수(遮水) 능력을 가진 슬러리월도 판넬 조인트 부분은 취약할 수밖에 없다. Finger Joint 시공을 했다고, Desanding과 Cleaning을 철저히 했다고 해서 지하수 유입을 100% 차단한다는 보장은 없다. 하지만 발생 빈도와 발생 확률을 최소화할 수는 있다. 건축기사는 그 문제가 발생할 확률을 최소화하기 위해 고군분투해야 한다. '어차피 Piping은 발생할 것인데, 왜 그렇게 신경쓰지? 대충하지 뭐.'라고 생각하면 절대 안 된다.

▶ 건축기사의 생각

Finger Joint는 Secondary Panel 시공 시 기(旣) 시공된 Primary Panel과 접착 면적을 증대시키고 일체성을 확보하여 지하수 유입을 예방하기 위해 시공된다.
그런데 왜 'Finger Joint'라고 하는 걸까…? 궁금했다. 시공된 형상을 보면 손가락과 비슷해서는 아닐까…?

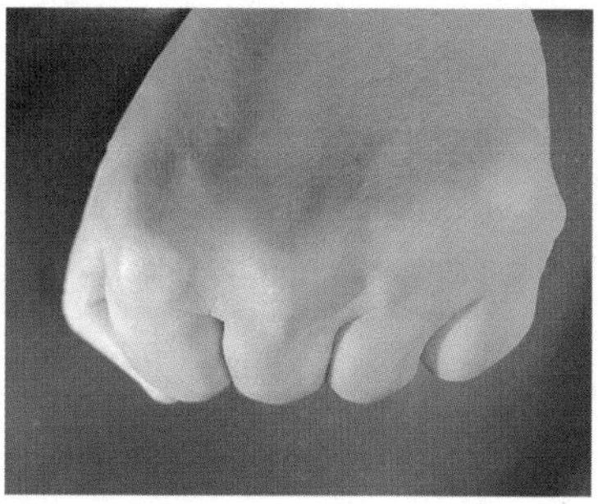

너희들이 Desanding의 위력을 알아?

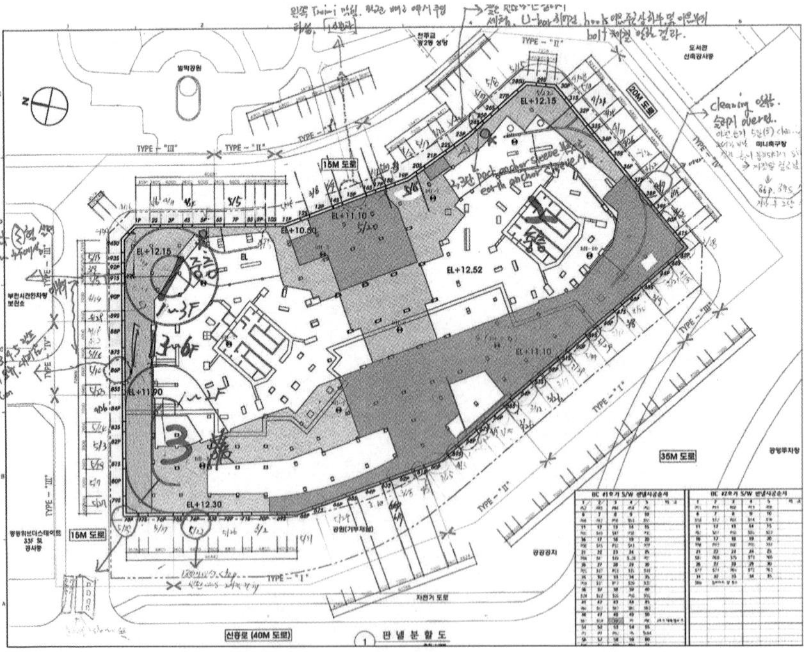

[그림1] 슬러리월 시공 기록

슬러리월을 시공하면서 문제가 예상되는 부분, 실수한 부분 등은 도면에 꼼꼼히 메모했다. 왜냐하면, 추후에 하자가 발생했을 때 신속히, 정확히 원인을 파악할 수 있고, 대안을 마련할 수 있기 때문이다. 흙파기공사, 골조공사가 진행되면서 흙막이공사와 연계된 부분에서 문제가 발생했을 때 원인 파악을 위해 기록을 꺼냈다.

[그림2] 재료분리가 발생된 슬러리월 Dowel Bar

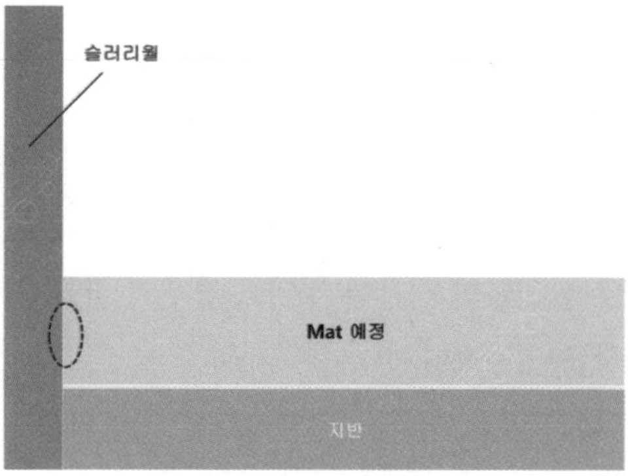

[그림3] 슬러리월과 Mat 기초

Final Level까지 굴착공사가 완료됐다. 지하 7층 Mat 기초 시공 예정인 레벨의 슬러리월 Dowel Bar 부분에 슬러지가 가득하여 세척해 보니 [그림2]처럼 재료 분리가 발생했다. 슬러리월 공사 중에 발생되는 하자 중 하나다. 이 부분은 [그림3]에 보듯이 추후 Mat 기초가 시공되면서 콘크리트로 채워지기 때문에 구조적 문제는 없다. 왜 이런 문제가 빌생했을까 고민하던 중 슬러리월 시공 중 기록했던 [그림1]의 시공 기록을 펼쳤다.

Desanding과 Cleaning이 문제였다.

Desanding은 'De + Sanding', '모래를 제거하다. 슬러지를 제거하다.'라는 의미이다. 슬러리월 공사 시 Hydrofraise 장비를 이용하여 굴착 중 토사와 혼합된 벤토나이트용액을 깨끗한 벤토나이트 용액으로 교체하는 작업을 말한다. 슬러지는 hydrofraise 장비로 굴착 중에 지반 토사와 벤토나이트 용액이 뒤범벅되면서 발생하는데, 마치 갯벌의 펄처럼 매우 질퍽하다. 이 슬러지는 이미 시공된 Primary Panel 단면 부분에 부착되거나 굴착 저면에 적체되어 있게 된다. 완전히 제거하지 않으면 [그림4]처럼 판넬 마구리면에 붙어있게 되어 판넬 간의 부착력을 저하시키고, 콘크리트와 혼합되어 재료 분리를 발생시킬 수 있다.

굴착이 완료되면 'Desanding => 철근망 삽입 => Con'c 타설'이 이루어진다. 철근망 삽입 전에 최종적으로 Desanding 작업을 진행하는데, 투입되는 시기가 매우 중요하다. 반드시 철근망 삽입 직전에 Desanding 작업을 실시해야 한다. 만약 Desanding 작업과 철근망 삽입 작업 사이의 시간이 길어진다면 굴착면의 토사가 흘러내리며 다시 슬러지가 발생된다. 이렇게 발생된 슬러지는 추후 콘크리트가 타설되면서 벤토나이트 용액과 함께 상승하며, 슬러리월의 품질을 저하시킨다. 따라서 반드시 철근망 삽입 직전에 Desanding 작업을 실시해야 한다.

[그림5]는 슬러리월의 정상적인 타설 장면이다. Desanding 작업이 적절한 타이밍에 이루어져 타설 중에도 슬러지의 상승이 없다. 하지만 [그림6]은 Desanding 작업 후 철근망 삽입과의 시간이 길어질 경우의 굴착 저면에 적체된 슬러지가 콘크리트가 타설되면서 상승된 사례다.

슬러리월 시공 시 콘크리트는 자중에 의해서 트레미관을 통해 타설된다. 펌프카의 압력을 이용해 압송되는 것이 아니기 때문에 콘크리트와 슬러지가 혼합된다면 콘크리트가 트레미관에서 막히게 되면서 타설에 문제가 발생될 수 있음을 유의해야 한다.

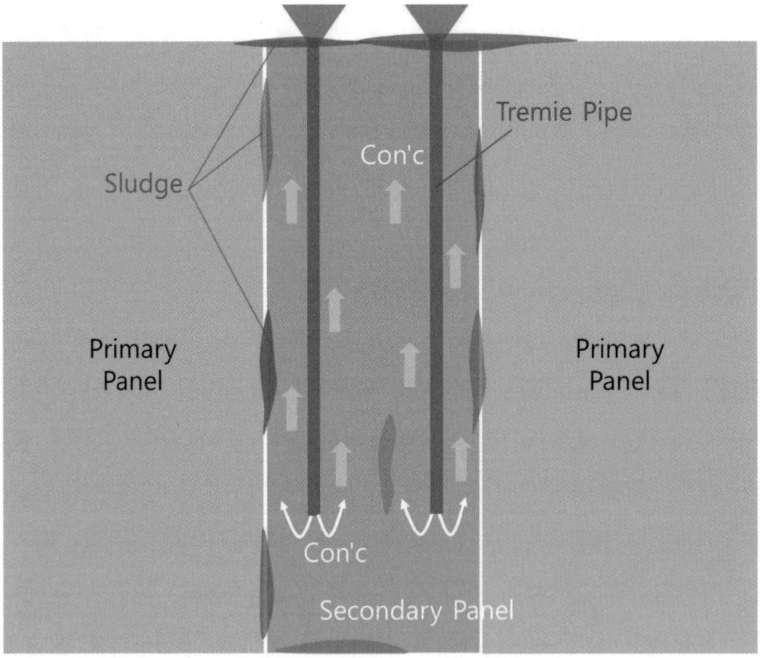

[그림4] 슬러지를 제거하지 않는다면?

Desanding 작업의 적절한 타이밍을 놓친다면 슬러지는 콘크리트와 혼합되거나 같이 상승하게 된다. 그 결과 Primary panel과 Secondary panel 조인트에 슬러지 끼임, 철근과 콘크리트의 부착력 저하, 재료 분리를 발생시켜 슬러리월의 품질을 저하시킨다. Desanding 작업이 누락되는 경우는 없다. 핵심은 'Desanding 작업'과 '철근망 삽입+콘크리트 타설' 사이의 시간이다.

[그림5] 정상적 타설

슬러리월 공사 시 콘크리트는 자중에 의해 굴착 공간으로 이동된다. 굴착 공간에 깨끗한 벤토나이트 용액이 채워졌다면 사진과 같이 타설이 원활하게 이루어진다.

[그림6] 슬러지 상승 사례

슬러리월 콘크리트는 펌프카의 압력을 이용해 압송되지 않는다. 따라서 슬러지와 혼입된다면 배관이 막히게 되고 타설 시간이 지연되며, 슬러지와 혼합되는 시간이 증가하게 된다. 악순환의 연속이다.

▶ 건축기사의 생각

지상층에서 벽체를 시공할 때는 눈으로 보면서 확인할 수 있기 때문에 문제 발생된다면 즉시 조치할 수 있다. 하지만 슬러리월은 눈에 보이지 않는 지하를 굴착하여 벽체를 시공하는 것이기 때문에 항상 '추정'을 근거로 시공이 이루어진다. 답답하다. 고민이 많았다. 건축기사의 눈은 'X-ray', 'MRI'가 되어야 하는데 말이다.

우리,
Cleaning 합시다

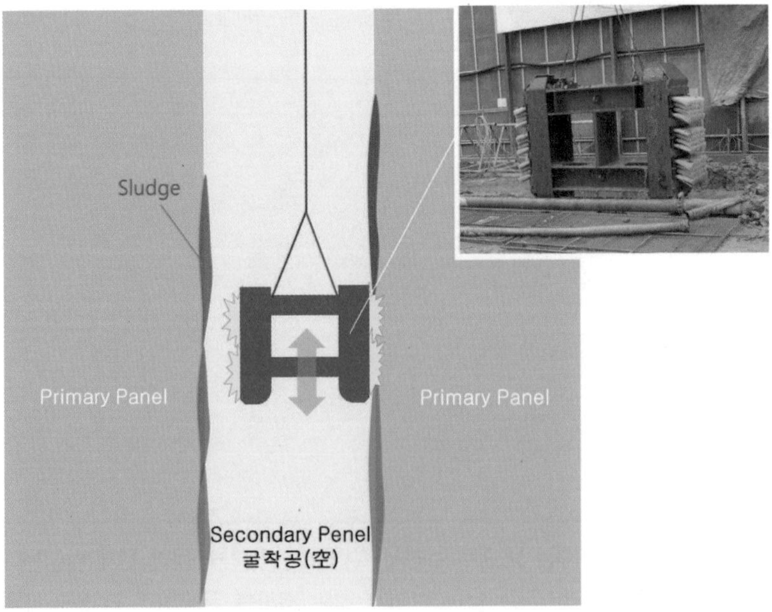

Desanding은 슬러리월 시공위치에 굴착공 내부의 벤토나이트를 교체하면서 슬러지를 제거하는 작업이다. Cleaning은 이미 시공된 Primary Panel에 부착된 슬러지를 제거

하는 작업으로 칫솔질 하듯이 슬러리월 접합부를 깨끗이 청소하는 과정이다. **Cleaning은 칫솔질, Desanding은 칫솔질한 후 입속을 깨끗한 물로 여러 번 헹구는 작업**이라는 표현이 적절하겠다. 만약 칫솔질을 하지 않고 입안을 헹군다면? 칫솔질만 하고 입속을 헹구지 않는다면? 슬러리월도 마찬가지다. 두 작업은 1개의 Set로 진행되며, 누락되어서는 안 된다.

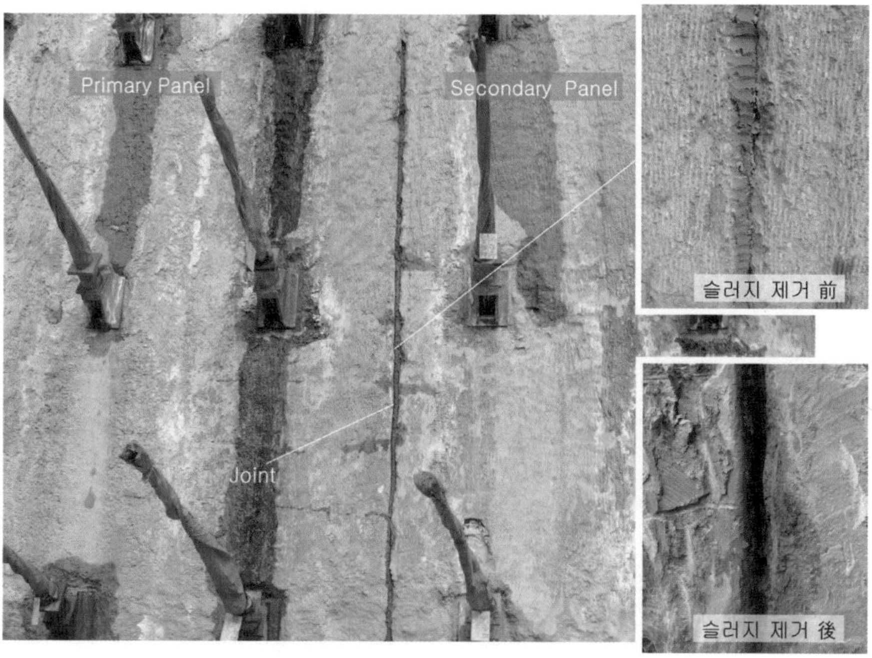

슬러리월 판넬 조인트와 슬러지

판넬 조인트에 슬러지가 있다면 최대한 제거해야 한다. 레벨에 따라 다르지만, 만약 지하수위 이하에서 조인트에 슬러지가 있었다면 Piping 현상이 발생될 수 있다. 이에 대비해 유도 배수를 준비해야 한다.

Cleaning은 Finger Joint에 낀 슬러지를 제거함으로써 Primary Panel과 Secondary Panel의 부착력을 증대시킨다. 즉, 지하수 유입의 차단을 극대화하여 Piping 현상을 방지한다. Finger Joint를 시공하고 Cleaning을 하지 않는다면 의미가 없다. 슬러리월 시공업체에서는 Finger Joint, Cleaning, Desanding 작업을 회피하는 경향이 많다. Cleanging 작업이 무의미하다며 작업 자체를 삭제하는 경우도 있다.

슬러리월 시공업체는 수십 번, 수백 번 시공을 했어도 슬러리월 '시공'만 해봤다. 슬러리월 시공 후 벽체 배수판, 공간 벽체 등의 마감공종, Piping 현상 발생에 대한 처리, 슬러리월 부분의 결로현상, 지하층 천정 마감재 오염, 기계장비 내구성 저하 등의 유지관리 과정을 경험해 보지 않았기 때문에 Finger Joint, Cleaning, Desanding 중요성을 간과할 수 있다. 그래서 반드시 누락 없이, 철저한 관리가 필요하다.

굴착공사가 진행되면서 슬러리월 결과물들이 육안으로 하나씩 확인된다. 부족한 부분이 나올 때마다 가슴이 아팠다. '그때 좀 더 철저히 관리했어야 했는데….' 후회의 감정이 밀려온다.

▶ 건축기사의 생각

"내가 이 바닥에서 20년, 30년 했어. 장사 한두 번 해? 지금껏 아무 문제 없었어. 괜찮아요."
괜찮아, 괜찮아…. 협력사 관계자와 작업자로부터 수백 번, 수천 번 듣는 얘기다. 건설현장은 낙천적(?)인 사람 천국이다. 나는 이렇게 답변한다. "저는 전생(前生)에도, 수백 년 전, 고려 시대, 조선 시대에서도 건설인이었어요. 400년, 500년… 동안이요. 고작 30년이요?"
"반장님! 그러지 말고 화끈하게 Cleaning 하시죠~."
슬러리월 시공업체는 슬러리월 시공만 수십 년 했다. 그것을 무시하는 것이 아니다. 시공사는 추후 마감공종을 고려해야 하고, 향후 유지관리까지 책임이 있다. 그래서 큰 그림을 그리면서 시공관리를 해야 한다. 각자의 입장 차이다.

슬러리월 Panel Joint, 다월바는 없어요

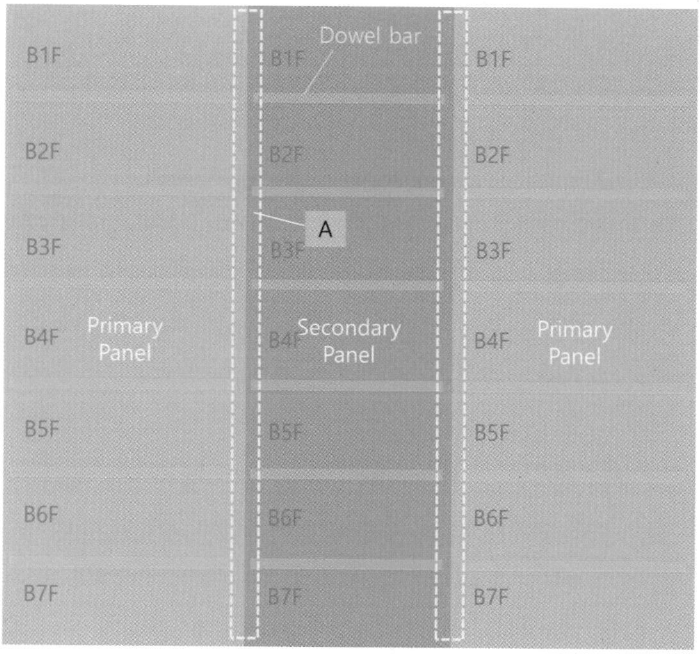

[그림1] 슬러리월 판넬 전개도

[그림2] 철근망

슬러리월 판넬 시공 시 Praimary Panel과 Secondary Panel의 접합부는 각각의 판넬 철근 피복이기 때문에 [그림1, 3]의 A와 같이 Dowel Bar 철근 배근이 없다. 따라서 골조 공사 진행 중 슬래브, 보 시공 시 케미컬 앵커로 후시공이 필수다. 철근 규격은 슬래브, 보의 철근규격과 동일하며, 케미컬 앵커가 정확히 시공되도록 철저하게 관리해야 한다.

Dowel Bar는 슬러리월 철근망 시공 시 벤딩(Bending)된 상태(그림2, B)에서 골조공사 수평재 철근 시공 시 다시 펴야 한다. 이때 펴지는 부분은 철근강도가 저하되거나 부러질 수 있다. 이를 예방하기 위해 Dowel Bar는 Mild Bar(SD300) 사용이 필수적이다. 후시공 되는 케미컬 앵커는 벤딩(Bending)이 필요 없기 때문에 Dowel Bar 강도와 같은 Mild Bar를 사용할 필요는 없다. 수평재와 동일한 규격, 간격으로 철근을 시공하면 된다.

후시공 되는 케미컬 앵커가 미시공되거나 오시공 될 경우 수평재 자중과 이동하중에 의해 수평재에 균열이 발생될 수 있다. 구조적 문제로 이어질 수 있기 때문에 반드시 구조설계의 명기대로 정확히 시공해야 한다.

특히, 슬래브와 슬러리월은 Pin Joint(활절점), 램프 슬래브와 슬러리월은 Rigid Joint(고정 절점)임을 이해하고 누락 없이, 제대로 시공되도록 관리해야 한다.

Chemical Anchor! 정확한 규격, 시공, 타이밍이 필요하다.

[그림4]와 같이 수평재 형틀이 완료되면 즉시 케미컬 앵커 시공이 투입되어야 한다. 수평철근이 시공되면 간섭되어 천공 작업과 철근 삽입이 어렵기 때문에 케미컬 앵커 시공이 불가능하다. 시공 타이밍을 놓쳐 이미 시공된 슬래브, 보철근을 해체하고 케미컬 앵커를 시공한다면 골조공사 철근팀과 트러블이 발생하는 것은 물론이고, 공기가 지연될 수 있다. 정확한 규격으로, 성능이 발휘될 수 있도록 철저하게, 적기에 시공해야 함을 잊지 말아야 한다. [그림5]는 슬래브 형틀 직후 슬러리월 조인트 부분과 기존 Dowel Bar 레벨 오류 부분에 케미컬 앵커가 시공된 상태다.

슬러리월을 흙막이 공법으로 적용했다는 것은 주변에 지하수위가 높아 차수(遮水)가 필요했다는 것이다. 따라서 골조공사 중에는 배수, 차수 작업이 적용이 안 된 상태이기 때문에 슬러리월 조인트, Earth Anchor hole 등으로 지하수 유입이 불가피하다. 이는 슬러리월 판넬을 습윤상태로 만들 가능성이 크다(그림6). 이에 대비하여 케미컬 앵커 시공에 유의해야 한다. 케미컬 앵커는 건식과 습식, 두 종류가 있는데 습윤 상태에서는 반드시 습식 케미컬 앵커를 적용해야 한다. 또한, 천공 시 이미 배근된 슬러리월 철근 때문에 간섭되어 천공이 안 될 수 있다. 이때 철근이 없는 곳을 찾아 소요 깊이까지 천공해야 한다. 천공 후에는 반드시 에어 컴프레셔(air compressor)를 이용하여 천공 중에 발생된 분진을 깨끗이 제거해야 한다. 작업자들은 분진을 제거하지 않은 상태로 케미컬 시공을 하고, 관리자는 아무런 제재 없이 그냥 관망하는 경우가 빈번하다.

[그림3] 슬러리월 조인트, Dowel Bar는 없다

[그림4] Girder, Chemical Anchor 시공 예정 부위

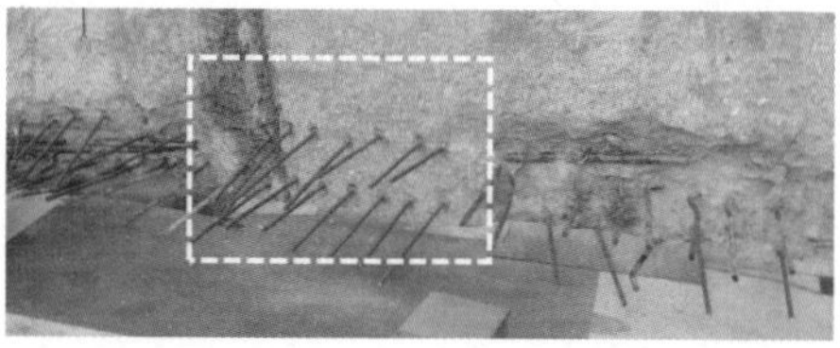

[그림5] Slab, Chemical Anchor 시공 완료

[그림6] Earth Anchor hole, 슬러리월 조인트에서의 지하수 유입

정말 어처구니없는 일이다.

천공 부위 분진을 제거하지 않고 케미컬 앵커 주입액을 주입하는 것은 먼지 가득한 종이 두 장을 풀칠하여 부착하려는 것과 같다. 즉, 케미컬 앵커의 기능이 'Zero', 케미컬 앵커를 시공하지 않은 것과 같다. 작업자가 케미컬 앵커 시공 완료 후 샘플로 몇 개소만 점검해서는 안 된다. 반드시 전수조사를 하여 시공의 정확성을 확인해야 한다. 특히, One way slab의 경우는 구조적 문제가 발생할 수 있기 때문에 누락 없이, 정확히 시공해야 한다.

[Chemical Anchor 시공 시 유의사항]

① 습윤, 건조 상태인지 확인 후 케미컬 앵커 적용
Ex) 습식: HILTI-RE500V3(수중 시공 가능),
건식: 힐티 HY150, 습식 + 건식: HILTI-HY200
② 소요 깊이 천공 준수 + 천공 후 에어 컴프레셔로 먼지 제거
③ 천공부 케미컬 앵커액 충분히 주입 + 양생 후 부착 상태 확인

▶ 건축기사의 생각

골조공사 시 슬러리월 케미컬 앵커를 후시공 해야 하는 부분에서 누락되거나 오시공 되는 경우가 빈번하다. 슬러리월 케미컬 앵커는 슬러리월 공종(토목)이 담당이지만, 골조공사(건축) 중에는 토목 공종 인원이 철수되기 때문이다. 애매한 상황이다. 이에 대비하여 케미컬 앵커 시공을 골조공사 계약 조건에 넣는 것도 해결방법 중 하나다.
어찌 됐든 건축기사는 케미컬 앵커를 정확한 타이밍에, 정확한 규격으로, 정확히 시공되도록 계획하고 관리해야 한다.

아…, 정말 할 일이 너무 많다.

슬러리월 Dowel Bar,
오류 부분을 수정하라!

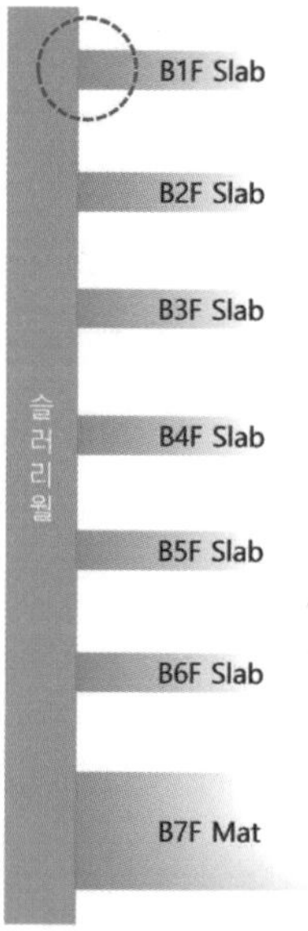

[그림1] 슬러리월과 지하층 슬래브

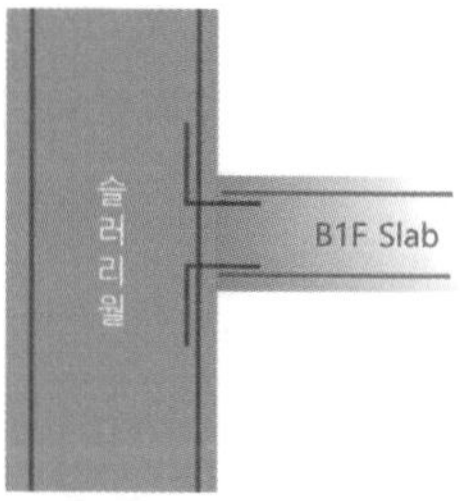

[그림2] Dowel Bar 정상

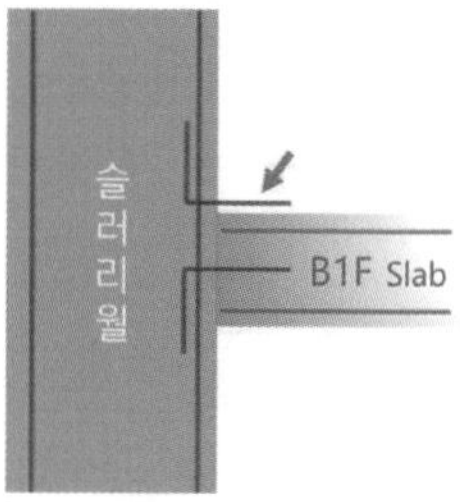

[그림3] Dowel Bar 이탈

[그림4] 슬러리월 철근망

대학 시절, 시공학에서 배웠던 지하연속벽 공법은 쉬웠다. 하지만 실무에서 직접 관리하면서는 전혀 다른 게 느껴졌다. '눈에 보이지 않는' 지하 공간에 지하연속벽을 시공한다는 것은 차원이 다른 것이었다.

보이지 않는 지반을 굴착하고, 철근망을 넣고, 콘크리트를 타설, 양생한다…. 마치 눈을 감고 작업하는 것이다. 불확실성이 산재했다. 그중에 슬러리월 Dowel Bar의 슬래브 레벨 맞추기는 불확실성에 정점을 찍었다.

굴착이 완료되면 [그림4]와 같이 선시공 된 철근망을 굴착 공간에 삽입하고 콘크리트를 타설한다. 슬러리월이 시공되고 굴착공사 후 골조공사 시에는 [그림1]과 같이 슬러리월과 슬래브를 접합시공한다. 이때 [그림2]와 같이 슬러리월 철근망 시공 시 조립된 Dowel Bar와 슬래브 철근을 이음시공 한다. 오차 없이 시공되면 문제없다. 슬래브 최소피복 기준 20mm, 슬러리월 Dowel Bar와 슬래브 철근 레벨이 [그림3]처럼 20mm 이상 오차가 발생한다면? 슬러리월 Dowel Bar는 사용될 수 없다.

그냥 대충 구부려서 슬래브에 끼워 넣겠다는 생각을 했다면 당신은 정말 루저다.

슬러리월 철근망에는 각 층 슬래브, 보 레벨에 맞도록 Dowel Bar가 벤딩(Bending)되어 조립된다(그림5). 한 개 층 라인의 Dowel Bar가 잘못됐다면 일정한 간격으로 시공됐기 때문에 지하 모든 층의 Dowel Bar 레벨이 문제가 된다.

그렇다면 왜 이런 문제가 발생할까? 슬러리월은 지상에서 '지반 굴착 => 철근망 삽입 => 콘크리트 타설'이 진행된다. Dowel Bar는 구조도면과 건축도면을 바탕으로 작성된 Shop drawing에 의해 시공되는데, 도면상으로는 문제가 되는 경우는 거의 없다. 문제는 거대하고 육중한 슬러리월 철근망을 눈에 보이지 않는 지하 공간에 삽입하고, Guide Wall에 거치하여 타설하는 과정에서 10~20mm의 처짐현상 등의 시공 오차가 발생된다는 것이다. 철근 조립장에서 선조립 시 발생하는 시공 오차, 삽입/타설 중에 발생하는 오차, 그 오차를 'Zero'로 만들기는 쉽지 않다.

'열 길 물속'은 알아도 '한 길 사람 속'은 모른다? 그보다 더한 것이 슬러리월을 시공하는 '땅속'이더라!

[그림5] 선시공 된 슬러리월 다월바

[그림6] 철근망 2차 삽입 후 이음부, 현장 다월바 시공

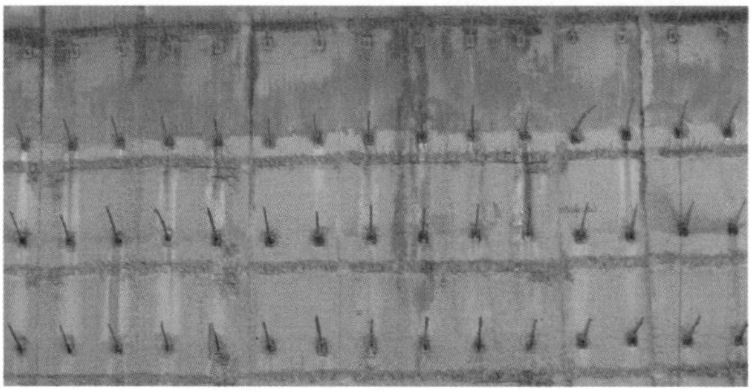

[그림7] 슬러리월 Dowel Bar

굴착공사 진행 후 슬러리월의 모습이다. 판넬들의 다월바가 연결되어 있지만, 수평레벨이 일정하지 않다. 슬러리월 시공 시 발생하는 불가피한 현상이다.

현장 철근 가공장에서 선시공 되는 철근망은 가로세로 철근 시공이 마무리되면 지하 각층의 슬래브의 레벨에 맞게 Dowel Bar를 시공한다. [그림5]에서와 같이 Dowel Bar를 정확한 레벨에 위치시키기 위해 스티로폼을 시공한다. 설계된 레벨에 맞도록 정확하게 시공되지만, 철근망 양중, 삽입, 거치 과정에서 오차가 발생될 수 있고, 콘크리트를 타설하면서 부력에 의해 스티로폼의 위치가 변동될 수도 있다.

당 현장의 경우 지하 7층으로 설계되어 슬러리월 철근망 길이가 약 36m로 설계되었다. 슬러리월의 철근망을 한 번에 양중할 수 없기 때문에 1차, 2차로 분리하여 양중, 굴착공에 삽입하여 이음처리하였다. 이음 부위의 Dowel Bar는 [그림6]과 같이 1차 철근망을 Guide Wall에 잠시 거치시킨 상태에서 시공된다. 이때 5~20mm의 오차가 발생될 수 있다. 슬래브의 피복 두께는 20mm, 슬래브와 다월바의 레벨 오차를 20mm 미만으로 정확히 맞추기 위해 섬세하게 시공한다 해도 콘크리트 타설 속도, 굴착공 내의 슬러지, 철근망의 편심, 육중한 철근망의 처짐 등이 오차를 유발할 수밖에 없다.

[슬러리월 Dowel Bar 레벨 오류 원인]
① 철근망 시공 중 발생하는 오차(기존 가로/세로 철근과의 간섭)
② 철근망 양중, 삽입 과정에서의 오차
③ 콘크리트 타설 중 부력에 의한 Dowel Bar 상승(스티로폼 상승에 의한)
④ 철근망, Guide Wall 거치 시 편심, 처짐 발생
⑤ 콘크리트 타설 속도, 슬러지

결국, 중요한 것은 '어떻게 조치하느냐'이다.

Dowel Bar 레벨의 오차는 불가피하게 발생되는데, 철근 콘크리트 공사 진행 시 이 부분에 대해서 어떻게 조치하느냐가 중요하다. 이미 시공된 Dowel Bar 중 레벨 오차가 발생된 부분은 Chemical Anchor로 보강해야 한다. 슬러리월 Dowel Bar는 [그림5]과 같이 슬러리월 철근 시공 시 Bending, 골조공사 슬래브 철근 시공 후 펴서 이음시공되기 때문에 강도 저하를 예방하고자 Mild Bar(SD300)가 사용된다. 하지만 Dowel Bar 보강으로써 Chemical Anchor는 Bending 과정이 없기 때문에 슬래브 철근과 동일한 규격으로 시공하면 된다.

유의해야 할 사항으로는 아래와 같다.

1) Chemical Anchor 누락

Dowel Bar 레벨 오류는 불가피하게 발생되지만, Chemical Anchor 보강 자체를 누락하는 경우가 발생되면 안 된다. 건축 전공자라면 아래와 같은 경우를 생각해 봐야 한다.

① Slab

슬러리월과 접합되는 슬래브는 One way slab, Two way slab로 분류된다. [그림8]은 One way slab로, 하중이 슬러리월로 전달되는데 만약 'Dowe bar 레벨 오류 + Chemical Anchor 보강 누락'이 발생된다면?

② Girder

Girder의 'Dowel Bar 레벨 오류 + Chemical Anchor 보강 누락'이 발생된다면?

Girder는 설계되지도 않은 Cantilever가 될 것이고, 추후 주차장에 차량 통행, 주차 등으로 인해 하중이 발생된다면?

③ Ramp slab,

[그림9]과 같이 Ramp slab의 경우 One way slab로 발생되는 하중은 슬러리월과 RC wall로 전

달된다. 더욱이 Ramp slab와 슬러리월 접합은 'Rigid Joint'이다. 'Dowel Bar 레벨 오류 + Chemical Anchor 보강 누락'이 발생된다면 조인트의 휨모멘트와 전단력은? 슬래브가 무중력 상태에서 떠있는 것도 아니고, Ramp slab에 발생되는 자중(自重)과 이동하중은 어떻게 할 것인가?

2) Chemical Anchor 오시공

Chemical Anchor의 시공 유무도 중요하지만, Key point는 Chemical Anchor가 본연의 기능을 할 수 있도록 제대로 시공됐느냐이다.

① Chemical Anchor, 천공 깊이/위치

Chemical Anchor로 사용되는 철근은 직경에 따라 천공 깊이가 다르다. 따라서 슬래브 및 보의 철근 규격에 따라 규정된 정착 깊이를 반드시 준수해야 한다. 슬러리월 철근망의 철근(가로/세로)과 천공 시 간섭 발생으로 소요 깊이까지 천공하지 않고 피복 부분만 살짝 천공하는 경우가 있다. 간섭된다면 수직철근의 직경만큼 옆으로 이동하여 천공하면 해결된다. 슬러리월 철근망 배근의 간격을 이미 알고 있다면 쉽게 해결될 일이다. 우스갯소리지만 시행착오를 겪다 보면 건축기사의 눈은 X-ray가 되어가고, 콘크리트 속 철근이 보이기 시작한다.

계약적인 측면에서 슬러리월 공사에 '케미컬 앵커 시공 시 철근 탐지기 사용할 것'을 계약조항에 넣으면 더욱 좋다. 작업자가 천공을 완료하면 모든 구간에 걸쳐 100% 확인해야 한다. **샘플로 몇 개 정도 확인해서 끝낼 일이 절대 아니다.**

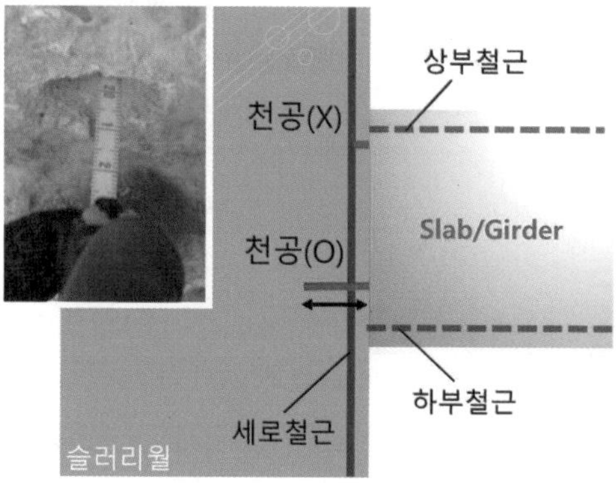

[슬러리월/수평재 단면도]
케미컬 앵커 천공 깊이 확인

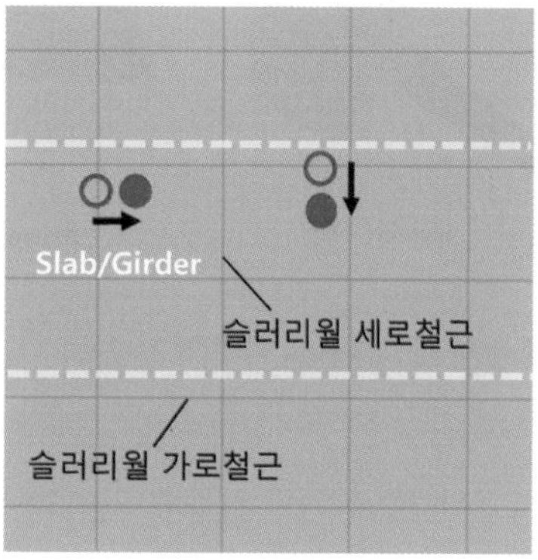

[슬러리월 정면도]
간섭 시 천공 위치 변경

② Chemical Anchor, 정착 위치

상식적인 선에서 판단하면 된다. [그림11]과 같이 Chemical Anchor가 슬래브 피복 부위에 시공되고 하중이 발생된다면 어떻게 될까? One way slab와 Girder에 발생되는 자중, 이동하중이 슬러리월로 전달될 수 있을까? 피복이 터져버리며 수평재는 내려앉을 것이다. 혹자는 슬러리월과의 슬래브의 접합은 Pin Joint인데 무슨 문제냐고 반문할 것이다. 그건 착각이다. Pin Joint의 경우 '휨모멘트 = 0'이지만, 전단력은 발생한다는 것을 간과해서는 안 된다.

왜 이런 일이 발생될까?

투입 시점의 문제이다. Chemical Anchor 시공이 늦어져 수평재 철근이 시공된다면 슬래브 철근과의 간섭 때문에 슬러리월을 천공할 수 없다. 수평재 철근을 해체해서 케미컬 앵커 시공을 하면 모를까…. 고민이 될 것이다. '수정할 것인가, 그냥 넘길 것인가. 공사가 늦어지는데…. 아무도 모르는데 그냥 넘어갈까?' 고민하지마라. 나중에 보강하려면 수십 배의 비용, 수십 배의 시간, 수천 배의 고민이 발생할 것이다. [그림10]처럼 슬래브 상부 철근의 가로근과 이음되도록 접합하자.

③ Chemical Anchor, 천공 부위 청소 누락에 의한 부착력 Zero

아무리 천공의 위치와 깊이를 정확히 시공했다고 해도 천공면에 발생한 분진을 제거하지 않고 Chemical Anchor를 시공한다면 슬러리월과 앵커가 부착이 될까? 손으로 살며시 당겨보시라. 친절하게도 철근은 살포시 빠질 것이다. 쉽게 생각해 보자. 종이 두 장을 풀로 붙이려고 한다. 한쪽 면 종이에 먼지가 가득하다. 이 상태에서 풀칠을 하고 붙인다고 종이가 붙을까? 풀칠 자체도 되지 않을 것이다. 반드시 Chemical Anchor 천공 후 휴대용 블로어와 브러시를 이용해 천공 면의 분진을 깨끗이 제거해야 한다.

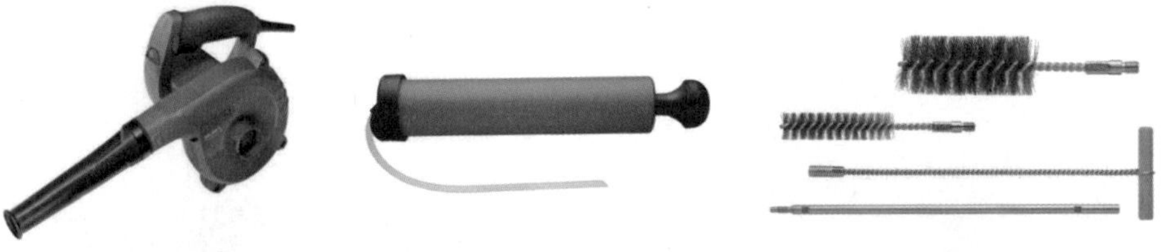

Blower(자동) Blower(수동) 브러쉬

사진출처 : BOSCH, HILTI

④ Chemical Anchor, 주입액의 선택

흙막이공법 중 슬러리월은 차수 능력이 가장 높다. 즉, 슬러리월을 시공했다는 것은 지하수위가 높고, 지하수 유입의 위험성이 높다는 것이다. 최고의 차수공법이라고 할지라도 판넬 조인트 발생이 불가피하고, Earth Anchor 지지공법을 적용했다면 미세하게 지하수가 유입된다. 이는 케미컬 앵커 시공을 위한 천공 면을 습윤 상태, 물이 가득 찬 상태로 만들 수 있다. 이때 주입액을 건식용으로 사용한다면 소요 부착력에 미달된다. 천공 부분 내부를 완전히 건조를 시키면 되겠지만, 판넬 조인트로 흘러들어오는 지하수 때문에 불가능하다. 이때는 모재가 물이 흥건한 상태에도 부착이 가능한 습식용 주입액을 사용해야 한다. 수중에서도 시공 가능한 제품도 있다. 모재 상태를 고려하지 않고 값싼 제품을 사용해서 구조적 결함을 발생시키지는 말자.

EX) 습식: HILTI-RE500V3(수중 시공 가능), 습식 + 건식: HILTI-HY200(R: 하절기, A: 동절기)

건식: HILTI- HY150

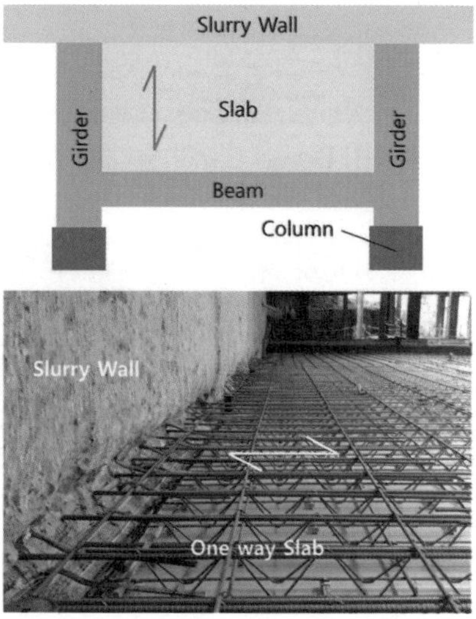

[그림8] One way slab – Slurry Wall: Pin joint

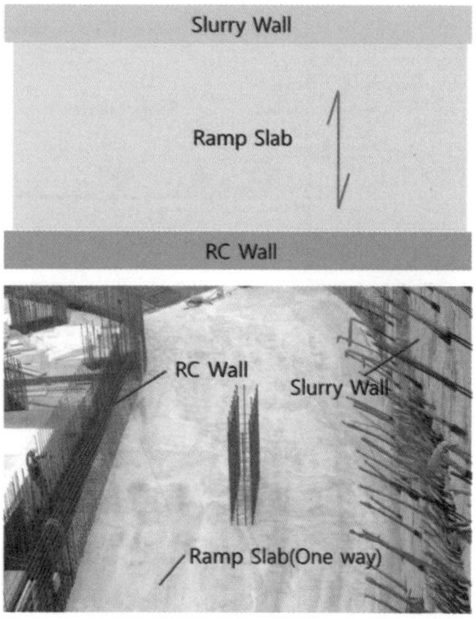

[그림9] Ramp slab – Slurry Wall: Rigid Joint

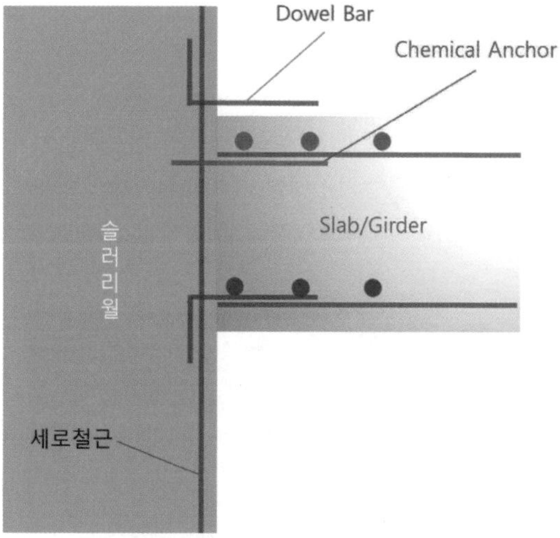

[그림10] Chemical Anchor 시공 (O)

슬러리월 철근망 시공 시 조립됐던 Dowel Bar가 설계 레벨에서 벗어났다. 이때 Chemical Anchor 시공이 불가피한데 슬래브 상부/하부 철근 사이에 위치되도록 해야 한다.

[그림10-1] Dowel Bar와 Slab (O)

[그림10-2] Chemical Anchor와 Slab (O)

슬래브 상부 철근 하부에 위치했다. Dowel Bar, Chemical Anchor가 슬래브 피복이 아닌 슬래브 상부 철근 하부에 위치했다.

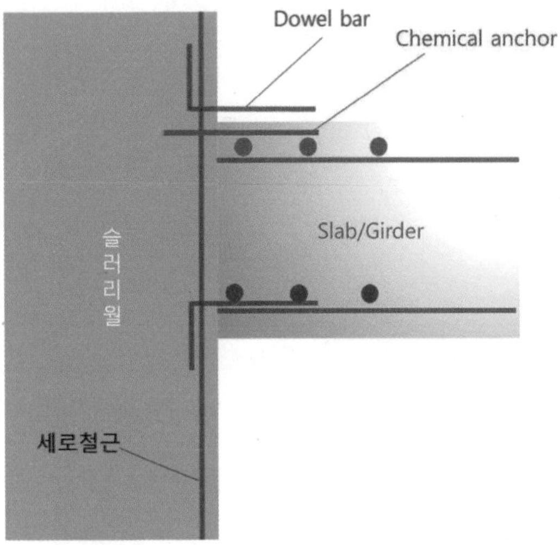

[그림11] Chemical Anchor 시공 (X)

Chemical Anchor가 슬래브 피복에 살짝 얹혀져 있는 꼴이 됐다. 하중이 발생되면 전단력에 의해 피복이 터져 버리는 상황이 그려지지 않는가?

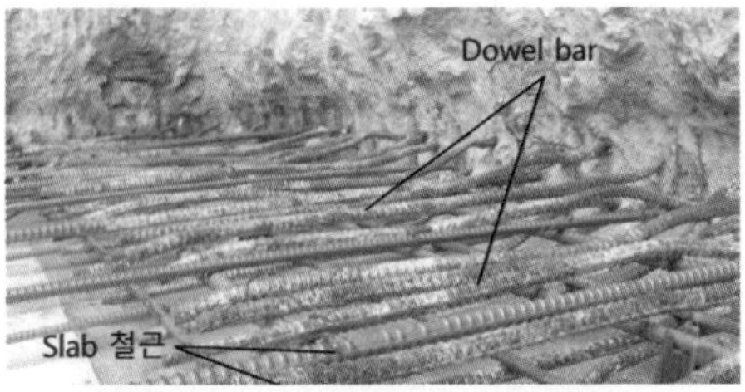

[그림11-1] Dowel Bar와 슬래브 철근 (X)

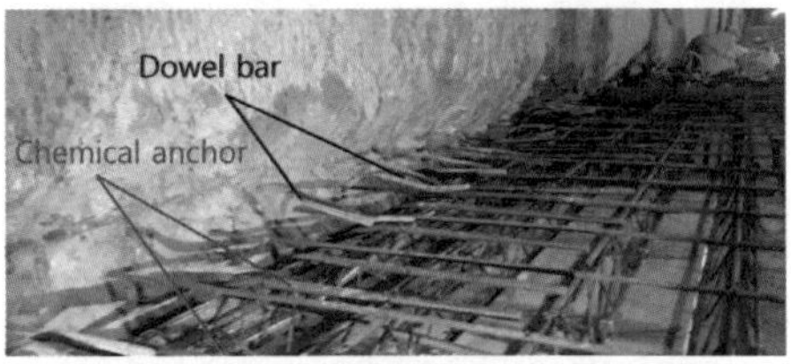

[그림11-2] Chemical Anchor 시공 (X)

형틀이 시공된 직후 벤딩된 Dowel Bar를 펴거나 Chemical Anchor를 시공해야 한다. 타이밍이 늦어져 슬래브 철근이 먼저 시공된 후 Dowel Bar를 펴고, Chemical Anchor를 시공한 결과다.

▶ 건축기사의 생각

슬러리월 다월바가 계획대로 슬래브 상하부 철근 사이로 정착될 때는 정말 짜릿한 기분을 만끽할 수 있었다. 하지만 슬러리월 특성상 그렇게 잘 되기만 하겠는가? 건설현장에서는 항상 변수가 많이 발생한다. 공사의 50% 이상이 변수라고 해도 과언이 아니다. 결국, 어떻게 조치하느냐가 관건이다.

구조계산상의 BMD, SFD를 보면서 의문을 갖기 시작했다. 구조설계사 팀장님과 많은 대화를 했다. Slab-Slurry Wall의 Pin Joint, Ramp slab-Slurry Wall의 Rigid Joint….

개념을 확실히 이해하고 시공하면 훨씬 수월하다. 단순히 작업자에게 일을 시키고 설계도서와 일치 유무만을 체크하고 넘어가면 엔지니어가 아니다. 건설현장에서 시공관리를 하다 보면 느낄 것이다. 도면 오류, 누락, 미표기 등 정말 문제가 많다.

도면을 이끌어 갈 것인가, 끌려갈 것인가. 곰곰이 생각해 보자.

슬래브 상하부 철근 사이에
완벽하게 정착된 Dowel Bar

에일리언의 부화, RCD Pile

영화 「에일리언」.

RCD(Reverse Circulation Drill) 공법을 관리하면서 멀리서 바라본 현장의 모습은 마치 영화 「에일리언」 중 부화를 준비하는 '외계생물의 알' 같았다. RCD Pile이 완성되고 두부(頭部)가 노출되는 것을 볼 때 우주선 내부의 산란실에서 에일리언 알이 부화하여 외계생물이 되는 장면이 오버랩됐다.

RCD Pile은 어떻게 부화될까? RCD Pile이 하나씩 만들어질 때, 나의 심장은 심하게 요동쳤다. 영화 「에일리언」의 주인공인 시고니 위버도 알에서 부화하는 에일리언을 보면서 나와 똑같은 감정을 느끼지 않았을까?

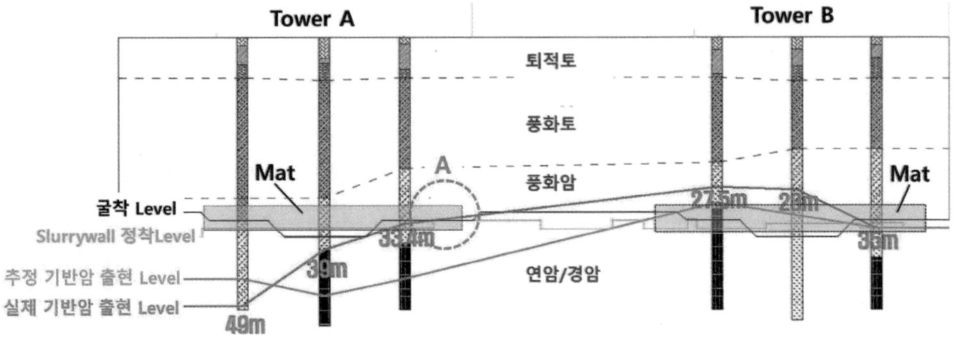

[그림1] 지반조사 단면도

기반암의 조기 출현으로 RCD 파일 시공과 굴착공사 과정에서 많은 어려움이 발생했다. 초기 지반조사에서 Boring의 개소를 증가시켰다면 지반조사의 정확도가 더욱 높아지지 않았을까 하는 생각을 하게 됐다.

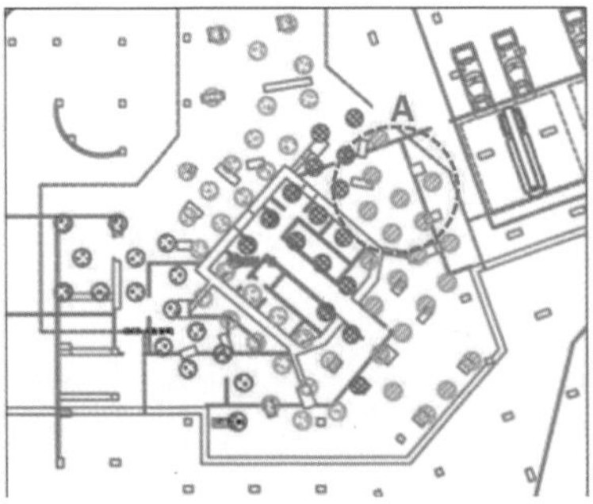

TYPE		설계 하중	수량	근입길이		철근	허용 지지력
				개당	전체		
●	T1	3,000tf	20	4	80	1) Main bar : 20@HD32 2) Tie bar : D19@150	3,546T
●	T2	3,000tf	16	6	96		3,847T
●	T3	3,000tf	30	12	360		4,707T
●	T4	3,000tf	16	17	112		3,546T
합계			82				

[그림2] RCD 파일 평면도

RCD 파일 중 가장 작은 것은 4m, A 부분은 극경암층으로 4m를 굴착해야 하는 경우도 발생했다. 굴착공사 시 Mat 기초 시공을 위해서 Final level까지 굴착하는 과정에서 극경암층의 조기출현은 시공팀을 힘들게 했다.

RCD Pile은 [그림3]과 같이 Tower A 구간에 적용되었다(Tower B 구간의 경우, 지내력 기초).

RCD Pile은 기반암에 최소 1D(2m) 정착이 기준이다. 하지만 실제로 일부 구간에서는 굴착을 진행하면서 연암이 조기 출현했고, 굴착 진행에 상당한 시간이 필요했다([그림1], [그림2]의 A). RCD 장비를 24시간 가동했지만, 극경암층은 10cm 이상 굴착하지 못할 때가 빈번했다. 경암 자체의 강도가 높아 굴착 속도가 느렸다. 또한, 경암의 높은 강도로 인해 RCD Bit의 마모가 심했다. 지속적인 Bit 교체를 위해서는 [그림5]처럼 장비 가동을 중단하고 장비를 해체해야 했다. 진동소음에 의한 민원도 문제였다. 정말 힘든 상황이었다. 그렇다고 경암층에 RCD 정착 기준(1D, 2m)를 미달한 채 시공할 수는 없었다. 구조물의 부등(不等)침하가 발생할 수 있기 때문이다.

[그림3] RCD 공법 적용 전경

RCD 장비는 오실레이터를 이용해 선굴착된 풍화암층에 정착된 Casing에 설치된다. 슬러리월은 굴착공에 벤토나이트를 넣어 굴착면의 붕괴를 예방하는 반면, RCD 공법은 풍화암에 정착된 Casing이 풍화토 구간의 굴착면 붕괴를 예방하기 때문에 벤토나이트를 사용하지 않고, 청수(淸水)가 사용된다.

[그림4] 굴착 중 시료 확인

굴착을 진행하다 보면 지반의 층 변화를 느낄 수 있다. 굴착 속도가 확연히 차이가 난다. 퇴적층 ⇒ 풍화층 ⇒ 연암 ⇒ 경암… 차이가 발생할 때 Desander에서 시료를 채취하여 확인해야 한다. 샘플링된 시료의 레벨을 파악하여 지반조사 시 샘플과 비교하며 추정 굴착지반과 실제 굴착 현황을 비교할 수 있다.

굴착을 진행하면서 [그림4]와 같이 암석 판정을 해야 한다. 이는 Desander에서 채취된 시료를 통해 확인한다. 풍화암, 연암, 경암의 지반 레벨을 체크하며 RCD 파일이 연암, 경암층에 정착되는지 확인할 수 있다. 만약, 지반조사에서 추정한 연암레발까지 굴착했어도 연암층이 나타나지 않을 경우가 발생한다. **이때는 포기하지 말고 반드시 목표로 하는 연암층이 나타날때까지 굴착해야 한다.** 지반조사는 어디까지나 샘플링이다. 굴착 시간이 증가한다고 해서 목표 암반까지 굴착하지 않고 넘어가는 일이 없도록 건축기사는 눈을 부릅뜨고 모니터링해야 한다.

[그림5] RCD Drill Bit

RCD Drill Bit를 교체하기 위해서는 **'장비가동 중단 => Drill Rod Pipe 해체 => Drill Bit교체 => RCD 재설치'** 과정이 필요하다. 이에 2~3일 동안은 굴착공사를 중지해야한다. 잦은 교체는 공사기간 증가와 부품교체 비용이 소요되기 때문에 연암/경암의 조기출현은 반갑지 않은 일이다.

▶ 건축기사의 생각

RCD 파일 두부 정리 라인 마킹 중

PRD, CIP, SCW … RCD(Reverse Circulation Drill) 현장타설 말뚝 중 RCD 파일공사는 대구경파일로 직경이 2m 전후로 시공되는 대구경 말뚝이기 때문에 건축공사보다는 토목공사 교량 시공에 주로 적용된다. 사진에서와 같이 굴착공사가 완료되면 RCD 파일의 거대함에 놀랄 수밖에 없다. 거대한 에일리언 알들이 땅속에서 솟아나는 것처럼….

RCD 파일 공사를 관리하는 내내 RCD 공사 협력업체 관계자는 필자를 당연히 토목 전공자로 생각했었고, 건축기사라는 것을 공사 끝무렵에나 알았던 에피소드가 있었다.

10년, 20년이 지나 RCD 파일 시공을 경험할 기회가 다시 온다면 조금 더 향상된 관리기법으로 공사관리, 공정관리, 원가관리를 해보고자 열심히 공부했고, 기록했다.

RCD(Reverse Circulation Dill) Pile,
어떻게 시공되는 거죠?

RCD 파일은 대구경파일로 현장에서 굴착, 철근조립 삽입, 콘크리트 타설이 이루어지기 때문에 '현장 관리'가 중요하다. 현장에 적용된 파일은 직경(D) 2m, 파일 간격 4m(2D), 기반암(연암, 경암) 정착(1D)으로 설계되었다. 초기 선(先)굴착 과정에서 오실레이터를 이용하여 Casing을 풍화암에 정착시킨다. 이때 풍화암은 굴착 중 초기에 출현한 약(弱) 풍화암이 아닌 연암층에 가까운 강(强) 풍화암에 정착시켜야 RCD장비의 시공 하중을 지반으로 전달시킬 수 있다.

따라서 강(强) 풍화암에 정착시키지 못하면 RCD 본체는 침하되기 때문에 유의해야 한다. 선(先) 굴착은 RCD 파일의 수직도 확보를 위한 Guideline 설정 개념으로 이해하면 된다. 슬러리월 시공 시 Guide Wall을 시공하고, Hang Grab 장비를 이용하여 선굴착 하는 것과 유사한 개념이다.

슬러리월에 이어 RCD 파일 공사를 관리하면서 비슷하면서도 다른, 다르면서 비슷한 부분에 대해 포괄적으로 공부했다.

구 분	RCD Pile	Slurry Wall
목 적	파일, 지정, 하중 전달	흙막이, 차수(遮水), 지하외벽
크 기	직경(D) 2m	Thk 0.8m, Wide 6.8m~2.6m
표층보호/Guide	Casing	Guide Wall
선(先)굴착	Hammer Grab + Oscillator	Hang Grab
본(本)굴착	RCD 본체	Hydrofraise
굴착면 보호	청수(淸水)	벤토나이트용액
정 착	기반암 2m(1D)	기반암 2m
Con'c 타설	Tremie pipe 1EA	Tremie pipe 2EA

RCD vs Slurry Wall 비교(현장 적용 기준)

1) 가설바닥 Con'c타설
2) 측량 + 바닥 커팅
3) 선굴착
4) 슬라임 제거
5) RCD 본굴착
6) Koden test 등 + 7) 철근망
8) Con'c타설 + 9) Backfill
10) Toe grouting
11) 두부정리

RCD Pile 시공순서

1) 가설바닥 콘크리트 타설

Slurry Wall Topping Con'c 철거

슬러리월, RCD 파일 공사를 위한 가설바닥 콘크리트는 본공사를 위해 임시적으로 시공된다. 본공사가 종료되면 철거된다.

슬러리월 공사와 마찬가지로 본공사를 위해 임시적으로 시공된다. 콘크리트 타설, 본공사 후 철거, 폐기물 처리까지 해야 하기 때문에 시간과 비용이 수반된다. 이러한 이유로 가설바닥 콘크리트를 타설해야 하느냐, 마느냐 고민을 하게 된다. **정답은 '타설해야 한다.'이다.** 큰 그림을 그려보라. 전체적인 관점에서 본다면 장마철, 우천 시 공사 중 안전관리, 공정관리 측면에서도 유리하다. 만약 가설바닥 콘크리트를 타설하지 않는다면 우천 시 습윤해진 표층이 완전 건조될 때까지 4~5일 이상이 소요된다. 또한, RCD 가동 중 청수의 공급과 슬러지 반출, Desanding 과정이 반복되기 때문에 바닥은 항상 습윤한 상태가 유지될 수 밖에 없다. 가설바닥 콘크리트를 타설하지 않는다면 토사와 물이 뒤범벅이 되기 때문에 바닷가의 펄처럼 질퍽한 상태가 된다.

중장비의 전도 사고 등 안전성에 심각한 문제가 발생되고, 공사중단이 지속적으로 발생될 수 있다. 본공사에 투입되는 RCD 장비, 서비스 장비들의 하중은 50톤, 100톤을 훌쩍 넘긴다. Silo, Power Pack, Hammer Grab, Crane 등.

소 잃고 외양간 고치기 싫다면 반드시 가설 바닥용 콘크리트를 타설해야 한다.

2) 측량 및 가설바닥 커팅

RCD 파일이 시공될 위치를 광파기 또는 GPS를 이용하여 측량한다. (광피기 오차 1mm 내외, GPS 오차 10mm 이상) 굴착 시 발생하는 오차, 철근망 삽입 및 콘크리트 타설 시 발생하는 오차 등 전체적인 관점에서 본다면 광파기를 사용하는 게 좋다. GPS는 추후 확인 작업으로는 유용하다. 파일 간격은 2D.

3) 선굴착, Casing 삽입(Oscillator+ Hammer Grab)

RCD 본장비를 세팅하기 전, 필수작업이다. 슬러리월공사의 경우, 가이드월 표층 하부 GL-4~6m까지 선(先) 굴착을 진행해야 슬러리월 굴착기(Hydrofraise)로 본(本) 굴착이 가능하다.

RCD 공사에서도 선(先) 굴착을 진행하는데 Oscillator와 Hammer Grab을 이용하여 퇴적토, 풍화토, 약(弱) 풍화암을 제거한다. Casing은 강(强) 풍화암에 정착돼야 RCD 장비의 침하, 전도가 발생하지 않는다. RCD 자중은 23Ton이지만, ROD 상승력 100Ton, Bit 하강력이 70Ton에 이르기 때문에 장비 가동 시 반발력이 높다. 따라서 약(弱) 풍화암층에 Casing을 정착한다면 장비침하의 위험성이 높다.

장비침하 시 RCD 본체 해체, 선굴착부터 다시 해야 하는 사태가 발생된다. Casing이 강(强) 풍화암층에 정착되기 위해서는 충분한 Casing 필요하다.

땅속 일은 모르기 때문에 지반조사 결과(풍화토, 풍화암 레벨)만을 맹신하지 말고 충분한 Casing 자재를 확보하여 만일의 경우를 대비해야 한다. (Casing 자재가 부족해서 공사가 중단되는 경우 예방)

Slurry Wall, 'Guide Wall + Hang Grab' 굴착

RCD 파일 공정 중 'Casing + Oscillator + Hammer Grab'의 선굴착은 슬러리월 공사 시 'Guide Wall + Hang Grab' 작업과 동일한 개념이다.

4) 슬라임 제거

선굴착 진행 중에 퇴적층, 풍화토 부분은 Hammer Grab의 자중으로 내려찍으며 굴착된다. 표층부 토사, Hammer Grab 작업에 의해 파괴된 약(弱) 풍화암은 굴착저면으로 탈락 후 지하수와 혼합되어 슬라임이 된다. Casing이 풍화암층에 정착되고 RCD 본체를 시공하기 전에 슬라임을 2차적으로 제거한다.

추후에 RCD 본체에 의한 Desanding과는 별도의 공종이다.

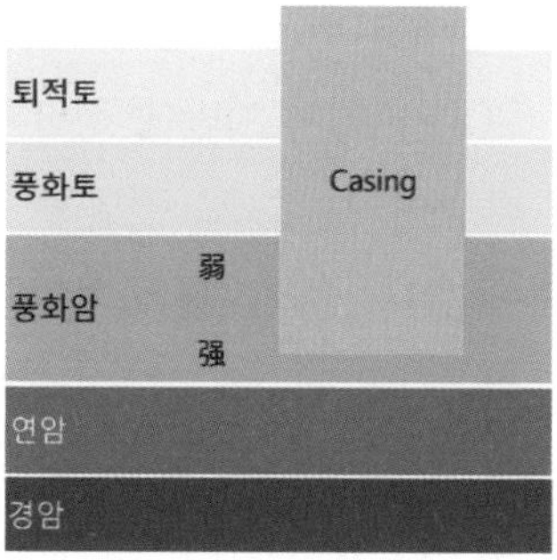

5) RCD 본굴착

Casing에 RCD 본체를 세팅한다. RCD 본체 자중과 굴착 시 ROD 하중은 Casing을 통해 풍화암층으로 전달된다. Drill Bit는 기반암을 4m까지 갈아내면서 굴착한다.

경암층의 경우 10mm/h 굴착이 되기도 했다. 슬러리월 굴착 시와 동일하게 기반암 굴착이 진행되면 Bit 부분의 마모가 크기 때문에 주기적으로 교체가 필요하다.

RCD 공법 적용 시에는 Casing이 강(强) 풍화암에 정착되기 때문에 Casing이 퇴적토, 풍화토, 약(弱) 풍화암의 붕괴를 예방한다. 따라서 슬러리월 시 공시에는 굴착면 붕괴를 예방하기 위해 안정액(벤토나이트용액)을 사용하지만 RCD 파일 공사에는 안정액 없이 지하수만 사용된다.

RCD Bit

6) Koden test + Desanding

굴착이 완료되면 굴착저면의 슬러지와 굴착 시 파쇄된 암 조각들을 제거해야 한다. 슬러리월 시공 시 굴착토사와 안정액이 믹싱되어 슬러지가 많이 발생하는 데 반해 RCD 공사 시에는 청수(淸水)가 사용되기 때문에 슬러지 발생은 많지 않다.

파쇄된 암 조각들을 깨끗이 제거하여 RCD 파일이 지반에 정착되어 건축물의 하중이 지반으로 전달될 수 있도록 해야 한다. 슬러리월 굴착면의 수직도 확인 시 Koden test를 하는 것과 동일하게 RCD 천공면에도 수직도를 확인한다.

7) 철근망 조립/삽입

철근망은 조립장에서 선시공된다. 슬러리월 철근시공과 같이 굴착 진행보다 5개 정도의 철근망이 미리 시공되어 있어야 한다. RCD 파일 정착 기준은 기반암이다. 따라서 기반암의 출현 레벨에 따라 굴착 깊이가 천차만별이다. 예를 들어 지반조사를 근거로 RCD 파일은 20m로 설계, 철근을 시공했다고 하자. 실제 굴착을 진행, 기반암 레벨을 근거로 한 RCD 파일 길이가 23m라고 한다면 철근 Cage 길이가 짧아 파일 시공이 중단되는 경우가 발생한다. 이를 방지하기 위해 다양한 길이의 철근 Cage 5~6개를 선시공 해놓고 각각의 굴착 깊이에 맞게 선택해서 시공하면 된다. 4m로 설계된 RCD 파일의 경우, 철근 중량이 적기 때문에 콘크리트 타설 시 철근 Cage 부상(浮上, Uplift) 가능성이 크다. 이를 예방하기 위해 부상 방지 철근을 시공해야 한다.

RCD 철근Cage

Toe grouting pipe와 부상 방지 철근이 시공되어 있다.

8) Con'c 타설

굴착 깊이가 10m 이하일 경우 철근망이 부상할 가능성이 크기 때문에 Tremie Pipe로 부상 방지 철근을 누르며 타설 속도를 조절하면서 콘크리트를 주입한다. 슬러리월 공사 시 Tremie Pipe 타설공법과 동일하게 진행된다. 콘크리트 타설이 진행되면서 Tremie pipe를 하나씩 제거한다. RCD 파일 공사의 경우 풍화암층에 정착된 Casing을 인발해야 하는데 풍화토, 퇴적토의 굴착면이 붕괴되지 않도록 인발 속도를 조절해야 한다. 인발 속도 관리에 실패하면 풍화토, 퇴적토가 붕괴되어 콘크리트와 혼합될 수 있기 때문이다.

9) Backfill

콘크리트 타설 후 굴착면이 붕괴되지 않기 위해서 Backfill을 실시한다. 슬러리월 공사 시와 마찬가지로 Backfill을 해야 하는데, 그 목적이 무엇인지 궁금해하는 이들이 많다. 목적은 다음과 같다.

첫째, 콘크리트 타설 후 퇴적층, 풍화토층 굴착면 붕괴 예방이다.

둘째, RCD 파일 공사 연속성의 지속이다. 바닥에 직경 2m로 천공된 수십 개의 홀이 4m 간격으로 방치된다면 장비 이동이 제한되어 파일공사를 연속적

슬러리월 Backfill

Slurry Wall, RCD 파일공사 시 동일하게 Backfill이 필요하다.

으로 진행할 수 없다.

셋째, 추락사고 예방이다. 지표부터 타설된 파일 두부까지는 20m가량 된다. 굴착된 직경 2m, 깊이 20m의 홀이 방치되면 작업자와 장비의 이동 시 추락사고가 발생할 수 있기 때문에 Backfill이 필요하다.

10) Toe Grouting

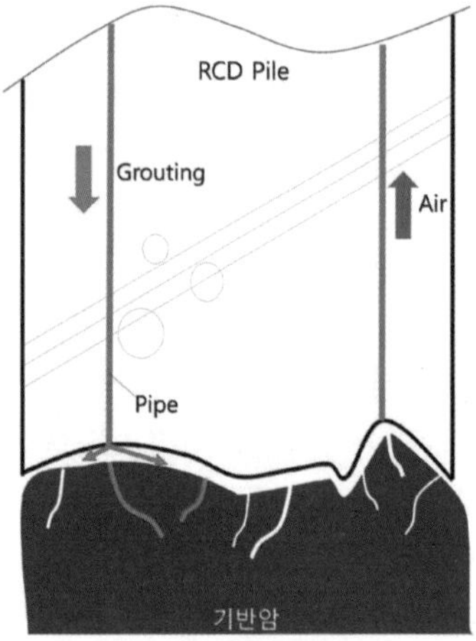

선단 지지력을 증대시키기 위해 실시한다. RCD 본체 굴착 시 Bit의 진동에 의해 지지되는 암반층은 이완, 강도가 약화되고, 슬라임이 잔류하고 있을 가능성이 크다.

또한, 암반의 특성상 틈새가 존재하기 때문에 Toe Grouting을 통해 약화된 암반층을 보강하여 추후 건축물의 하중이 지반으로 전달되는 데 문제가 없도록 해야 한다.

11) 두부(頭部) 정리

Mat 기초와 Pile의 일체성과 두부의 강도 확보를 위해 실시한다.

Tremie Pipe 통해 타설되는 콘크리트 상부는 슬러지와 혼입되기 때문에 두부의 콘크리트는 설계 기준 강도보다 낮게 된다. 따라서 타설 시 이를 감안해서 계획 TOC(Top Of Con'c)보다 1m 내외로 높게 타설하는데, 추후 굴착공사 시 두부 정리를 통해 제거한다.

Mat 기초 하단 레벨 및 Lean Con' 타설을 감안하여 레벨을 정하고 커팅, 제거한다.

두부(頭部)정리

Level Checking + Marking + 피복 Cutting이 선행되어야 한다

▶ 건축기사의 생각

RCD관리일지

강투현기사

#	Type	Level			풍화암		연 암				先굴착			本굴착					철근 및 Con'c		
		Plate	가설바닥	Casing(上)	시공 예상	시 공	시공 예상(上)	시 공	시공 예상(下)	시 공	시작일	종료일	Casing 구성	시작일	완료일	RCD	굴착(가설)	굴착량(m3)	완료일	철근길이	Con'c량(m3)
1	T4-H17-16	-2.6	-6.2	-3.633	-17.78		-32.9	-30.54		-33.74	08.11.21	08.11.21	6.5+6+4+4+2	08.11.22	08.11.25	1호기	29.8 M	93.58	08.11.27	18.5	54
2	T3-H12-06	-3	-6.083	-5.005	-16.9	-17	-31.25				08.11.22	08.11.23	6.9+6+1=13.9	08.11.24	08.11.28	2호기	27.54 M	86.48	08.12.01	14.93	39
3	T4-H17-07	-3.9	-6.136	-4.856	-17.29	-23	-35.03	-35.13	-37.13	-37.13	08.11.25	08.11.26	6+6+4+2+2=20	08.11.27	08.11.29	1호기	31.256 M	98.2	08.12.01	18.64	60
4	T3-H12-10	-2.6	-6.1		-16.9	-17	-24	-27.5		-29.5	08.11.29	08.11.29	6+6=2	08.11.30	08.12.03	2호기	23.3 M	73.2	08.12.03	10.56	
5	T4-H17-08	-1.9		-4.856	-17.43		-34.41				08.11.29	08.12.04	6.5+6+4+2+2=20.	08.12.04	08.12.08	1호기					
6	T4-H17-15	-3.8	-6.086		-17.81	-28.09	-32.79	-34.3	-34.79	-36.3	08.12.02	08.12.03	6+6+4+2+2+2+2	08.12.04	08.12.05	1호기			08.12.05	17.6	
7	T3-H12-01	-3	-6.06		-17	-17	-30.34	-30.01	-32.34	-32.66	08.12.02	08.12.03	6+6+2+2+	08.12.03	08.12.05	2호기			08.12.06	13.81	41
8	T2-H06-04	-2.5	-6.15		-14.49		-21.32	-20	-22.32		08.12.05	08.12.06	6.9+6=12.9	08.12.06		2호기					
9	T4-H17-06										08.12.04	08.12.05	6+6+4+3=19			2호기					
10	T3-H12-14										08.12.05	08.12.06	6.5+6+2=14.5			1호기					
11	T4-H17-02										08.12.09	08.12.10				2호기					
12	T3-H12-19	-2.7	-6.108	-3.65		-12.6	-24.568		-26.868		08.12.10	08.12..11	6+6			1호기					
13	T4-H17-12										08.12.11	08.12.12				2호기					
14	T3-H12-05										08.12.12										
15	T4-H17-12										08.12.13	08.12.14									
16	T3-H12-05										08.12.05										
17	T3-H12-18										08.12.16										

RCD 관리 일지

건축기사로서 RCD 파일을 시공관리를 하면서 굴착설계심도, 실제 시공 레벨 등을 꼼꼼히 기록하면서 관리했다. 추후에 문제 발생 시 원인 분석을 할 수 있고, RCD 1개소가 시공되는 데 소요되는 기간을 예측할 수 있어 전체적인 공정관리에도 많은 도움이 된다.

RCD 파일 공사 중 토우그라우팅(Toe Grouting)이란 공종이 있었다. 의미가 궁금했다. 그라우팅을 하면 암반의 틈새 부분을 채워 넣는(맥상 주입) 형상이 발가락을 닮았다고 해서 그렇게 붙여진 게 아닐까 하는 생각이 들었다.

건축기사로서 RCD 파일공사를 책임관리한다는 것은 필자에게 정말 좋은 기회였다. 여러 선배님은 엔지니어로서 정말 특별한 기회이기 때문에 열심히 하라고 독려해 주었다. 정말 좋은 기회인 것은 맞지만, 누구한테 물어볼 사람이 없었다. 또 '맨땅에 헤딩'이 시작되었고, 현장에서 직접 경험하며 이것저것 파고들기 시작했다. **힘들었지만 행복했다.**

RCD는 전석층을 만나려 하지 않았지만…

RCD 본장비의 하중은 케이싱을 거쳐 풍화암으로 전달된다. Casing과 RCD 장비 가동 시의 하중을 지탱할 수 있기 위해서는 풍화암층에서도 강도가 높은 강(强) 풍화암대에 케이싱을 정착시켜야 한다.

80여 개의 파일공사 중 유일하게 한 개소에서 이상한 조짐이 보였다. 굴착 속도가 급속히 낮아졌고, 기반암층을 굴착할 때와 같은 상황이었다. 기반암이 일찍 출현한 것인가? 지반조사보다 15m 이상 조기 출현? 이렇게 일찍 출현할 수도 있나? 파일끼리의 간격은 4m. 주변에 이미 시공된 파일 데이터를 근거로 했을 때도 4m 간격으로 지반층이 완전히 바뀔 수 없기 때문에 기반암은 아닐 것으로 조심스럽게 추정했다. 기반암이 아니라면?

전석층일 것이다.

기반암이 아닌 전석층으로 추정하기 시작했다. 강(强) 풍화암층에까지 도달해야 RCD 본체를 설치할 수 있다. 하지만 Casing과 Oscillator로는 전석층을 관통할 수 없다. RCD 본체만이 전석층을 관통할 수 있다. 중요한 것은 전석층을 뚫은 다음이다. RCD 본체는 강(强) 풍화암에 정착된 Casing에 정착돼야 침하하지 않는데, 전석층은 연약층 중간에 있다. 결국, 전석층을 뚫자마자 RCD 본체가 침하된다는 결론이다. 진퇴양난이다.

전석층은 뚫어야 하는데 뚫으면 장비가 침하된다…. 설계된 파일 한 개를 삭제하지 않는 한 무조건 전석층을 뚫어야 한다. CM, 구조전문가의 의견을 듣기로 했다. 결론은 무조건 전석층을 뚫고 파일을 설치해야 한다는 것.

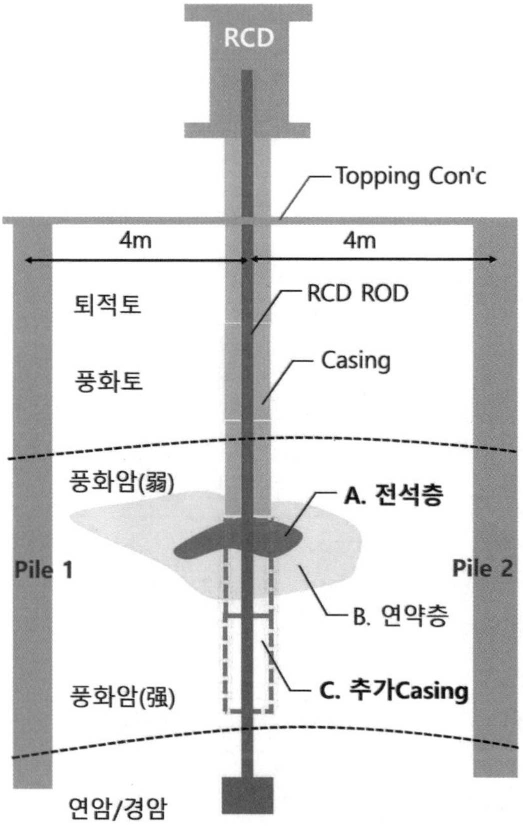

[그림1] 전석층의 굴착

Casing이 전석층에 도착했을 때 연암 출현으로 착각할 수 있다. 주변 파일 굴착 데이터와 지반조사 자료를 함께 분석해 보면 전석층인지 기반암의 조기 출현인지 판단할 수 있다. 전석층을 패싱한 다음 연약층이기 때문에 RCD 장비는 침하될 수밖에 없다.

연약층을 지나면 강(强) 풍화암층에 도달할 때까지 Casing을 추가적으로 시공해야 한다.

그림에서는 추가 Casing이 2EA이지만, 실제 시공 시 추가는 5EA 이상. 땅속 일은 어떻게 될지 모르기 때문에 Casing 자재는 미리 충분하게 준비해 둬야 한다.

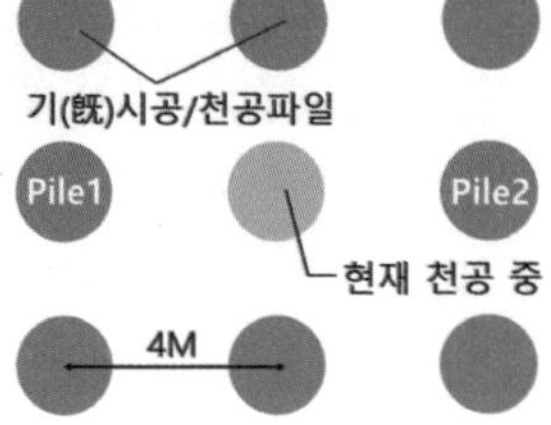

[그림2] 천공 중 파일의 주변 파일들

지반조사 자료와 기 천공된 파일의 데이터를 분석해 보면 현재 천공되고 있는 지반의 상태를 추정할 수 있다.

[그림1]에서와 같이 Oscillator를 이용하여 Casing을 약(弱) 풍화암층의 전석층에 정착하고 RCD 본체를 설치하였다. 기반암층이 아닌 전석층이라고 확신한 이유는 파일 간격은 4m로

이 간격으로는 주변 파일들의 지반과 현재 천공 중인 지반이 급격히 변화될 수는 없다. 이미 시공된 주변 파일, 천공된 지반 데이터, 지반조사 데이터를 분석해 보면 된다(그림2).

[그림1,3]과 같이 RCD가 전석층(A)을 뚫고 풍화암층을 관통하는 시점에, 케이싱은 연약층(B) 부분에서 침하되기 시작했다. RCD 본체 중량 23Ton, RCD Bit 하강력 70Ton, ROD 상승력 100Ton임을 감안할 때 풍화암 강(强)층에 Casing이 정착되지 않았기 때문에 RCD는 예상했던 대로 침하되었다. 당연한 결과다. 이에 대한 대책으로 RCD 본체를 이용해 전석층 관통 후에는 RCD 본체를 다시 해체하고 Oscillator를 이용, Casing을 추가적으로 삽입하여 강(强) 풍화암층에 정착시켰다. RCD 파일 1개를 선굴착, 본굴착 과정을 처음부터 다시 시작하는 개념이다. 결과는 OK!

[그림3] RCD본체 침하

예상대로 RCD 본체는 전석층 관통 후 침하하기 시작했다. Casing이 강(强) 풍화암에 정착되기 위한 불가피한 조치였다. 이러한 판단은 결국 옳았다.

이 문제의 파일을 정상적으로 처리하기 위해서는 RCD 본체를 대기시켜야 했다. 이는 다른 위치의 파일 천공도 할 수 없게 되어 공정관리 측면에서 많은 손실을 초래했다. 전석층 발견, 원인 분석 및 대안 준비, RCD 본체 설치/해체 등 모든 과정에서 15일. 이미 예정 위치 파일 시공이 미루어진 것과 미투입까지 고려한다면 20일이 소요됐다. 정상적 과정보다 5배나 증간된 시간이었다. 예상을 한 대처였지만, 추가 공사 기간은 불가피하게 발생됐다.

만약 기반암이 아닌 전석층에 RCD 파일을 정착시켰다면?

기술자의 양심을 버릴 수는 없지 않은가….

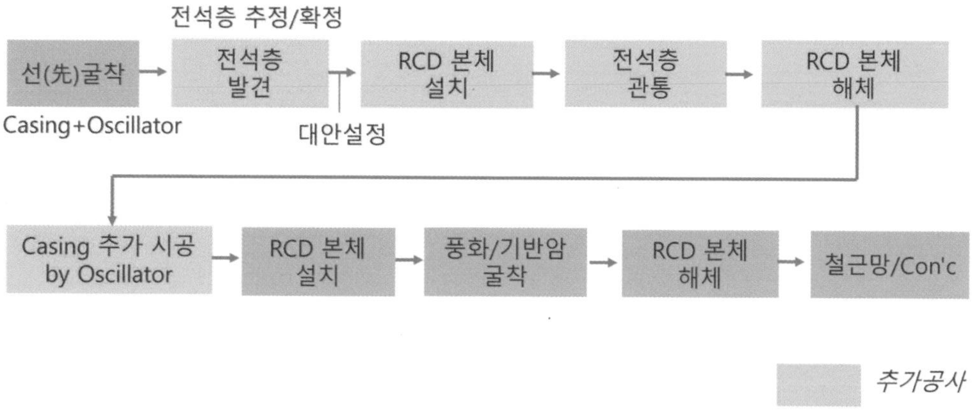

RCD, 전석층을 만났을 때

▶ 건축기사의 생각

'땅속은 정말 모른다'. 지반조사를 했어도 대지의 샘플링에 의한 분석이기 때문에 본시공 때는 지반조사와는 다른 결과가 나오는 게 다반사다. 슬러리월 시공 시에도 예상과 다르게 연암층이 조기 출현했고, Earth Anchor 시공 시에는 피압수층을 만나 물 폭탄을 맞았었다. 건설현장에서는 항상 어려운, 급박한 상황이 갑자기 터진다. 당연히 예상치 못한 상황이다.

특히, 토공사 시 지반공사는 추정한 상태(지반조사)로 설계하고 시공하는 것이기에 추정과 현실과의 거리는 클 수밖에 없다.

문제는 그러한 상황에 맞닥뜨렸을 때 '어떻게 대처하느냐'이다.

쉬쉬하고 넘어가거나 임시적 땜방 처리를 하면 순간의 상황을 회피할 수 있겠지…. 하지만 근본적 원인을 제거하지 않았기에 추후 반드시 문제가 발생한다. 이런 상황에서 고민할 필요는 없다.

기술자로서 가슴에 손을 얹고 생각해 보자. **'나는 기술자인가, 사기꾼인가?'**

건축기사로 근무하면서 정말 좋은 선배들을 만났다. 어려운 상황을 헤쳐 나가는 방법을 제대로 배우고 있어 좋다.

가설바닥 Topping Con'c
꼭 타설해야 해? 소 잃고 외양간 고칠래?

"어차피 철거해서 폐기물 처리해야 하는데 돈 들여가면서 꼭 타설해야 해?"

RCD 파일 공사, 슬러리월 공사를 진행하면서 누구나 고민해 봤을 사항이다. 가설바닥 콘크리트 타설에 소요되는 자재비, 인건비 등의 비용보다 본시공 완료 후 철거하여 폐기물 처리하는 비용이 더 클 수도 있다.

이렇게까지 하면서 꼭 타설해야 하는 이유는 무엇일까?

첫째, 안전사고 예방이다.

퇴적토, 풍화토 지표 위를 100Ton이 넘는 장비가 이동, 양중 시 장비의 전도사고가 발생할 수 있다. 선굴착, 본굴착을 진행하면서 슬러지가 필연적으로 발생하면서 지표가 교란된다. 더욱이 우천 시에 공사장 바닥이 모내기할 수 있을 정도로 표층이 수분을 함유하고 있어 장비의 이동 시 전도될 위험성이 매우 크다.

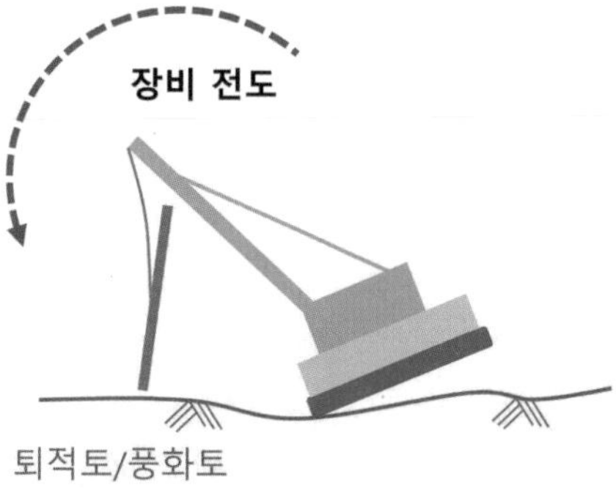

[Topping Con'c 없을 시]

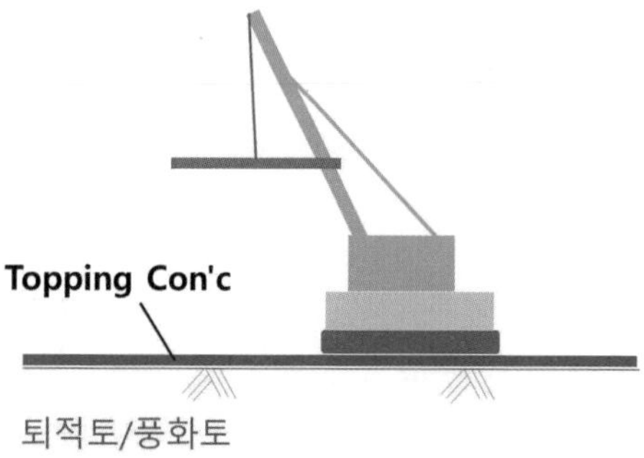

[Topping Con'c 시공 시]

둘째, 공사 기간 지연의 예방이다.

비 온 직후에도 본장비 가동이 가능하며 이동식 크레인을 이용한 양중도 가능하다. Topping Con'c 표면의 슬러지는 제거하기도 쉽고, 주기적으로 제거하기 때문에 항상 청결하게 유지된다. 만약 Topping Con'c 타설 없이 공사를 진행한다면 비 온 후, 장마철의 경우, 공사 자체가 불가능하다.

공사 중에 발생한 슬러지와 비가 뒤범벅되면서 공사장 전체가 서해안의 펄처럼 질퍽해진다. 근로자들의 작업 자체가 불가능하다. 수분이 함유된 표층을 걷어내고 자갈층 포장작업을 하면 된다고 생각했다면 그건 정말 큰 착각이다. 토사와 뒤범벅된 슬러지를 매번 제거해 보면 아마 지하 1개 층 깊이까지는 굴찰될 것이다. 슬러지 폐기 처리 비용, 자갈 포설 비용, 그에 따른 장비 이용. 공사는 중단되고. 전도사고까지 발생된다면? 이 무슨 짓인가.

또한, 가공장 및 야적장은 Topping Con'c가 시공되어 있어야 한다. 굴착 진행보다 5개소의 철근 케이지는 미리 시공되어 있어야 공정관리에 문제가 발생하지 않는다. 이를 위해서는 Topping Con'c 타설된 철근 케이지 야적장이 필요하다. 슬러지와 뒤범벅된 철근 케이지로 인해 공사가 중단된다면 어떻게 될까? 굴착공이 방치될 것이고, 굴착면이 연약화되어 붕괴된다. 이를 제거하기 위해 Desanding 작업을 추가해야 하고, RCD장비를 다시 설치해야 하고…. 악순환의 연속이다.

가설바닥인 Topping con'c를 타설해도 발생하는 슬러지를 제거하고 청소를 해야 한다. 장마철 습윤 상태에서도 슬러지를 제거하면 바닥이 장비 이동, 장비 가동에 문제가 없다. 건축물의 품질 확보를 위해서 공사 기간은 매우 중요한 요소 중 하나다. 공사 기간이 촉박하면 품질 확보는커녕 다음 공종을 투입하고 끝내기 위해 허둥지둥하기 일쑤다. 이러한 면에서 가설 바닥 Topping Con'c 타설은 우천 시, 장마철에도 공사를 진행할 수 있다는 것은 굉장한 장점이다. **공사 기간 '30일, 한 달'을 버리겠는가? 생각해 보시라!**

큰 그림을 그려보자. 넓게, 멀리, 깊이 생각해야 한다.

[RCD 선굴착 + 본굴착 + 철근시공]

[슬러리월 철근망 양중]

[슬러리월 굴착, Hydrofraise]

셋째, 굴착공의 수직도 확보이다.

RCD 파일 공사의 경우 선굴착 시 오실레이터를 가동하는데, 오실레이터의 유동으로 인해 수직도 확보가 어렵다. 초기에 굴착되는 선굴착은 본굴착을 위한 가이드 역할이다. 선굴착 자체가 수직도 잘못됐다면 RCD 본굴착 중에는 수직도 오차는 더욱 커지게 될 것이다.

[RCD 측량 + 포인트 마킹]

[先굴착, Oscillator + hammer grab]

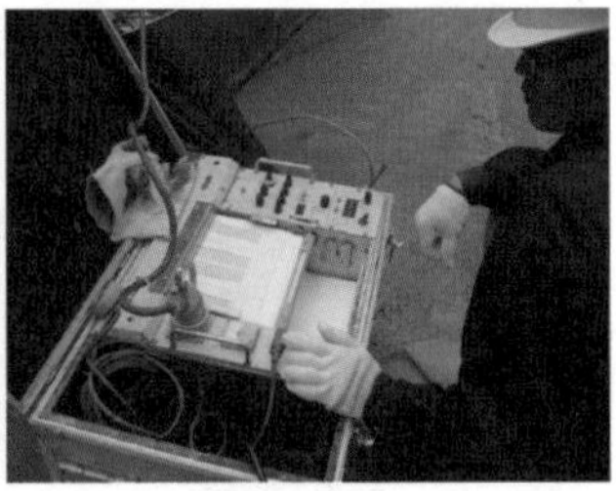

[Koden Test]

넷째, 시공성 확보이다.

RCD 파일, 슬러리월 시공 시 철근망 시공은 현장에서 이루어진다. Topping Con'c 타설하지 않은 채 토사 위에서 철근망을 시공한다고 생각해 보자. 빗물과 토사, 슬러지가 뒤범벅된 바닥에서 철근을 시공한다는 것은 인천 앞바다의 펄 위에서 철근을 시공하는 것과 같다. 철근 시공이 될까? 아마 철근 작업자들은 손을 놔버릴 것이다.

또한, 조립된 철근망을 양중, 굴착공에 정확히 위치시키기 위해서도 반드시 Topping Con'c는 필요하다.

RCD	Slurry wall
RCD 본체: 23Ton x 3대, Oscillator: 17Ton x 2대	Hydrofraise: 43Ton x 2대
RCD Bit 하강력: 70Ton, ROD상승력: 100Ton	크롤러 크레인 80~120Ton x 2대
Oscillator 면적: 8.1m x 2.8m x 2.1 m	Silo 40Ton(안정액포함) x 46EA
Oscillator 압력: 176Ton, 토크 262T/m	Powerpack: 14Ton
크롤러 크레인: 80~120Ton x 2대	Desander: 20Ton(토사포함)
Hammer Grab: 9.6Ton	Hang Grab: 13Ton/ Chisel: 9Ton
기타 Silo(5T/EA), Powerpack(14T), Casing	기타 굴착기

[적용 장비 사양]

RCD 파일과 슬러리월 공사 시에 투입되는 장비 목록이다. 투입되는 중장비들의 중량을 보면 입이 떡 벌어질 수밖에 없다. 위 목록의 장비들은 모두가 동시에 가동되기 때문에 전쟁터를 방불케 한다. 개별 장비 자체의 중량이지만, 각 장비가 연결되어 사용되기 때문에 하중은 더욱 증가된다.

가설바닥 Topping Con'c를 타설해도 모자랄 판에 타설하지 않는다면 어떻게 될까?

나에게 묻고, 내가 답하다

Q〉 슬러리월 공사, RCD 파일 공사를 위해 가설바닥 Topping Con'c를 꼭 타설해야 하나요?

A〉

1) 기본적으로 슬러리월 공사를 위한 기계기구 공간인 플랜트 및 철근 가공장, 철근망 야적장은 반드시 타설해야 합니다. 전체 시공 구간의 50%, 플랜트 이동 시 추가적으로 20%, 총 70% 타설이 필요합니다.
2) 그 외 30%는 선행굴착, 본굴착, 철근망 삽입 등 크롤러크레인, Hydrofraise 장비 이동 및 작업 시 전도 예방 및 슬러지 분리 관리를 위해 필요합니다.
3) 슬러리월 시공 시 안정액을 순환하여 Desanding 시켜야 합니다. 2~3회 Desanding 후 발생되는 슬러지는 분리되어 폐기처분됩니다. 이때 지반으로 유입 시 지하수 오염이 될 수 있는데, Topping Con'c로 예방할 수 있습니다.
4) RCD 파일 시공 시에는 안정액을 사용하지 않고 청수를 사용하기 때문에 Plant(Silo, Desander 등) 공간은 필요하지 않지만, Oscillator + Casing을 이용한 선굴착을 진행하는 과정에서 Pile 수직 확보를 위해서 가설바닥 Topping Con'c가 필요합니다. 또한, 철근망 조립공간, 야적공간, 하이드로 크레인 등 중장비를 사용하기에 반드시 필요합니다.
5) 현장의 지반상태를 정확히 파악 후 적용해야 합니다. 매립토층 등 지반이 약한 경우 중장비의 이동, 가동 시 전도될 가능성이 큽니다.

Q〉 PHC 파일 시공 시에는 가설바닥을 타설하지 않고 철판 보강하면 되는데 뭐가 다른가요?

A〉

1) PHC 파일은 공장 제작, 현장 삽입과정으로 진행됩니다. 따라서 플랜트, 철근망 제작, 야적장이 필요 없습니다.
2) RCD 파일, 슬러리월 시공은 굴착/철근망 시공/철근망 보관/철근망 삽입/콘크리트 타설, 전 과정이 현장에서 이루어집니다. 따라서 플랜트(Silo, Desander), 철근망(Primary 7mx20m, Secondary 2.6mx20m) 제작 및 야적이 필요합니다.

Q〉 PRD 파일 시공 시에도 가설바닥을 타설해야 하나요?

A〉

1) PRD 구경과 현장지반 표층 상태에 따라 결정됩니다. 흙막이공법이 슬러리월, 파일이 PRD이면 가설바닥을 타설하면 훨씬 효율적입니다.
2) PRD 공법도 RCD 공법과 유사합니다. 구경이 다르기 때문에 투입되는 장비가 상이할 뿐입니다. 지표층이 연약할 경우에는 장비의 전도사고 발생확률이 높습니다. 장마철에도 공사를 진행하려면 필요합니다.

Q〉 철근망 야적공간은 얼마나 필요하나요?

A〉 슬러리월, RCD, PRD 파일을 시공하기 위해서는 선행굴착 및 본굴착 전에 철근망을 미리 제작 및 검측을 완료해야 합니다. 선행굴착 시 최소 3~4개의 Panel이 준비되어 있어야 합니다. 슬러리월은 Primary 판넬을 전 구간에 걸쳐 우선 시공 후 Secondary 판넬을 시공합니다. 따라서 Primary(7mx20m) 3EA 야적 및 가공장 등에 1,300m^2 이상의 공간이 필요합니다. 이는 현장마다 조건이 다르기 때문에 유동적입니다.

Q〉 장마 등 하절기에는 특이사항이 있나요?

A〉 장마는 6~7월에 오는데요, 7월에 굴착공사를 진행한다면 우천에 의한 현장 바닥이 매우 연약화 됩니다. 현장 바닥이 모내기를 할 수 있을 정도로 질퍽해집니다. 만약 매립폐기물이 함유된 지반일 경우 표층의 교란으로 인해 더욱더 약화될 수 있습니다. 이는 선행굴착 Hang Grab Crane(135Ton) 장비 등, 이동 및 작업 시 전도의 위험성이 매우 커집니다.

▶ 건축기사의 생각

'왜 철거, 폐기해야 할 콘크리트를 임시적으로 타설할까?'라는 의문은 공사를 관리하면서 그 답을 찾을 수 있었다. 가설 바닥 Topping con'c를 타설하지 않고 원가를 절약하겠다고 생각했다면 정말 큰 착각이다. 추후 원가적인 측면에서 큰 손실을 볼 수 있다. 시공성, 안전성, 원가…. 모든 측면에서 손실이다.

공사를 완료한 후에 타 현장 직원들에게, 지인들에게서 질문을 받았다.

"강 기사, 가설바닥 Topping Con'c, 꼭 타설해야 했어?"

한 치의 망설임 없이 대답했다. **"네, 반드시 타설해야 합니다."**

골조공사

골조(骨組)공사

골조는 건축물의 지탱할 수 있는 틀을 의미한다. 사람으로 비유하자면 사람의 몸을 지지할 수 있도록 하는 뼈이다.
사람의 척추가 손상된다면 걸어 다닐 수 없어 누워있어야만 한다. 만약 건축물의 골조가 손상됐다고 하면 건축물도 누워있어야 한다. 즉, 붕괴된다는 것이다.
이처럼 건축물 시공과정에서 골조공사는 중요하다.

골조공사는 크게 아래와 같이 분류된다.
* 철골(S, Steel) 구조: '철골'을 이용하여 구조물의 뼈대를 시공
* 철근콘크리트(RC, Reinforced Concrete) 구조: '철근 + 콘크리트'를 이용하여 뼈대 시공
* 철골철근콘크리트(SRC, Steel Reinforced Concrete) 구조: '철골 + 철근 + 콘크리트'를 이용하여 뼈대 시공

프로젝트는 지하 및 저층부(지하 7층~지상 3층) SRC + RC, 기준층(4층~66층) RC, 고층부(67층~69층) Steel + RC조로 구성되었다. 슬래브는 무량판구조인 Flat Plate Slab가 적용되었다.

4장
골조공사

Flat Plate Slab, 상부철근이 없는데요?

호기심 폭발! 청소는 왜 하는 거지?

알랑가 몰라! 수평이음의 진실을…

Mat, Mass Con'c 버블버블 핫핫!

콘크리트 타설 후, 백화가 발생했어요!

이렇게 하면 습윤양생이지요

치환콘크리트와 강도

방수턱과 단차시공은 이렇게

Construction Joint, 지수(止水)하자!

소성수축균열과 소성침하균열, 도대체 뭐가 다른겨?

철근시공, 나에게 묻고 나에게 답하다

Flat Plate Slab,
상부철근이 없는데요?

[그림1] 강 기사님! 슬래브에 상부 철근이 없어요!

말로만 듣던 Flat Plate Slab! 기준층에 적용되어 첫 슬래브를 시공 중에 전기, 설비, 통신 작업자들이 철근이 누락됐다면서 건축기사인 나에게 철근팀을 고발(?)해 주었다.

Flat Plate Slab는 보(Girder) 없이 슬래브가 하중을 수직부에 직접 전달하는 무량판(無梁板)구조이다. 슬래브가 보 역할까지 해야 하기 때문에 벽식구조, 라멘구조의 슬래브보다 Thk가 높다.

주상복합, 오피스 건축물에 주로 적용되며, 벽식구조 대비 소음과 접하는 면(벽)이 적기 때문에 층간소음 저감 측면에서 유리하다. 이와 유사한 Flat Slab는 기둥과 슬래브 사이에 Drop Panel이 추가된다. [그림1]에서와 같이 Flat Plate Slab에서 중간대(middle strip) 부분의 상부에 철근이 시공되지 않는 부분이 발생된다. 단, 온도철근과 시공철근 등의 비(非)구조 철근은 시공된다. 그 이유는 [그림2]의 BMD를 보면 알 수 있다. Flat Plate Slab는 보(Girder, Beam)가 없기 때문에 Column Strip(주열대)의 상하부, Middle Strip(중간대) 하부에 철근이 집중적으로 시공된다(그림3, 4, 7). 철근은 BM과 SF 등의 내력에 대응하여 설계/시공되기 때문이다.

우리가 생활하는 공간을 생각해 보면 배관 등이 벽체, 기둥 측에 집중되듯이 주열대 부위에는 공간의 위치상 설비, 전기, 소방 등 건축 외 공종의 배관이 집중적으로 시공된다. 즉, Column Head에 집중되기 때문에 철근 손상이 불가피하게 발생된다. 철근 손실을 그대로 방치한다면 Flat Plate Slab의 최대 단점인 Punching Shear가 발생될 수 있다. 따라서 배관 등의 시공으로 인해 철근이 손실된 부분은 구조 검토를 통해 반드시 보강해야 한다(그림8).

Flat Plate Slab의 Middle Strip(중간대) 부분에는 [그림1, 6]처럼 상부철근은 배근되지 않는다. Column Strip(주열대) 철근이 중간대 구간을 패싱하지 않고 끊어졌기 때문에 [그림5]처럼 작업 중, 철근 훼손이 불가피하게 발생된다. 시공성 향상과 철근 훼손 부분의 수정에 소요되는 원가를 고려한다면 추가적인 시공철근 적용을 고려해 봐야 한다.

하부 철근은 기본적으로 모든 구간에 걸쳐 시공되고, Middle Strip(중간대) 하부에 집중적으로 보강된다. 상부 철근은 Column Strip(주열대), Column Head 부분에 집중적으로 시공된다. [그림2] 'A' 부분은 온도 철근과 시공 철근인 비(非)구조 철근이 시공된다. 휨모멘트, 전단력을 고려하면 쉽게 이해할 수 있다.

현장에서 철근을 시공하다 보면 너무 많은, 여러 종류의 철근이 시공되기 때문에 뭐가 뭔지 혼동스러울 때가 많다. 철근 작업자도, 시공사 직원도, 감리도…. 반드시 개념을 이해하고 시공, 관리해야 철근 시공의 누락과 오류를 찾아낼 수 있다.

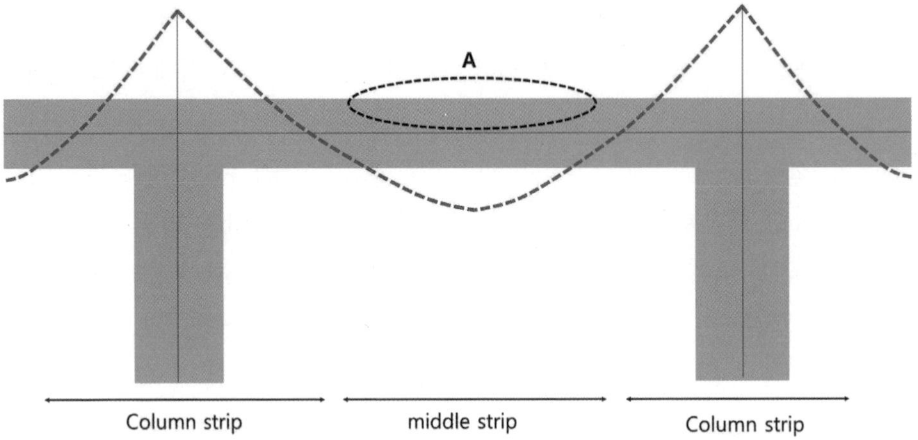

[그림2] Flat Plate Slab, Bending Moment Diagram

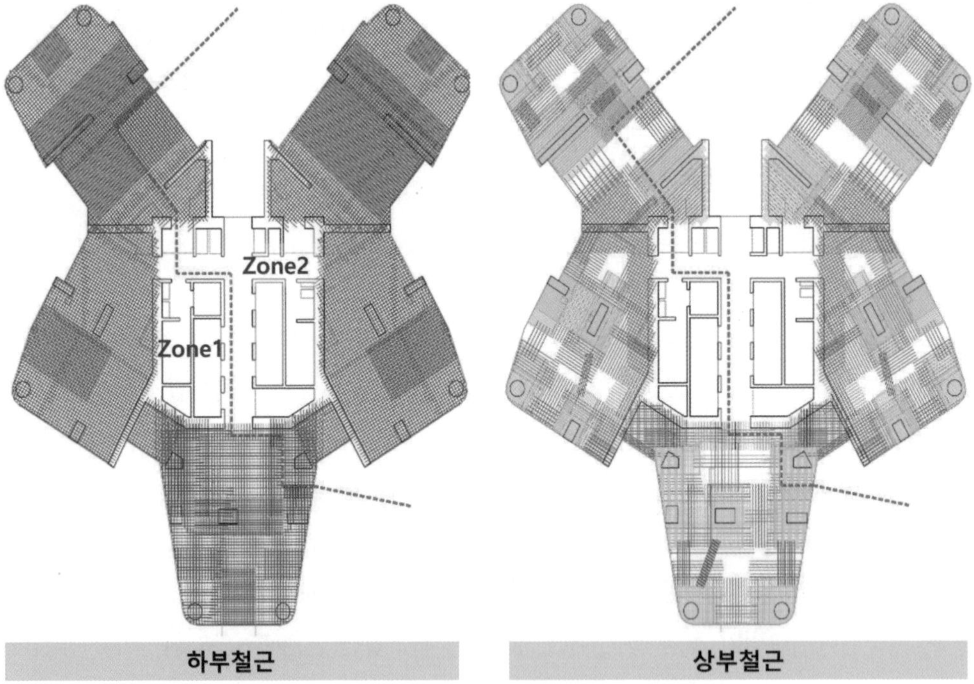

[그림3] Flat Plate Slab, 철근 Shop drawing

- 범 례 -

- 하부, 세로/가로근
- 하부, 보강근
- 상부 주열대 Head
- 상부 주열대
- 상부, 중간대
- 상부, 중간대 연결근

[그림4] Column Head 철근 보강

주열대(柱列帶, Column Strip) 구간 Column Head 부분은 상하부 철근으로 꽉 차있다. 기본 철근, 보강 철근의 혼동으로 누락되는 일이 없도록 반드시 확인해야 한다. Column Shortening에 의한 부가응력 발생 부위 보강을 위한 철근시공도 추가되었다. 철근 시공팀도, 감리도 혼동스러워했다. 담당 건축기사는 Flat Plate Slab를 이해하고 Shopdrawing을 확인, 현장에서 시공 상태를 확인해야 한다.

[그림5] 전기, 설비,통신, 소방 작업

철근시공이 완료될 즈음, 건축 外 공종의 시공이 시작된다. 작업자의 이동과 작업으로 인해 상부 철근 손상이 불가피하게 발생한다.

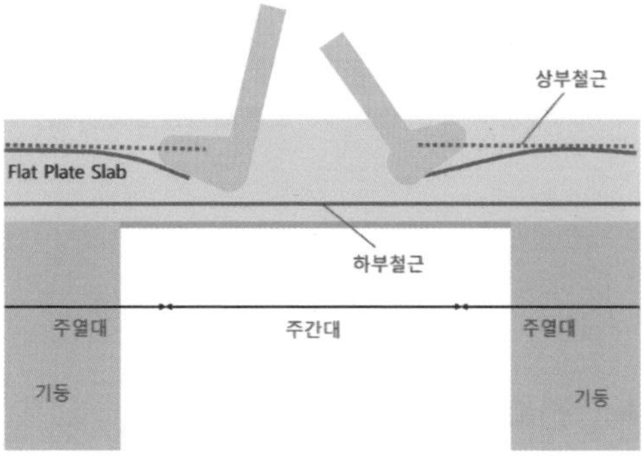

[그림6] Flat Plate Slab

Flat Plate Slab 특성상 중간대 상부 부분에는 철근이 없기 때문에 위와 같이 작업자의 이동, 전기/설비/통신 작업 시 철근 훼손이 불가피하다. 이를 방지하기 위해 시공용 철근을 추가적으로 시공하는 것을 고려해 봐야 한다.

[그림7] Column Head, 철근 배근

Column Head 부분은 기본 배근, 주열대 배근, Column Head 배근이 혼재되어 매우 촘촘히 시공된다. Flat Plate Slab의 최대 단점인 Punching shear의 예방을 위해서다.

[그림8] Column Head, 설비/소방 슬리브

소방, 설비 배관은 수직재 부위에 시공되는 것이 당연하다. 골조공사 시 슬리브 시공으로 인해 철근 손실이 불가피하다. 이는 반드시 보강시공을 통해 구조적 결함을 예방해야 한다.

▶ 건축기사의 생각

건축물이 완성되기까지 건축공종만 존재하지 않는다. 설비, 전기, 통신, 소방 등 건축 이외의 공종이 더 많다. 건축기사는 '건축'만 하는 게 아니다. 건축물이 완성되기 위한 모든 공종을 파악해야 하며 간섭이 발생 유무를 확인하고, 관련 공종 담당자들과의 긴밀한 협의가 필요하다. 건축기사 3년 차 정도면 반드시 이런 과정을 마스터해야 한다. Flat Plate Slab 개념을 완벽히 이해했어도, 시공상의 유의사항을 완벽히 숙지했어도 Column Head 부분에 소방, 설비 등의 배관에 의해 철근이 커팅이 되고 그대로 방치한다면? 생각만 해도 아찔하다.

호기심 폭발!
청소는 왜 하는 거지?

“강 기사, 타설 전에 반드시 깨끗이 청소됐는지 확인해야 해. 안 그러면 검측은 불합격이야!”

감리단에서는 매번 청소 문제로 콘크리트 타설 전 검측을 불합격시킨다고 으름장을 내놓는다. 철근, 형틀 수직도 검측을 힘들게 끝냈어도 콘크리트 타설 검측에서 불합격을 받고 타설이 지연되는 경우가 빈번했다. 청소가 안 됐으면 형틀을 다 뜯어내서 청소를 해야 했다. 작업자, 협력사 관계자들은 못 해먹겠다고 도망가버린다. 건축기사로서는 엄청난 스트레스였다.

호기심이 생겼다. 도대체 왜 청소를 해야 하는가?

철근, 형틀, 단열재…. 시공을 하다 보면 타설 면에 이물질이 들어가곤 한다. 또한, 레미콘 타설 후 비가 내리거나 소성수축균열을 예방하기 위한 살수(撒水) 양생 후에는 Laitance(레이턴스)가 발생하기도 한다. Laitance 등 이물질을 제거해야 ‘좋기는 하다’고는 하는데 왜 해야 하는지 명확한 근거를 아는 사람도, 설명해 주는 사람도 없었다. “청소를 해야 건축물이 튼튼하잖아…", "그냥 하라면 해라."

이게 전부였다. 청소를 한 것과 하지 않은 것과의 차이점을 명확히 알고 싶었다.

관련 서적을 공부하면서 흥미진진해지기 시작했다(표1, 2). 여기서 잠깐, 호기심 발동! [표1, 2]의 데이터가 맞는지 확인하고 싶어졌다. 직접 현장에서 시행할 수 있는 테스트로써 Laitance(레이턴스) 이물질이 구조물 강도에 어떠한 영향을 주는지 데이터로 확인하고 싶었다. 자료의 신뢰성을 100% 확인할 여건도, 건축기사인 내가 확인할 능력도 안 되지만, 현장 여건에서 어떻게든 확인해 보고자 했다. 현장에서는 압축강도 시험은 콘크리트 타설 시 매번 진행하기 때문에 공시체를 이용하여 실험해 보기로 했다. 공시체가 구조물의 수직재이고, 공시체를 상하 분리타설하면 상부는 구조물의 상부층, 하부는 구조물의 하부층으로 가정했다.

수평 시공이음 방법	강도비
구 Con'c 이어치기 면의 Laitance(레이턴스)를 없애지 않은 경우	약 45%
이어치기 면을 조면 처리하고 Cement Paste를 도포한 경우	약 93%

[표1] 수평 시공이음 부위 강도

※출처: 콘크리트 구조물의 시공 실무

수평시공 이음	수직시공 이음
Laitance(레이턴스) 없애지 않고 : 45%	그대로 이어치기 : 57%
1mm 깎고 : 77%	Con'c 속 Mortar 바름 : 72%
1mm 깎고 시멘트 풀칠 : 93%	시멘트풀 바름 : 72%
1mm 깎고 Mortar : 96%	1mm깍기 + 시멘트 풀 : 83%
1mm깍기 + 시멘트 풀칠 + After 3hr+ 진동 다짐 : 100%	시멘트 풀 바름 후 이어치기 + After 3hrs+ 진동다짐 : 100%

[표2] 시공이음 처리방법과 강도 관계

[Test1] Laitance(레이턴스), 넌 어떤 놈이냐?

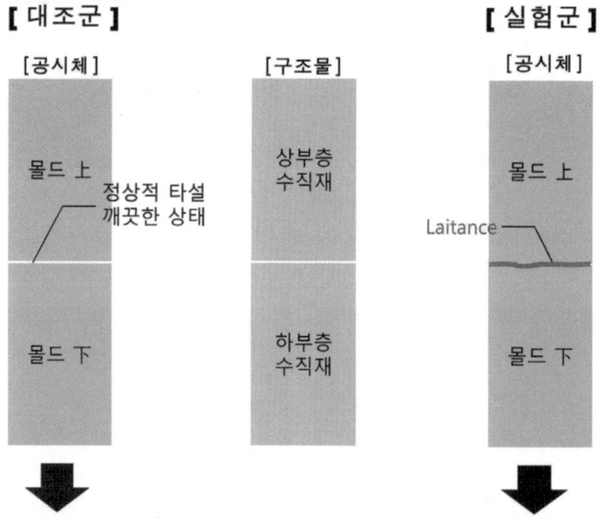

[과정1] 실린더 준비

분리타설 후 강도 테스트를 위해 공시체 실린더를 각각 3개씩 준비했다. 대조군과 실험군의 혼동을 피하기 위해 실험군에는 [사진2]와 같이 파란색으로 표시를 했다.

[과정2] 1차 타설

[사진4]의 실험군은 의도적으로 Laitance(레이턴스)를 만들기 위해 콘크리트 1차 타설 후 소성 상태에서 물(A)을 첨가했다. (소성 상태에서 물이 첨가돼야 레이턴스가 생성된다.) 철근을 꽂은 이유는 분리타설 후 공시체가 분리되어 테스트를 할 수 없게 되는 것을 예방하기 위한 목적이다.

[과정3] Laitance(레이턴스), 이물질 삽입

1차 타설 후, [사진5] 1차 타설 부위 표면은 laitance가 발생하지 않았지만 [사진6]은 의도했던 대로 laitance가 발생했다.

[과정4] 2차 타설 및 양생

2차 타설 후 공시체 실린더를 제거한 후 압축강도 테스트를 진행했다.

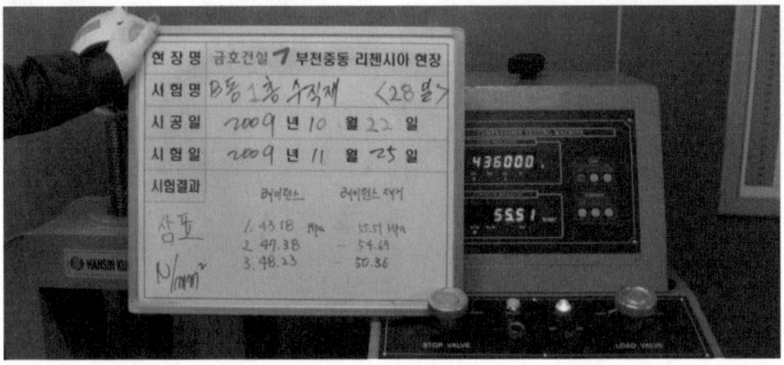

[과정5] 압축강도 테스트

몰드를 28일 양생시키고 압축강도를 테스트했다. 결과는 확실히 실험군이 대조군보다 강도가 부족했다. 우연의 결과로 생각되어 동일 실험을 수십 번 진행했다. 결과는 같았다.

(단위: MPa)

구분	대조군	실험군	강도비교(실험군/대조군)
공시체1	55.51	43.18	77.79%
공시체2	54.67	47.38	86.67%
공시체3	50.36	48.23	95.77%
평균	53.51	46.26	86.45%

[표3] 압축강도 테스트 결과(28일)

테스트를 해본 결과 실험군 압축강도는 대조군 대비 약 86.45%. 이 수치로 모든 것을 확정할 수는 없지만, 건축기사로서 콘크리트 타설 전에 시행하는 청소의 필요성을 인식하기에는 충분한 데이터였다.

[Test2] 타설 전, 이물질이 있다면?

[사진9] 레이턴스+이물질

[사진10] 이물질

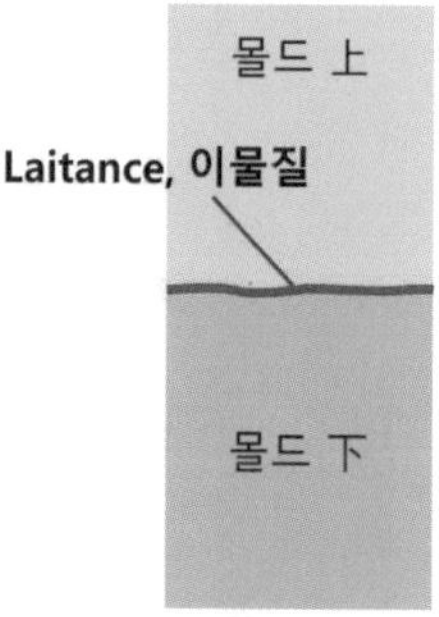

현장에서 발생할 수 있는 상황을 최대한 반영하려고 했다. [사진9]는 레이턴스 이외에 결로 방지 단열재 찌꺼기, 콘크리트 잔여물이 강도에 미치는 영향을 확인하려고 했다. [사진10]에는 담배꽁초를 넣었다. 이러한 상황은 작업자들과 협력사 관계자들에게 청소를 해야 하는 이유와 자재 쓰레기, 담배꽁초를 버려서는 안 되는 이유를 건축기사 나름대로 논리적으로 설명하기 위한 근거로 활용하기 위함이었다.

[표1]에서와 같이 레이턴스만 발생시켰던 실험군 공시체는 대조군 대비 87% 전후됐지만, [사진9] 레이턴스 + 이물질, [사진10] 이물질을 넣은 실험군은 대조군 대비 70% 강도가 발생했다. **이물질이 많을수록 강도는 저하되었다.**

테스트 후 데이터를 직접 눈으로 확인하고 마음가짐이 달라졌다. 당장 필로티 부분에서 4개 층 높이 규모의 기둥 타설 시 Laitance(레이턴스)와 이물질이 수직재의 강도에 영향을 끼치지 않도록 관리했다.

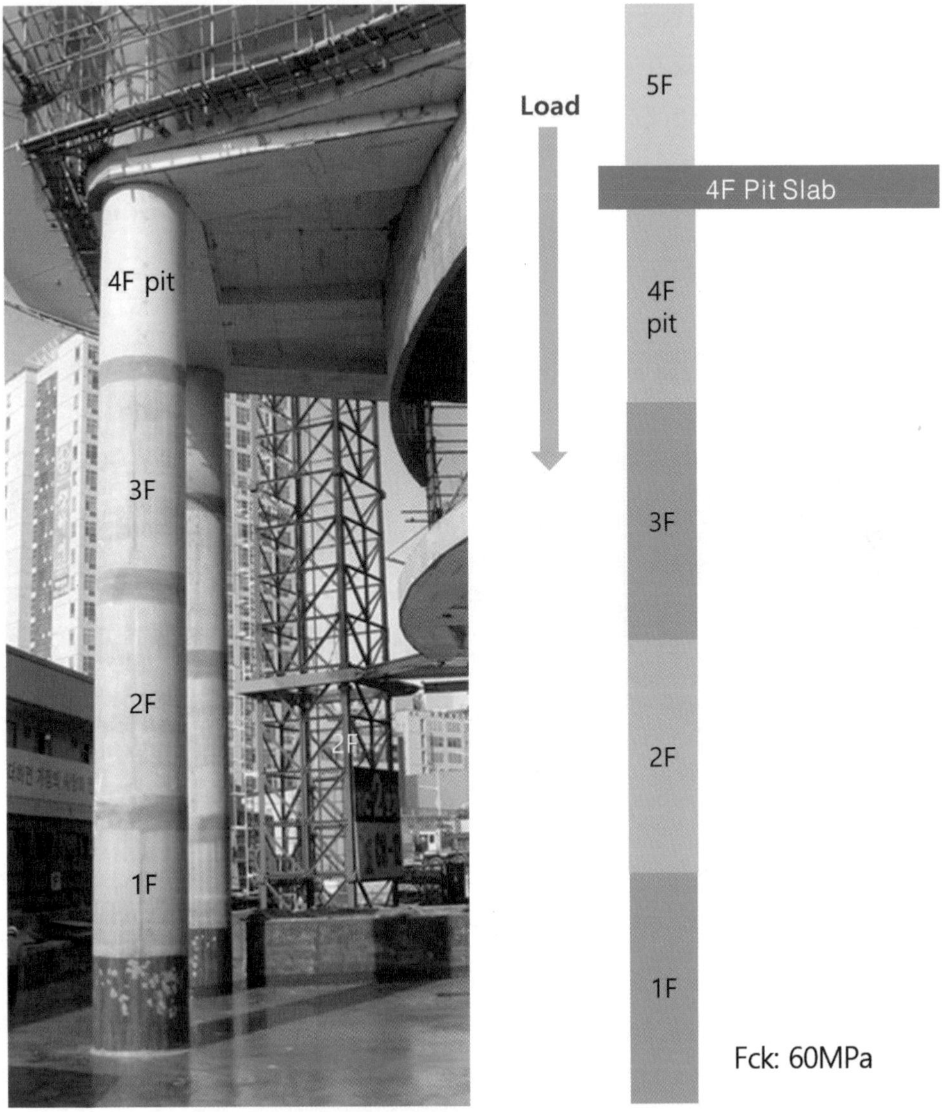

[사진12] 4개 층 높이의 필로티 기둥

필로티 구간의 기둥이 수평재 지지 없이 위풍당당하게 서있다. 직경 1.5m, 높이 19.8m 훤칠한 녀석이다. 지하구간은 SRC, 지상구간은 RC로 시공됐다. 이 기둥은 지하 7층부터 66층까지 이어졌다. 하중이 지반으로 전달되는데 문제없도록 혼신의 힘을 다해 관리했다.

현장에서는 형틀 목재 찌꺼기, 결로 방지 단열재, 단열재, 자투리 전기설비 자재, 철근 결속선, 보양지, 간식 먹다 남은 쓰레기 등이 발생된다. 이런 쓰레기들은 의도하지 않게 기둥, 벽체 타설 부위에 흘러 들어가기도 한다. 청소하는 작업자는 슬래브, 보 부위의 쓰레기들을 Air Compressor로 열심히 기둥, 벽체로 몰아넣는다. 문제는 몇몇 관리자와 감리들은 그 장면을 보고도 가만히 있다는 것이다. **기둥, 벽체에 떨어진 쓰레기들이 수**

직재 강도에 영향을 미치는 것도 모른 채 슬래브, 보가 깨끗해지는 것에 감동하기도 한다. 차라리 보, 슬래브의 찌꺼기는 타설/형틀 제거 후 눈에 보이기 때문에 제거가 가능하지만 수직재에 떨어진 쓰레기는 타설 후 눈에 보이지도 않고, 제거도 불가능하다.

보이지 않으면 끝나는 것인가. 가린다고 가려지나? 답답할 노릇이다.

[사진13, 14]처럼 청소기로 깔끔하게 청소하자.

[사진13] 타설 전 수직재 부위 청소

형틀 시공 후에도 청소가 불량하면 형틀을 다시 뜯고 이물질을 제거해야 한다.

[사진14] 미리미리 청소

형틀 1면 부착 후 미리 청소하는 게 공정관리상 효율적이다.

▶ 건축기사의 생각

수평재의 수직 이음의 경우 인장강도 테스트를 진행해야 했지만, 현장에서는 불가능했다. 현장 시험실에는 압축강도 시험기가 있었기에 압축강도 테스트로 진행해야만 했다. 테스트 진행 초기에는 '대조군과 실험군 강도가 큰 차이가 없겠지?'라는 생각을 했다. 하지만 결과는 확실한 차이가 있었다.

우연한 결과일 수도 있었기에 **5개월 동안 수십 번의 테스트**를 진행했다. 결과는 비슷했다. 건축기사로서 분리타설 시 청소의 중요성을 확실히 인식할 수 있는 정말 좋은 시도였고, 기회였다고 생각한다. 이 과정에서 많은 수고를 해준 레미콘사 시험기사와 현장 품질기사 친구에게 너무나 고마웠다. 앞으로는 의심(?)을 갖지 않고 반드시, 확실하게 청소 후 콘크리트를 타설해야겠다!

알랑가 몰라!
수평이음의 진실을…

"강 기사, Mat 기초를 왜 힘들게 수직이음하려고 하는 거야?"

Thk 2,500mm Mat 기초 콘크리트 타설 관리 중 감리단장님이 질문을 던진다.
'당연한 것을 왜 물어보실까, 나를 테스트 하려는 것일까? 의도가 뭐지….' 건축기사의 머릿속이 복잡해진다. 잘못 대답했다가는 수 시간 동안 잡혀서 설교(?)를 들어야 하기 때문에 짧고 간단명료하게 대답했다.
"기본적으로 수직재는 수평이음, 수평재는 수직이음을 해야 합니다. 지금 Mat 기초도 주차장 부분과 동기초 경계에서 수직이음을 적용할 것입니다."
자신 있게 대답 후 나 자신에게 궁금증이 생겼다.

'그래서 왜… 그렇게 해야 하냐고?'

수평이음과 수직이음의 차이를 수치적으로 확인하고 싶었다.
'동일 재료, 동일 철근, 동일 콘크리트이기 때문에 강도는 동일하지만 강성은 다르겠지.'
수평이음, 수직이음의 경우에 대해 강성을 비교해 보기로 했다. (단면 2차 모멘트 $I=bh^3/12$)

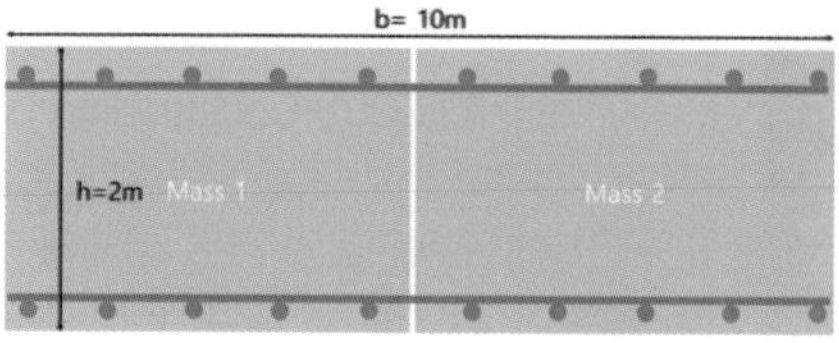

[Case1] 수평재 수직이음

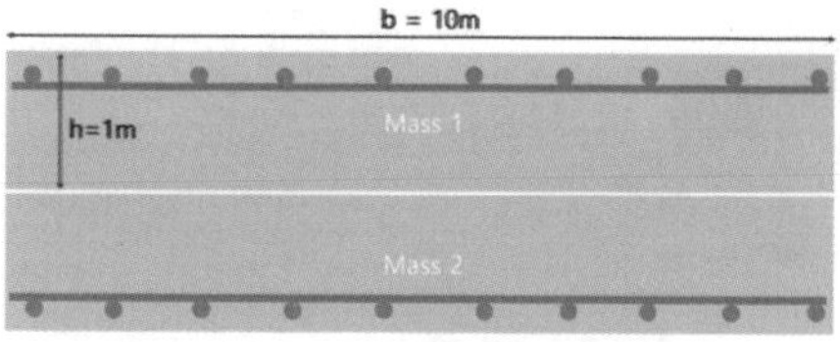

[Case2] 수평재 수평이음

[Case1] 수직이음 면은 상하부 철근에 수직이다. Mass1과 Mass2는 상하부 철근에 의해 일체화됐다고 볼 수 있기 때문에 한 개의 Mass로 볼 수 있다. (필요에 따라 전단 철근 보강, [그림1])

$I = bh^3/12 = 10 \times 2^3/12 = \mathbf{6.67m^3}$

[Case2] 수평이음 면은 상하부 철근과 평행으로 시공됐고, Mass1과 Mass2는 분리되어 있다. 한 개의 일체화된 부재로 볼 수 없다.

① Mass1, $I = bh^3/12 = 10 \times 1^3/12 = 0.83m^3$

② Mass2, $I = bh^3/12 = 10 \times 1^3/12 = 0.83m^3$

① + ② = $0.83m^3 \times 2 = \mathbf{1.67m^3}$

아뿔사, [Case2]의 수평이음 시 정상적 수직이음인 [Case1] 대비 단면 2차 모멘트는 약 25%. 높이(h)에 따라 차이는 더욱 커지게(bh^3) 된다. 이는 수평이음 시 구조적 문제를 유발할 수 있다.

만약, [Case2]와같이 불가피하게 수평이음을 해야만 할 경우는, Mass1과 Mass2를 일체화시키기 위해 이음 면에 수직으로 철근 보강을 해야 한다. 그 양이, 부재의 성격에 따라 다르지만, 상하부 철근량만큼 보강돼야 할 수도 있다. [Case2]의 경우는 수평재 콘크리트 타설 시 형틀 터짐, 레미콘 공급 문제 등의 경우로 발생되는 Cold Joint가 대부분이다.

절대, 시공성 향상을 위해 [Case2]처럼 이음해서는 안 될 일이다.

만약 현장에서 우천, 형틀 터짐, 레미콘 공장 문제, 레미콘 공급 부족 등 예상치 못한 경우로 인해 콘크리트 타설이 중단된 급박한 상황이 발생한다면 어떻게 해야 할까? 타설 작업자들은 철수하고, 해는 저물고 이러지도 저러지도 못하는 상황! 하지만 혼자 판단해야 하고, 해결해야 하는 상황!

[그림1] 수평재의 전단보강

Mat 기초(Thk1,000), Construction Joint 부분의 전단보강 철근을 적용했다. [Case 1] 수평재의 수직이음의 경우, 부재에 따라 전단보강이 필요할 수 있다. 반드시 구조 전문가의 검토를 받고 적용 유무를 판단해야 한다.

'수평재 타설 시, 의도하지 않게 Cold Joint로 **인해 수평이음이 발생하는 발생한다면 나는 어떻게 대응할까?'**를 고민하며 대응방안을 머릿속에 그려봤다.

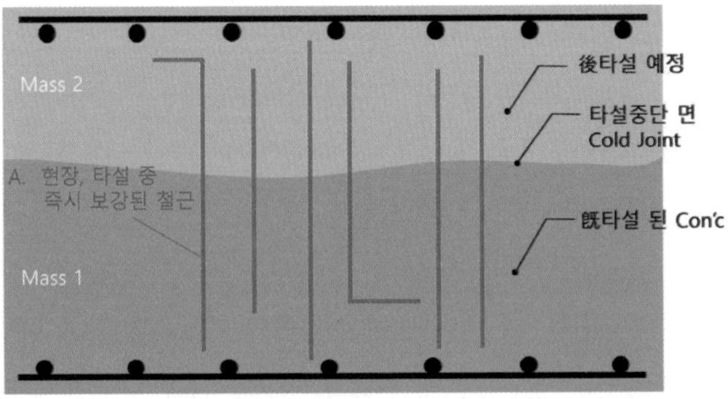

① 콘크리트 응결 시작 전, 철근을 이음 면에 수직으로 꽂아 넣자(A).
② 주변에 있는 철근, 공급될 수 있는 철근을 최대한 활용해 수직으로 꽂아 넣자.
③ 그리고 구조기술사에게 검토를 받고 후속 조치를 하자.
④ 이런 상황을 대비해 주변에 잔여 철근을 버리지 말고 타설 공간 주변에 준비해 놓자.

그렇다면 수직재의 경우는 어떠한가?

[Case1], [Case2]를 90도로 회전해 보자. 수직재의 경우, 이것저것 복합하게 생각할 필요도 없이 이음부는 철근과 수직으로 형성되면서 자연스럽게 수평이음이 된다[Case3].

당연한 얘기지만 수직재는 수직이음을 하려고 해도 못 한다. 설마 [Case4]처럼 수직이음을 위해 형틀을 수직으로 시공하여 분리타설하는 어리석은 짓은 하지 않을 것이다. 수직재가 대규모 부재의 경우 콘크리트 타설 시 측압이 높아 형틀이 터지는 것을 방지하기 위해 분리타설을 해야 할 때가 있다.

6~8m 층고의 지하층 벽체와 기둥, Core Wall(W 1,000/H 4,000) 같은 대규모 부재의 경우. 수직재 이음의 경우는 간단하다. Cold Joint가 발생하지 않도록 계획된 높이에서 Construction Joint를 적용해하면 된다.

단, 벽체가 지하외벽일 경우, Constrtuction Joint에 '지수판' 시공만은 잊지 말자. (수직재 이음타설의 경우 '지수재' 후시공은 효과도 없고, 제대로 시공할 수도 없다.)

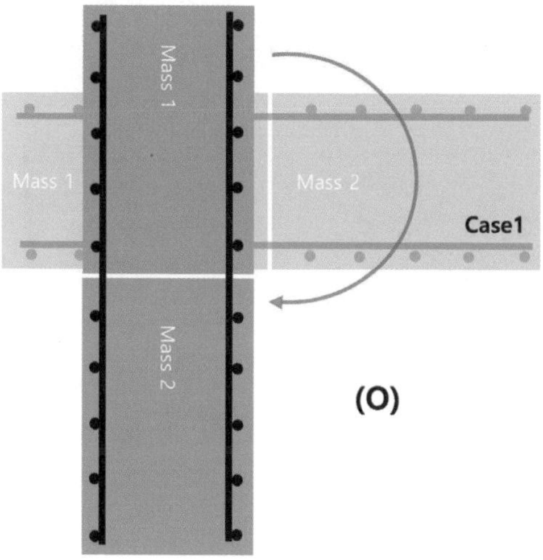

[Case3] 수직재 수평이음

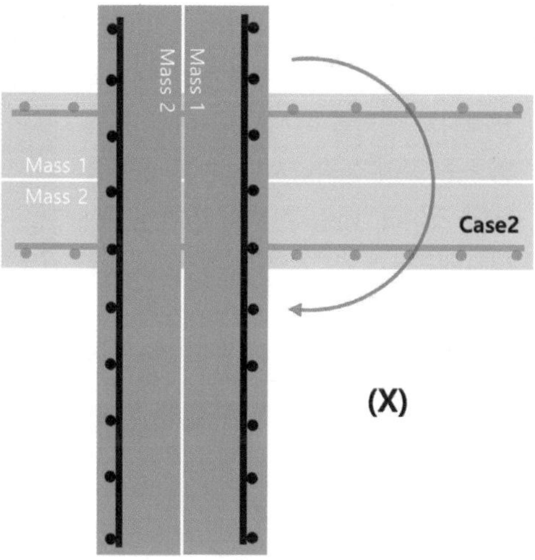

[Case4] 수직재의 수직이음?

▶ 건축기사의 생각

후배의 전화가 왔다.

전화기 넘어로 숨넘어 갈듯한 목소리... 뭔가 큰 안전 사고가 발생한 줄 알았다. 알고보니 기초 콘크리트를 타설하던 도중 형틀이 터지고 레미콘이 부족해서 타설을 완료하지 못했다는 것이다. 늦은 저녁이라서 구조사무실 관계자도 전화를 받지 않고 예전에 설명해준 것이 생각나서 나에게 전화를 했던 것이다. 나는 한치의 망설임없이 대답해줬다.

"당황하지 말고 옆에 있는 철근들 수직으로 최대한 깊이 꽂아!,
그리고 내일 구조사무실에 연락해서 검토서 받아서 감리단에 제출해~"

결과는 Happy ending!

현장에서는 예상하지 못한 일이 발생한다. 하루에도 수십번씩... 그런 상황에서는 '빠른 판단'과 '올바른 판단'을 동시에 해야한다. 그런 판단을 하기 위해서는 논리적 근거와 기술적 근거가 동반돼야 한다. 그래서 건축기사는 '왜….왜…왜….왜..이렇게 해야 하는가?' 항상 고민을 해야 한다. 그것이 축적되면 엄청한 힘을 발휘 한다.

Mat, Mass Con'c
버블버블 핫핫!

Mat, Thk 2,500 Mass Concrete!

나의 큰(?) 키를 훌쩍 넘는 Mat 기초는 상부 철근을 시공하기 위해 H형강 Bar chair가 적용돼야 할 정도로 거대하다. 이 공간이 콘크리트로 채워진다면 수화반응과정에서 발생하는 수화열을 어떻게 제어할까? 선배는 이런 Mat 기초인 Mass Con'c는 수화열 제어를 위해 특별관리가 필요하다고 했다. 콘크리트 배합, 파이프 쿨링, 버블시트 등 다방면으로 검토하며 건축기사인 나에게 열심히 공부하고 관리할 것을 특별히 강조했다.

나는 Mass Con'c 수화열 발생으로 인한 균열 발생 메커니즘을 이해하려고 했다. 콘크리트는 수화반응이 시작되면서 수화열이 발생된다. [그림1]과 같이 Mat 콘크리트 타설 후 중앙부는 수화열에 의해 고온상태가 되면서 팽창한다. 상부 표층[B]에서는 중앙부[A]에 비해 상대적으로 저온상태이며, 외기에 의해 온도가 저하되면서 수축된다. 이는 중앙부와 표면부의 온도 차에 의해 팽창/수축을 유발하여 균열 발생의 원인이 된다. 만약 동절기에 아무런 조치 없이 외기에 노출된 채 Mass Con'c를 타설한다면 Mat 표면은 외기에 의한 온도 저하가 커지며 내외부 온도 차는 극에 달할 것이다. 결국, Mass Con'c의 부재에는 심각한 균열이 발생할 것이다.

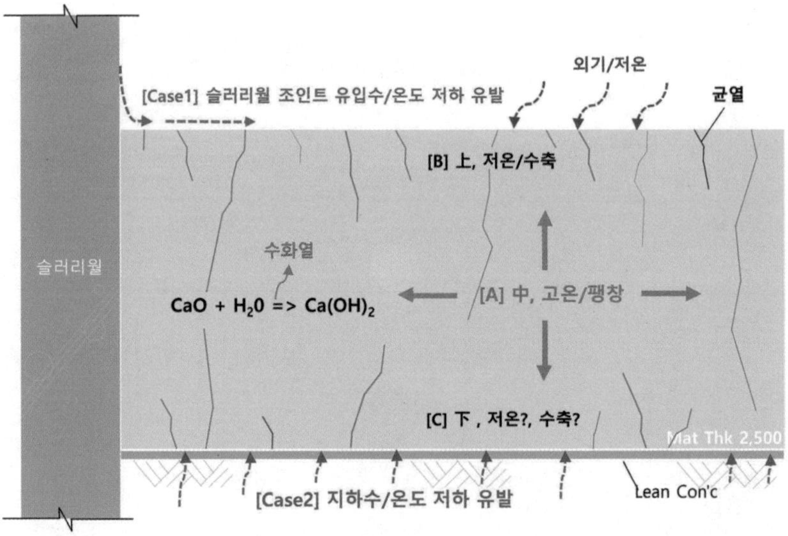

[그림1] Mat, Mass Con'c 수화반응

Mass Con'c 부재의 콘크리트 타설 시 외기에 의한 표면 온도 저하는 고온의 내부와의 온도 차에 의해 균열이 발생한다. 여기서 궁금증이 생겼다. 지하수위가 높은 조건의 경우, '외기'보다 '지하수'의 영향이 더 크지 않을까?

궁금증이 생겼다.

'외기'가 아니라 '지하수'가 Mass Con'c 균열 발생에 영향을 미칠 수도 있지 않을까?

[Case1] Slurry Wall Panel Joint, 지하수 유입

현장에는 흙막이공법으로 슬러리월을 적용했다. 이는 아래와 같은 추정을 할 수 있다.

1) 슬러리월을 적용했다. => 차수(遮水) 성능이 가장 우수한 흙막이공법이 필요했다.
2) 차수 성능이 가장 우수한 흙막이를 적용했다. => 지하수위가 높다. 지하수의 영향을 많이 받는다.
3) 슬러리월도 Panel Joint에서는 차수 성능이 낮다. => Panel Joint, 지하수가 유입될 수 있다.
4) 유입된 지하수는 냉각수 역할을 하여 [그림1]의 B처럼 Mat 기초 상부 표면을 냉각시킬 것이다.
5) 그렇게 되면 Mat 상부 표면과 중앙부의 온도 차는 더욱 커질 것이다.
   => **이는 Mass Con'c에 '외기온도'보다 '지하수의 냉각수 기능'이 더 큰 영향을 끼칠 수 있지 않을까?**

[Case2] 기초 저면 지하수

1) Mat 저면에는 지하수가 있다. 영구 배수공법 중 시스템 배수가 적용될지라도 지하수는 기초 저면에 존재한다. 양압력에 의해 지하수는 기초저면에 압력이 가해질 것이다.
2) 그렇다면 Mat 기초 하부는 지하수의 영향(냉각수 역할)을 받아 온도가 저하될 것이다.
3) Mat 하부 표면과 중앙부의 온도 차는 더욱 커질 것이다.
   => **이는 Mass Con'c에 '외기온도'보다 '지하수의 냉각수 기능'이 더 큰 영향을 끼칠 수 있지 않을까?**

[Case1], [Case2]의 경우에는 유입된 지하수는 Mat 상하부 표면에서 냉각수 기능을 할 것이다. '그렇다면 표면 온도를 저하시키고 중앙부와의 온도 차가 더욱 크게 발생하지는 않을까?'라는 생각이 들었다. 혹자는 '그 지하수가 Pipe Cooling 공법처럼 냉각수 역할을 하잖아.'라고 한다. 하지만, Pipe Cooling은 Mass 중앙부에서 수화열에 의한 고온을 제어하는 것이다. 나는 지하수에 의해 'Mat 상하부 표면'이 냉각되는 것을 우려한 것이다. 다행히 수화열을 측정한 결과(그림5), Mat 기초 하부는 지하수의 영향을 받지 않았다.

Lean con'c 하부의 시스템 배수가 지하수를 철저히 배수시키고 Lean Con'c 자체가 보온재 역할을 했던 게 아닐까 하는 생각이 들었다. Mat 표면부의 경우, 슬러리월 조인트에서 유입되는 지하수는 소량이어도 유도 배수를 통해 집수정으로 집수시켰다. 다행히 내가 우려했던 상황은 발생하지 않았다.

Mass Con'c 수화열에 의한 균열 제어를 위한 대책은 다음과 같이 정리할 수 있다.

1) 설계적 관리: 온도철근 배근
2) 재료적 관리: 시멘트, 혼화재료 배합 조절
3) 시공적 관리: Pipe Cooling, 이중 버블시트 양생 + 양생 기간 관리(그림2, 3), 표면 온도관리

현장에 시공되는 Thk2,500 Mat, Mass Con'c의 경우, 일반적으로 수화열 관리에 적용되는 설계적, 재료적 관리 방안을 적용했다. 시공적 관리 부분에서는 이중 버블시트를 적용하고, 수화열 모니터링을 통해 이중 버블시트 양생 기간을 결정하기로 했다.

[그림2] PE Film 시공

소성수축균열의 예방과 이중 버블시트가 타설면에 부착되는 것을 방지하기 위해 타설 직후 PE Film을 시공한다.

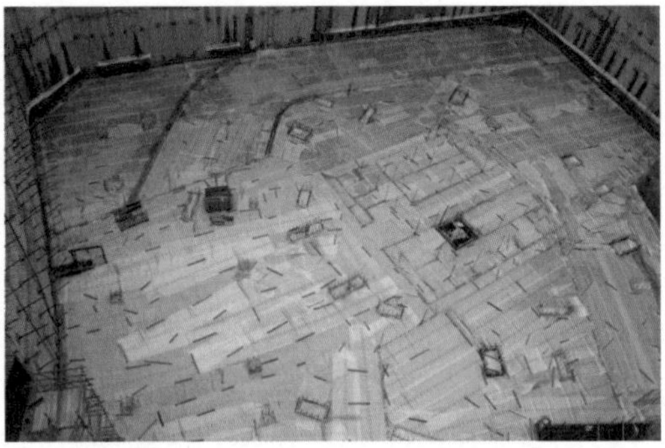

[그림3] PE Film + 이중 Bubble Sheet 시공

이중 버블시트 시공 후 바람에 날리지 않도록 고임목으로 촘촘히 눌러 넣었다. 이중 버블시트 조인트는 취약하기 때문에 반드시 겹침이음 시공을 해야 한다.

Mat 타설 후 PE Film(그림2) 시공 후 이중 Bubble Sheet(그림3)로 보양했다.

이중 버블시트는 시트 단면에 공기층이 이중으로 시공되어 있어 외기온도를 철저하게 차단하여 타설부재의 표면 온도 차이를 최소화시킨다. 외부의 냉기를 차단하고 Mat 내부에 발생된 수화열의 온기가 외부로 방출되지 않도록 차단하여 내외부 온도 차를 줄이는 것이다.

이중 버블시트의 제거하는 시기는 수화열 온도를 모니터링하면서 Mass의 중앙부와 표면부의 온도 차, 외부에서 유입되는 지하수량과 온도 등을 고려하여 결정한다. [그림4, 5]의 수화열 온도를 모니터링하면서 [그림3]과 같이 버블시트 보양 상태를 유지한다. 공사 기간을 단축해야 한다는 짧은 생각으로 이중 버블시트를 시공한 지 1~2일 만에 제거하는 어리석은 짓을 한다면? 추후 문제가 발생되어 그 문제를 해결하기 위해 더 많은 시간과 비용이 소요된다는 것을 간과해서는 안 된다.

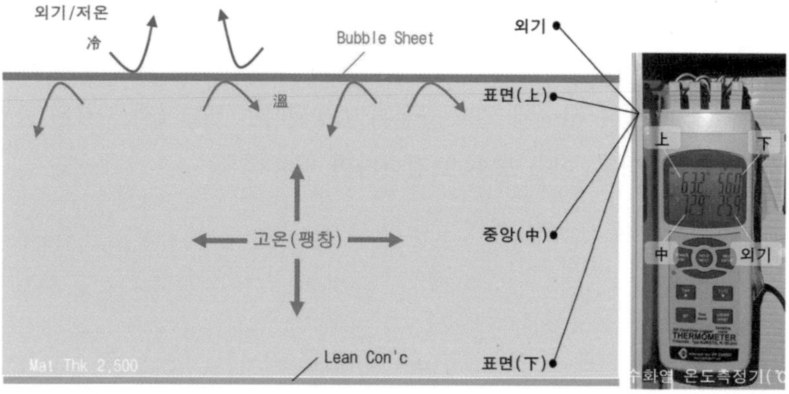

[그림4] 이중 버블시트 양생과 수화열 온도 측정

수화열 온도 측정 센서는 상하부 피복 100mm 이내, 중앙부는 Mass Con'c 중앙부에 설치한다. 콘크리트 타설 중 타설 압력에 의해 센서가 파괴되거나 위치 이탈이 발생할 수 있기 때문에 타설 시 유의해야 한다. 또한, 파손을 대비하여 추가적으로 센서를 설치해 둘 필요가 있다. 표면부에 설치하는 센서는 최대한 외부에, 중앙부와 최대한 떨어지도록 설치해야 한다. 왜냐하면, 외기에 의한 온도의 영향을 가장 많이 받기 때문에 이를 센서가 감지하기 위해서다.

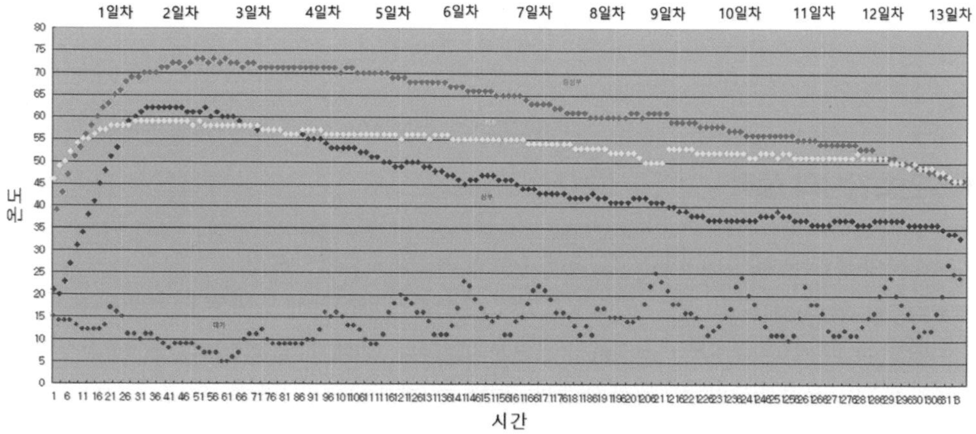

[그림5] Mat 수화열 측정 그래프

4월. 새벽 최저온도 5도, 낮 최고 25도, Mass Con'c를 타설하기에는 최적의 온도였다. 타설 표면부에는 이중 버블시트로 확실하게 단열했기 때문에 외기를 차단하여 중심부와 표면부의 온도 차는 최대 20℃를 넘지 않았다. 온도 차이가 더 이상 발생하지 않을 것으로 판단한 타설 7일 차 이후에 후속 공종이 투입됐다. 만약 1월에 타설한다면 어떻게 관리해야 할까? 가정해 보자. 외기 최저온도 -5℃, 표면 온도 5℃, 수화열에 의한 내부 온도는 70℃, Mass Con'c는 균열투성이가 될 것이며, Mat는 기능을 상실할 것이다. 따라서 동절기에 Mat, Mass Con'c를 타설한다면 외기 온도를 제어하기 위해 가열 양생을 추가적으로 실시해야 한다.

[그림5] 그래프를 보자. 콘크리트 타설 후 2~3일 차에 수화열은 최고점에 이른다. 중요한 것은 '최고 온도'가 아니라 Mass 중앙부의 최고온도가 유지될 때 표면부와의 '온도 차

이'다. 온도 차에 의해서 Mass Con'c에서 균열이 발생하기 때문에 온도 차이를 최소화하기 위한 관리가 중요하다.

생각해 보라. Thk 2,500 Mat에 온도 균열이 발생된다면 표면에서 시작된 균열은 Mat 중앙부까지 관통될 것이고, 이를 보수·보강한다면…?

▶ 건축기사의 생각

Mat 타설 후 다음 날 이중 버블시트 속에 손을 넣어보았다. "앗~ 뜨거!"
수화열이 최고점에 이를 때는 75℃가 넘었다. 수화열의 매운맛이 느껴졌다. 현장에서 콘크리트를 타설하면 의례적으로 소성수축균열을 예방하기 위해 살수(撒水)작업을 한다. 만약 Mass Con'c 표면에 수화열에 의해 뜨겁게 달아오른 상태에서 살수(撒水)작업을 한다면?
아니나 다를까, 협력사 작업자가 Thk 2,500 Mat 타설 후 살수작업을 하려고 했다. 허겁지겁 달려가서 말렸다. 건설현장에서는 '타설 + 살수'는 의례적으로 '1Set'로 진행되기 때문에 이런 일이 발생했다.

나는 슬러리월 조인트 및 기초 저면의 지하수 유입에 의해 Mat 상하부 표면 냉각을 우려했었다. Mass Con'c 타설 후 살수작업은 Mat 상부 표면에 고의적으로 지하수를 유입하는 것과 같다.
이중 버블시트를 시공하여 어떻게든 외부의 냉기를 차단하여 Mass Con'c 내외부 온도를 줄여보려고 갖은 노력을 하는데 냉각수 역할을 하는 살수 작업을 한다면? **불난 집에 부채질을 넘어 시너를 부어버리는 격이다.** Mass Con'c 수화열과 균열 발생 메커니즘을 이해하면 될 일이다.

콘크리트 타설 후 백화가 발생했어요!

나는 비[雨]와 눈[雪]을 좋아한다. 비 내리는 창밖을 보며 음악을 듣고, 눈 내리는 풍경을 보며 생각에 잠긴다. 낭만적이다. 하지만 군입대를 하면서 비와 눈을 싫어하게 됐고, 건설회사에 입사하여 현장근무를 하면서부터 비와 눈은 건축기사인 나에게 최대의 적(敵)이 되었다.

지상 4층 레미콘 타설을 완료하여 양생되는 과정에서 비가 내렸다. 아~ 가슴이 메여온다. 타설 후 쉼 없이 내린 비는 단숨에 슬래브 가장자리 원형기둥 자리에 하얗게 백화현상을 발생시켰다(그림1). 이렇게 현장에서는 레미콘 타설 후 강한 햇볕의 급격한 건조에 의해 발생되는 소성수축균열을 예방하기 위한 살수(撒水) 작업 이외에도 우천과 같은 자연현상으로도 백화, Laitance(레이턴스)가 발생될 수 있다.

$$CaO + H_2O \Rightarrow \mathbf{Ca(OH)_2}$$

$$\mathbf{Ca(OH)_2} + CO_2 \Rightarrow CaCO_3 + H_2O$$

여름철 고온과 강한 햇볕에 의한 소성수축균열을 예방하기 위해 콘크리트의 응결과정에서 살수(撒水)작업은 불가피하다. 하지만 이는 응결과정에서 백화, Laitance를 유발시킨다. 이음이 진행되는 곳은 강도에 영향을 미치기 때문에 백화, Laitance를 제거해야 한다(그림2). 이음면이 없는 슬래브 표면의 백화, 레이턴스는 철근, 형틀 등의 후속 공종 작업이 진행되면서 자연스럽게 벗겨지기 때문에 걱정할 일은 아니다(그림3). 하지만 방수, 에폭시 등의 마감공사가 예정되어 있을 경우에는 마감공사 전에 반드시 바탕정리 시 깨끗이 제거해야 한다.

현장 관리상 불가피하게 Laitance(레이턴스)가 발생할 수도 있지만, 레미콘사에서 공급된 레미콘 배합문제로 인해 Laitance(레이턴스)가 발생하기도 한다. 특히, 수직재가 시공되는 부분은 현장에서 치핑을 통해 모두 제거하여 수직재 이음 타설 시 접착력에 문제가 없도록 해야 한다. 4day cycle 공정관리에서 청소, 철근, 형틀, 레미콘 타설 등 어느 한 부분에서라도 사소한 문제가 발생되면 전체 공정에 차질을 빚게 된다.

나는 콘크리트 타설 다음 날 예정된 수직 철근 시공이 중단될까 봐 노심초사, 고민 끝에 작업자에게 치핑(chipping)작업을 부탁했다(그림4, 5).

[그림1] 콘크리트 양생과 비

콘크리트 타설이 완료되고 비가 보슬보슬 내린다. 사진과 같이 안개가 자욱하고 슬래브 가장자리 부분에 빗물이 고이며 백화현상이 발생했다.

[그림2] Core Wall 이음부위 백화

Slump, Flow가 너무 높을 때나 우천 시 백화 발생은 이미 약속된 상태다.

[그림3] Slab 타설 후 발생된 Laitance

콘크리트 타설 후 양생 시 하염없이 내린 비, 결국 레이턴스를 만들어낸다. 슬래브의 경우(수직재 시공 위치 제외) 부재의 이음이 없기도 하고, 철근, 형틀 등의 작업으로 인해 자연스럽게 벗겨지기 때문에 걱정할 일은 아니다.

[그림4] Wall Column 부분 레이턴스 제거

현장으로 공급된 레미콘 배합문제로 레이턴스가 발생하여 모두 제거했다. Wall Column 부분으로 수직재가 이음되는 부분이다.

[그림5] Core Wall 부분 치핑

다들 퇴근한 현장에서 석양을 뒤로하고 한 명의 작업자가 건축기사의 징글징글한(?) 작업지시에 짜증 한 번 안 내고 레이턴스 제거를 위한 치핑작업을 하고 있다.

▶ 건축기사의 생각

"백화, 그 정도로 뭐 수직재에 영향이 있겠어?" 혹자는 대수롭지 않게 얘기한다. 하지만 나는 수치로서 그 영향을 확인한 바 있어 그냥 쉽게 지나칠 수 없었다. 현장에서는 항상 고민의 기로에 서있게 된다. 수정할까, 말까…. 아무도 모르는데….

이것 말고도 할 일이 쌓였는데…. 이렇게 하면 야근해야 하는데…. 이거 수정시키면 공정 늦어지는데….

할까, 말까.

선택적 사항인지, 필수적 사항인지가 확실히 구분되면 해결될 일이다.

이렇게 하면 습윤양생이지요

"레미콘 타설하고 살수(撒水)작업 잊지마!"

감리단에서는 균열 예방을 위해서 건축기사인 나에게 항상 이렇게 강조했다.

'아…. 살수작업을 하면 백화가 발생되고, 발생되면 또 제거해야 하고, 살수작업을 하지 않으면 소성수축균열이 발생할 것이고, 발생되면 보수해야 하고….' 놀이터의 시소가 왼쪽, 오른쪽으로 기울어지는 것처럼 건축기사인 나의 판단도 이쪽저쪽으로 갈팡질팡한다.

살수작업은 살수된 물이 증발되기 때문에 수차례 반복 작업을 해야 한다. 균열 예방을 위해 하루 종일, 며칠 동안 살수작업을 지속할 수도 없고 후속 공종을 고려하지 않을 수도 없다. 골조공사가 진행되면서 고층부에서는 살수를 위한 물 공급도 어렵고 수압이 낮기 때문에 제대로 된 살수작업도 불가능하다.

물을 공급한다고 해도 고층부에서 살수작업을 한다면 하부층으로 살수된 물이 떨어져 후속 공종이 공사를 하는 데 문제가 된다. 더욱이 살수작업은 [그림2]처럼 백화현상을 발생시킬 수 있어 추후 수직부재 시공 예정 부분은 백화를 제거해야 하는 작업이 추가돼야 한다. 머릿속이 복잡해진다. 살수작업 진행 시 배보다 배꼽이 더 커지는 결과를 발생시킬 수 있다.

어떻게 할까?
……그래, 콘크리트의 수화열을 이용하자!

[그림1]에서와 같이 콘크리트를 타설하면 수화반응 과정에서 수화열이 발생된다. 타설 면에 PE Film 덮으면 비닐에 물방울이 맺히기 시작한다. PE Film이 타설 면과의 공간을 포화상태로 만들었기 때문에 응결현상이 발생된 것이다. 이는 콘크리트의 수분이 급격하게 증발하여 발생되는 소성수축균열을 예방할 수 있다. 덮어놓기만 하면 응결수는 증발되지 않기 때문에 항상 습윤한 상태를 유지하는 장점이 있다(그림4). PE Film이 바람에 의해 날리는 것을 염려한다면 [그림3]과 같이 부직포로 추가적으로 보양하면 된다.

구 분	PE Flim 보양	살수(撒水)
원 리	수화열에 의한 응결수 발생	물 자체로 습윤상태 유지
장 점	소성수축균열 예방 최적 Flim 제거 시까지 추가작업 불필요	작업 용이함
단 점	철근 Dowel Bar 부위 보양 어려움 타설 직후 보양 어려움	고층부, 수압문제로 인한 살수 난해 백화 발생 확률 높음 물 증발에 의한 지속적 작업 필요 후속작업, 하부층 작업 불가

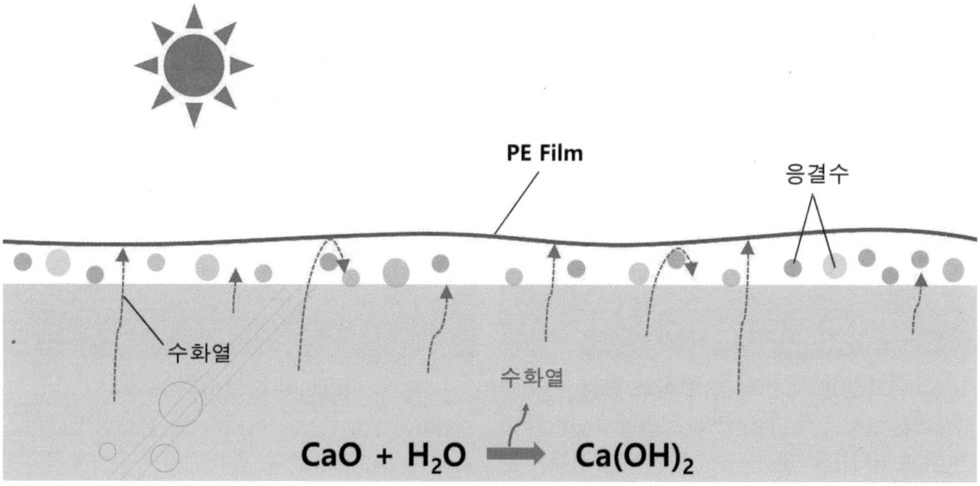

[그림1] 수화반응에 의한 수화열

콘크리트를 타설하면 수화반응 진행되는 동안 수화열이 발생된다. PE Film으로 보양하면 위와 같이 응결수가 발생되며, 이는 살수(撒水)작업의 기능과 동일한 효과를 발휘한다. 살수작업은 살수된 물이 증발되기 때문에 지속적으로 살수해야 한다는 번거로움이 있지만, PE Film 보양은 한 번 덮으면 제거할 때까지 습윤상태가 지속되기 때문에 추가적인 관리사항이 없다. 현장 관리자 입장에서는 매우 효과적인 방법이다.

[그림2] 지하층 Ramp Slab, 백화현상 발생

소성수축균열 예방을 위해 수시간 동안 살수작업을 진행한 결과 하얗게 백화가 발생했다. 수직철근의 이음이 없는 부분은 자재 적재, 근로자 이동, 작업 등으로 인해 자연스럽게 벗겨지기도 하지만 수평, 수직 이음 부위는 후속작업이 이어지기 때문에 백화를 제거해야 한다. 현장에서 직접 관리해 보면 알 수 있지만, 관리가 쉽지 않다. 예방책이 필요하다는 것을 느낄 수 있다.

[그림3] PE Film + 부직포 보양

콘크리트 타설 후 PE Film을 덮고 바람에 날리지 않기 위해 부직포를 덮었다. PE Film 보양 시점은 콘크리트 마감방법에 따라 시기를 결정하는데, 최대한 빠른 시간 내에 보양해야 한다. 또한, 11월~12월, 2월~3월은 지역마다 상이하지만 평균적으로 영상 4℃ 전후가 유지되는 시기에, 한중 콘크리트[1] 적용이 애매한 경우가 있다. 이 경우 위와 같이 콘크리트의 수화열을 이용하여 보온 양생을 하는 것도 좋은 방법이다.

[그림4] 응결수의 발생

수화열이 발생되면서 PE Film에 응결수가 맺힌다. 이는 콘크리트 타설 후 급격한 수분 증발을 억제할 뿐만이 아니라 습윤양생 기능까지 하기 때문에 소성 소축균열을 예방할 수 있게 한다. 살수(撒水)작업은 물이 증발되어 지속적으로 작업을 해야 하는 반면 PE Film 보양은 응결수가 증발을 PE Flim이 차단하기 때문에 지속적인 습윤상태를 유지할 수 있다. 소성수축균열 예방을 위해서는 최적(最適)이다.

주1) 한중 콘크리트: 일평균 기온 4℃ 이하 기상 조건에서 타설하는 콘크리트

▶ 건축기사의 생각

비(非)구조 균열일 경우 보강(補强)은 아니지만, 보수(補修)는 해야 한다.
누수가 발생될 수 있고, 영하·영상 온도 반복 시 균열이 확대되기도 하고, 탄산화에 의해 구조물의 내구성에 악영향을 끼칠 수 있기 때문이다. 건설회사의 현장근무는 낮에는 현장 공사관리, 밤에는 서류업무가 연속이다. 이러한 여건에서 예정에 없는 보수공사가 끼어든다면?

비참함의 탄식이 폭포수처럼 쏟아질 것이다.

그냥 대충하고 추후에 보수공법을 택할 것인가. 미리미리 제대로 된 양생관리를 택할 것인가? 백화 발생도 예방하고, 균열도 예방하고, 스트레스도 덜 받고….
건축기사에게는 PE Film 보양은 최적(最適)의 선택이 아닐까?

치환콘크리트와 강도

현장은 두 개의 타워동으로 구성되었다. 1개 동은 RCD 파일을 적용하였고, 나머지 1개 동은 기반암 레벨이 높아 RCD 파일 적용 없이 지내력 기초로 설계되었다. 지내력 기초로 설계된 동의 경우, 굴착을 진행하면서 기반암 출현 레벨은 지반조사상의 추정레벨과는 다르게 일정하지 않았다. 이에 지반조사를 추가적으로 진행했지만, 실제 굴착과는 많이 상이했다. 기반암까지의 최종 굴착 결과 [그림2]과 같이 Mat 하단부 기준으로 깊이가 1~4m 천차만별. 치환콘크리트 타설을 위해서 비계까지 시공해야 했다(그림3).

[그림1]과 같이 코어월 부위 지반의 지내력은 300tf/m^2, 치환콘크리트는 소요 지내력에 미달된 지반을 대신한다. 따라서 소요 지내력 300tf/m^2 이상 강도의 콘크리트가 필요하다. 레미콘사에서 제조 가능한 레미콘 최하 강도는 18MPa. (18MPa 미만의 경우, 제조는 가능하나 단가는 동일) 현장에서는 연약 지반을 대체하기 위해 18MPa 강도의 콘크리트를 치환콘크리트로 타설을 진행하고 있었다.

허걱!

신나게 타설하는 도중, 감리단에서 갑자기 콘크리트 타설을 중단시킨다.
맑은 하늘에 웬 날벼락인가…. 타설을 대기하는 레미콘 차량은 늘어만 가고 타설 작업자들은 작업 못 하게 하면 철수하겠며 건축기사를 압박한다.
"아, 진짜…. 왜… 또… 또…. 또… 제발 좀…." (욕이 수천 번 나왔지만 글로는 적지 않겠다.)

건축기사의 가슴이 또다시 매여온다. 더 이상 만신창이 될 가슴조차 없는데….

감리단에서 공사를 중지시킨 이유는 치환콘크리트 타설 구간의 지내력이 $300tf/m^2$인데 왜 18MPa 강도의 콘크리트를 타설하고 있느냐이다. 30MPa 강도의 콘크리트로 타설해야 한다고 주장하며 콘크리트 타설을 중단시킨 것이다.

맙소사!

학교를 졸업하고 실무업무를 접해보니 변경된 단위가 적용된 지 오랜 시간이 지났지만, 실무에서는 MPa와 kgf/cm^2를 혼용해서 사용하고 있었고, 전반적으로 단위 자체에 대한 이해가 부족했다. 예를 들어 감리단, 협력사, 레미콘사, 작업자들이 30MPa 콘크리트를 타설한다고 치자. 단위를 생략한 채 '강도 300 콘크리트'이라고 표현한다. tf/m^2, MPa…. 뭐가 붙든지 상관하지 않는다. 습관화된 탓이다. 그래서 의례적으로 지내력 '$300tf/m^2$'를 '300강도'로 인식하여 '$300kgf/cm^2$, 30MPa' 강도로 타설해야 하는 것으로 감리단에서는 혼동하고 있었던 것이다.

$$300\ tf/m^2 = 300{,}000kgf/10{,}000cm^2 = 30kgf/cm^2 = 3MPa$$
$$= 0.3kgf/mm^2 = 3N/mm^2 = \mathbf{3MPa}$$

* 응력의 단위 = P/A, tf/m^2, kgf/cm^2 * $1MPa=1N/mm^2=10kgf/cm^2$
* 1kgf = 9.8N ≒ 10N

급히 수첩을 꺼내어 위와 같이 지내력 단위를 MPa로 변환시키는 과정을 감리단에 설명드렸다. 설계 지내력 $300tf/m^2$ ⇒ 3MPa, 현재 타설 중인 콘크리트 강도는 18MPa. 소요 지내력보다 높은 강도로 타설하고 있는 상황임을 간절하게, 정말 간절하게 설명했다.

그 결과 공사는 재개됐고, 또 한 번의 고비를 넘겼다.

온몸에 땀이 주르르 흘러내렸다.

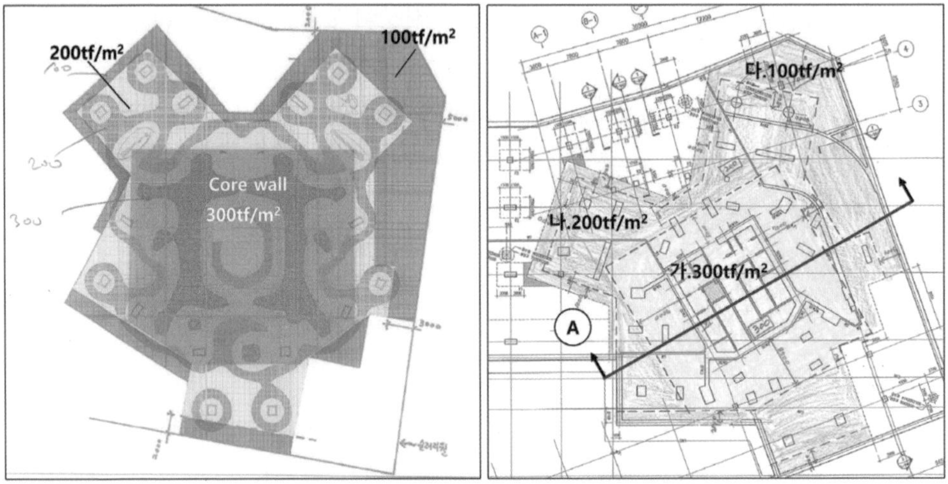

[그림1] 지내력 구조설계와 구조평면도

Core Wall은 지하 7층부터 지상 69층까지 이어진다. 이 부위 지반의 소요 지내력은 300tf/m². 계획 굴착 레벨까지 굴착했지만 소요 지내력을 충족하는 기반암 레벨이 일정치 않았기 때문에 풍화암과 절리층을 제거하여 콘크리트로 치환, 타설해야 했다.

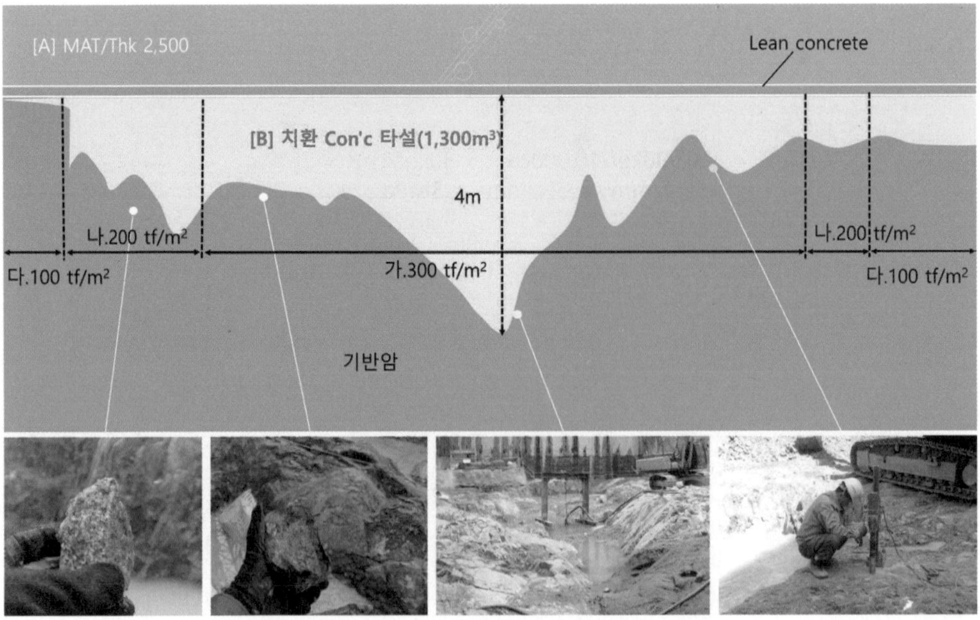

[그림2] Section A & 치환콘크리트 타설 단면

풍화암 구간(B)은 소요 지내력에 미치지 못하기 때문에 기반암까지 풍화암을 제거해야 했다.
위의 단면과 같이 소요 지내력은 가) 코어월 구간(300tf/m²), 나) 주동부 구간(200tf/m²), 다) 저층부 구간(100tf/m²). 전방위에 걸쳐 풍화암을 제거하여 치환 콘크리트를 타설했다. 최대 깊이 4m, 총 타설량 1,300m³(레미콘 216대).

[그림3] 치환콘크리트 타설 전경

연약 절리층, 풍화암을 제거하면 기반암 라인이 계곡처럼 형성되어 깊이가 최대 4m까지 이어졌다. 타설을 위해 비계까지 설치하여 작업할 수밖에 없었다.

▶ 건축기사의 생각

현장에서 근무하는 건축기사는 정말 극한직업 중 하나이다.

툭하면 인원 철수하겠다는 협력사, 오시공을 지적하면 못 해먹겠다며 집에 가버리는 작업자, 일일 행사처럼 작업 중지시키는 감리단, 터무니없는 보상을 요구하는 악성 민원인, 노조, 매번 빗나가는 일기예보에 의한 공정 펑크. 여름에는 폭염, 겨울에는 한파. (야근과 휴일 근무의 고통은 이들 축에도 못 낀다.)

건축기사는 이 모든 것의 한가운데 서있고, 참아내야 한다. 슬픈 현실이다. 그래도 어쩔 수 없다. 건축을 버리고 다른 직업을 택하지 않는 이상!
슬픈 현실일'지라도', 극한직업일'지라도', 정말 짜증날'지라도', 욕이 수천 번 나올'지라도'

'지라도' 정신을 발휘해서 배워야 할 시기에 배워야 할 것들을 제대로 배우고 공부해야 한다. 10년, 20년 후에 후배들한테 부끄러운 선배가 되기 싫다면….

방수턱과 단차시공은 이렇게

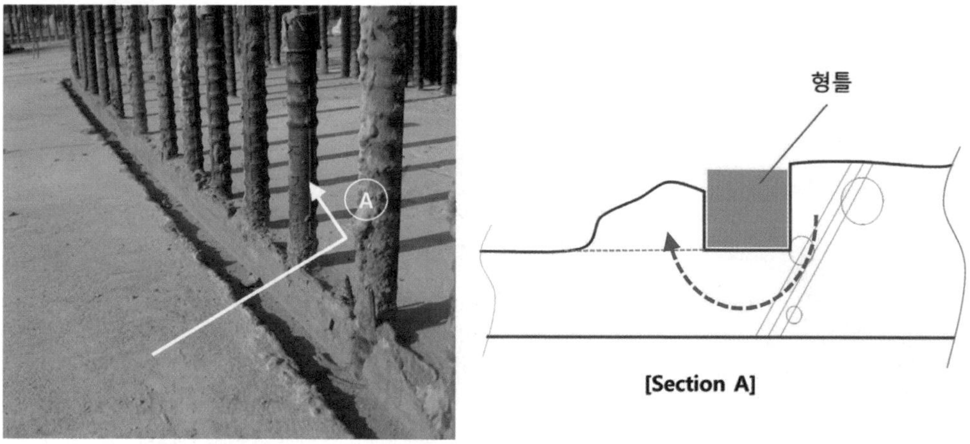

[그림1] 단차시공의 실패

화장실과 복도, 엘리베이터 홀과 세대 현관 등 바닥 마감 종류가 상이한 경우 두께가 다르다. 이런 경우, 본 구조체(Slab) 시공 시 마감 경계를 기준으로 확실한 단차 시공이 필요하다. 하지만 콘크리트 Slump, Flow 관리 실패로 단차시공에 실패하는 경우가 빈번하다. 그렇다면 어떻게 해결해야 할까?

콘크리트 타설 시 레미콘 공장에서 배합관리(Slump, Flow)와 현장 시공관리 차이에 따라 품질이 천차만별이며, 이에 대한 관리는 매우 어렵다. 특히, 화장실이나 샤워장 등과 같이 물을 사용하는 공간의 경우 누수 하자의 원인이 될 수 있다. 또한, 단차시공에 실패하여 바닥 석재, 바닥 타일마감에 필요한 모르타르가 부족하여 마감이 들뜨는 하자가 발생하기도 한다. 혹자는 '그래서 잘 관리하며 될 거 아니냐?'라는 세상 답답한 얘기를 하기도 한다. 현장을 몰라도 너무, 너무, 너무 모르는 양반이다.

자, 그러면 어떻게 해결해야 할까?

욕실, 화장실의 경우 슬래브 레벨 SL이 다운된다. 벽은 조적조로 시공된다. 바닥과 벽체에 방수를 진행할지라도 RC 슬래브와 조적벽은 신축팽창률이 다르고, 거동으로 인해 방수층이 파단될 경우 누수가 발생할 수 있다. 건축물의 사용 기간이 오래될수록 이런 누수확률이 높다.

아래와 같이 세 가지의 유형으로 시공되었다고 가정해 보자.

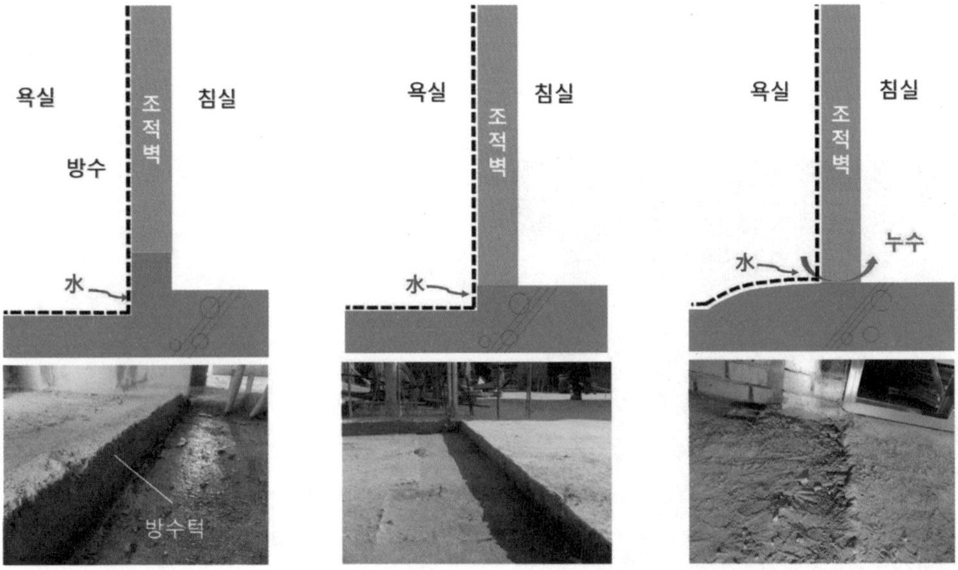

[Case1] Best
RC방수턱 + 단차 + 방수

[Case2] Nomal
단차 + 방수

[Case3] Worst
단차 無 + 방수

[Case1] RC방수턱 + 단차 + 방수

양생 부족에 의한 방수턱 파손

슬래브 콘크리트 타설 시 방수턱까지 일체로 시공했기 때문에 조적벽과 콘크리트 부재의 상이한 신축 팽창과 구조물의 거동이 발생할 경우에도 방수턱 자체가 방수의 기능을 할 수 있다. 하지만 방수턱 시공의 경우 쉽지가 않다. 형틀 제거 시 파손되는 경우가 발생하고, 추후 조적벽 시공 시 평면상 위치가 맞지 않을 경우, 방수턱 제거 후 재시공을 해야 할 경우도 발생한다.

이를 예방하기 위해서는 반드시 방수턱 형틀 시공 전에 깨끗이 청소하고 박리제를 시공해야 한다. 콘크리트 타설 후에는 충분히 양생되도록 최소 24시간은 존치시켜야 한다(양생 온도에 따라 상이). 철근을 시공하여 방수턱 파손을 예방할 수도 있다. 현장 여건에 따라 관리자가 판단하여 적절한 방안을 적용하면 된다.

이러한 RC방수턱은 일반적으로 아파트, 중층 건축물에 적용될 수 있으나 4day cycle 공정관리가 적용되는 초고층 건축물에는 방수턱 양생 시간이 부족하고, 콘크리트가 'Slump'가 아닌 'Flow'로 관리되기 때문에 적용이 어렵다. 또한, Flat Plate Slab, Table Form 적용 시, 서포트와 방수턱의 간섭이 발생되며 커튼월 시공 시 곤도라와 간섭되어 위험할 수 있다.

[Case2] 단차 + 방수

설계도면의 다운 슬래브를 그대로 적용한 케이스로, 슬래브 콘크리트 타설 시 단차 부분을 확실히 시공한다. 설계도서에는 이와 같이 욕실 구간에 슬래브 다운만 명기되어 있다(SL −50, −60…). 이렇게 단차만 확실히 시공되어도 단차 부분이 방수턱 역할을 할 수 있다. 4day cycle 공정관리, Flat Plate Slab, Table Form, Flow Test Con'c 적용 현장에 적합하다.

[Case3] 단차 無 + 방수

설계도면에 욕실 구간은 Down Slab로 설계되어 있을지라도 콘크리트 타설 시 레미콘 슬럼프 조절 실패와 시공 관리 부족으로 인해 단차 부분이 경사로 시공되거나 단차가 없게 시공되는 경우다. 이럴 경우 누수 발생 확률 100%! 욕실 구간은 방수가 적용될지라도 각기 다른 부재의 상이한 신축 팽창율 때문에 방수층이 파손되며, 사용자의 입주, 하중에 의한 거동으로 인해 방수층이 파손, 누수가 발생된다.

그렇다면 최소한 [Case2]를 준수해 보자!

초고층 건축물현장에서는 높은 위치까지 콘크리트 압송해야 하기 때문에 일반 건축물 시공현장에서 적용되는 Slump Test Con'c를 적용할 수 없다. 왜냐하면, Slump Test가 적용되는 콘크리트는 된비빔 상태이기 때문에 높은 위치로 압송될 수도 없고, 압송된다고 가정할지라도 압송 중에 배관 막힘현상이 발생되기 때문이다. 그래서 초고층 건축물 현장에서는 Flow Test가 적용되는 콘크리트가 사용된다. 예를 들어보자. 레미콘 규격

25-60-600(굵은 골재 25mm, 압축강도 60MPa, Flow 600)의 Flow Test 콘크리트는 콘크리트가 퍼진(Flow) 길이를 테스트하는 것으로 매우 묽다(그림2). 이 때문에 수평부재의 구배 및 단차 시공은 매우 어렵다.

또한, 고강도이기 때문에 콘크리트의 굳는 속도가 매우 빠르다. 콘크리트 타설 작업자가 인위적으로 콘크리트의 형태를 컨트롤 하는 것은 매우 어렵다. 실제로 Finisher를 사용하여 기계미장을 진행해 보면 고강도 콘크리트의 굳는 속도가 빨라 슬래브 SL(Slab Level) 관리조차도 힘들다. 이런 상황에서 단차를 시공한다는 것은 어렵다.

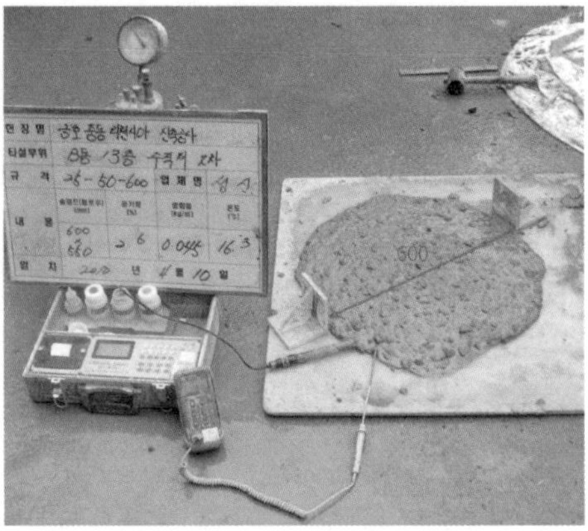

[그림2] 레미콘 25-60-600, Flow Test

그렇다면 '형틀'을 이용해 보자.

Flow Test 콘크리트도 단차 시공이 가능하도록 형틀을 [그림3]과 같이 적용해 보기로 했다. 단차에 의한 콘크리트 압력을 형틀이 제어해 줄 것이라는 희망을 갖고 [그림4]와 같이 형틀 시공을 했다. 결과는?

매우 좋았다. [그림5]와 같이 살짝 형틀 자국이 남기는 했지만 확실한 단차시공이 됐다. 레미콘사별로 동일 규격의 레미콘이라 할지라도 현장시공 시 Workability가 다르다. 이렇게 형틀을 적용했을 때는 레미콘사와 관계없이 동일한 품질을 얻을 수 있었다. 하지만 건설현장에서는 모든 게 쉽게 생각대로 되지 않는다. 형틀 시공, 형틀 제거 시 추가적으로 노무비, 자재비가 투입되는 문제가 발생된다. 복잡하게 생각하지 말자. 곰곰이 생각해 보고 판단하면 될 일이다.

1) [그림1]처럼 단차시공이 실패했을 시 콘크리트 할석(割石) 비용(폐기물, 노무비)

2) [그림3]처럼 단차시공에 필요한 형틀 자재비, 노무비

3) 그냥 되는 대로, 대충.

설마 3)번을 선택하지는 않겠지?

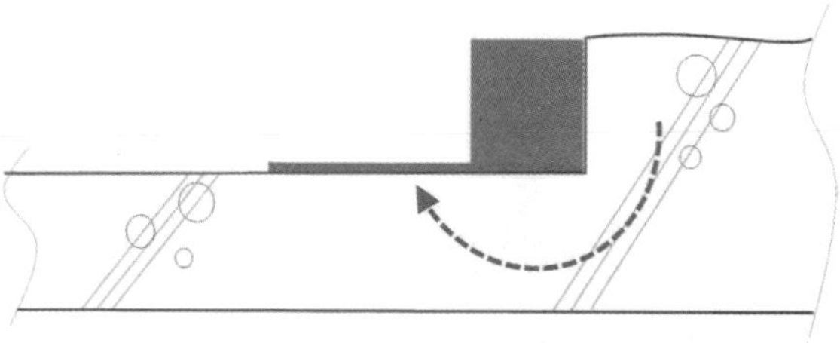

[그림3] 제안된 단차 구간 형틀 시공 단면 도식

[그림4] 화장실, 단차 구간의 형틀 시공

[그림5] 타설 후 형틀 제거

화장실, Flow test Con'c를 타설했을지라도 확실한 단차가 형성되었다.

▶ 건축기사의 생각

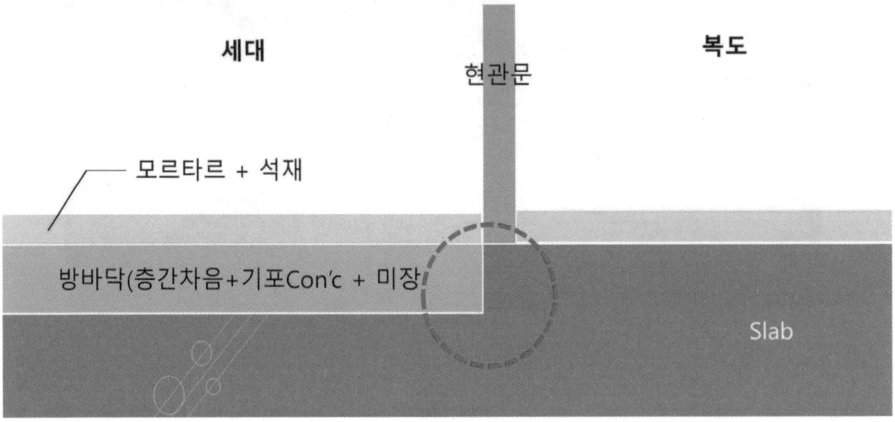

탄력을 받아, 세대와 복도 경계부위 단차 구간도 개선안을 적용해 보았다.

결과는 Perfact!

화장실 단차 구간과 같이 누수 문제의 중요성은 없는 부분이지만, 마감공사의 시공성과 하자 예방을 위해 적용했다.

좋은 아이디어가 있어도 현장에 적용하기가 쉽지 않다. 뭐 좀 하려고 하면 직책이 건축기사이다 보니 이 바닥에서는 잘 안 먹히는 경우가 대부분이다.

사람에게도 뉴턴의 제1법칙, 관성의 법칙이 적용된다. 수십 년 동안 오랜 시간 해오던 방식을 그대로 고수하려고 한다. 그래야 편하다. 새롭게 뭔가를 하기는 귀찮다. 협력사 관계자, 근로자들을 설득시키는 일은 정말 어려웠다.

'대충 좀 하자, 그냥 하던 대로 하자, 지금까지 그렇게 해본 적이 없다. 귀찮게 좀 하지 마라.'

짜증과 핀잔을 받을 때면 건축기사의 의욕은 지구의 맨틀 깊이까지 곤두박질친다.

그래도 해야 한다. 이게 직업이니까….

Construction Joint, 止水(지수)하자!

지하주차장 슬래브, 램프 슬래브 등 면적이 넓은 구간은 계획상 조닝을 구획하여 분리시공할 수밖에 없다. 이렇게 분리시공을 위해 계획된 줄눈을 'Construction Joint'라고 한다. 계획된 줄눈이기 때문에 철근의 이음, 콘크리트의 타설, 형틀 시공 등 모든 게 계획에 의해 맞춤형으로 시공된다. 하지만 문제는 [그림1]처럼 추후에 방수층이 시공되는 슬래브 부재일지라도 골조공사 후 방수층 시공까지 상당한 시간이 소요되기 때문에 우천 시, 장마기간에 우수 침투가 빈번하게 발생된다. 추후 마감공사 시 방수공사를 진행할지라도 취약부분으로, 누수 발생 1순위이다. 또한, 공사 중에 폭우라도 쏟아지는 날이면 집수, 배수, 청소작업 등 번거로운 작업들이 과중한 업무로 찌든 건축기사를 괴롭히게 한다.

이에 대한 대책으로 Construction Joint 부분에 지수실란트를 시공했다(그림2, 3). 지수(止水)를 하기 위해서는 지수판, 지수재 시공이 일반적이지만 [그림3]과 같이 이어치기 부위의 단면은 요철이 있어 매우 거칠다. 이러한 바탕면에 지수재 시공은 부착하기도 어렵고, 부착한다고 해도 부착력이 떨어져 틈새 발생이 불가피하고 지수재의 효과도 없다. 그렇다면 미리 지수판을 시공하는 게 더 좋지 않느냐는 생각을 할 수 있다. 하지만 임시적으로 시공되는 가설용으로서의 지수판을 시공한다는 것은 원가적인 측면에서 비효율적이다.

이에 대한 대책으로 [그림3]과 같이 이어치기 면에 지수 실란트를 2중으로 시공, 양생 후 콘크리트를 타설했다. 우천 시 지수실란트 시공 부위는 확실히 지수(止水)가 되었다(그림4). 이를 계기로 우수, 지하수가 접하는 부재의 조인트에 적용한다면 누수 하자를 예방하는 차원에서 매우 우수할 것이라고 생각되었다. 특히, 건설현장에서는 불가피하게 시공

될 수밖에 없는 개구부에 적용한다면 매우 적합할 것으로 생각됐다. 타워크레인, 리프트 카, 자재 인양구, 장비 인양구 등 개구부의 후타설 구간은 항상 누수에 취약하다. 방수 보강을 한다고 해도 누수확률이 높다. 이 부분에 지수실란트를 '보강적' 차원에서 적용한다면 영구적 관점에서 누수 하자 예방, 골조 마감 공사중에서도 조인트 누수를 방지할 수 있다.

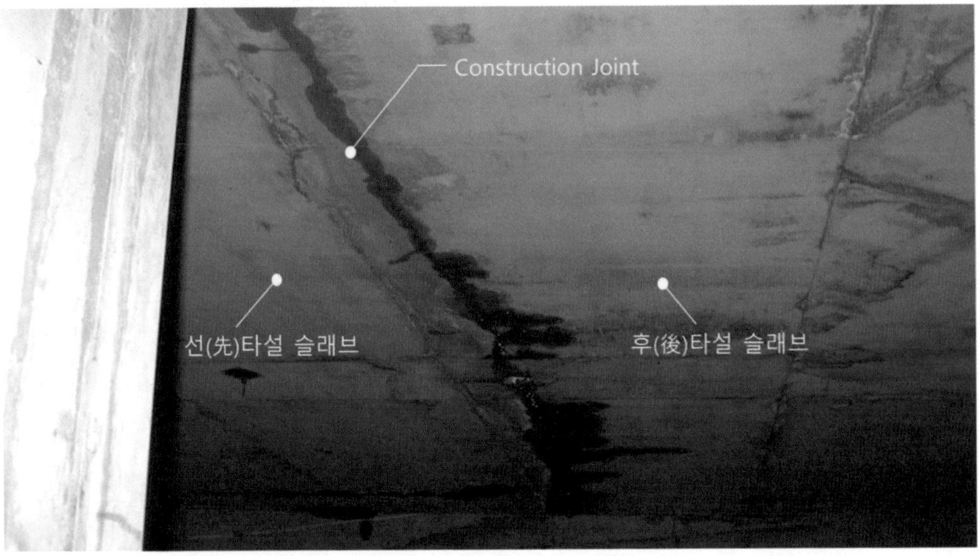

[그림1] 골조공사 진행 중, 시공줄눈(Construction Joint)에서의 누수

골조공사 진행 중 이어치기 부위에는 우천 시 누수 발생이 불가피하다. 이어치기 부위가 방수가 적용이 안 되는 구획이면 마감공사 이후에도 누수될 것이며, 방수적용 구간이어도 방수공종이 투입되기 전까지 누수는 발생된다. 현장 전체를 고려했을 때 이어치기 부위, 타워크레인 오픈구, 리프트 카 오픈구, 자재 인양구 등 후타설 부위의 누수를 그냥 바라만 볼 것인가? 고민해 볼 필요가 있다.

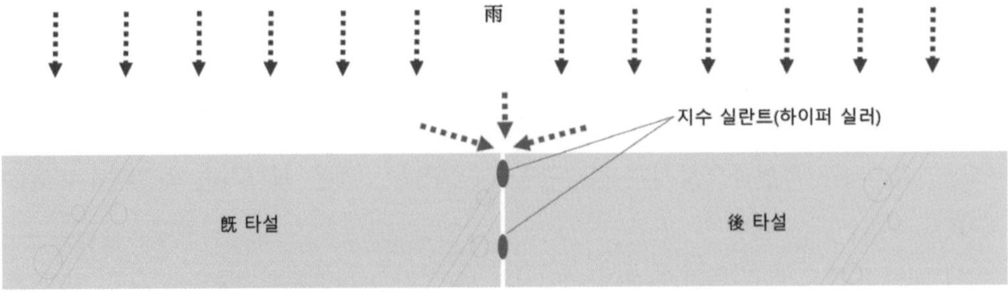

[그림2] Construction Joint, 지수실란트의 지수(止水)

지수실란트는 물과 반응하면 팽창한다. 지수재에 비해 단면적이 작아 팽창력에 의문을 가질 수 있을 것이다. 콘크피트 피복 부위에 지수실란트를 시공해 보면 콘크리트 피복을 박리시키기도 한다. 이어치기 부위에 시공해 보면 그림과 같이 확실한 지수효과를 얻을 수 있다. 단, 확실한 시공이 전제되어야 한다.

[그림3] 램프슬래브 CJ, 지수실란트 시공

이어치기 단면은 메탈라스, 다마가 시공으로 요철이 발생할 수밖에 없다. 이 부분에 지수재를 시공한다면 지수재와 바탕면 사이 틈새로 인해 지수재의 성능은 발휘될 수 없다. 또한, 지수재를 고정하기 위해 못을 사용하기 때문에 못 틈새로 누수된다. 지수실란트는 물과 접하는 최초의 부위에 시공하는 것이 가장 좋지만 그 부위가 콘크리트 피복 부위이면 지수실란트의 팽창에 의한 박리가 발생될 수 있다. 따라서, 위 사진과 같이 상하부 철근 내에 시공하기도 한다.

[그림4] 지수실란트 시공의 효과

지수재실란트는 물과 반응하면 팽창된다. 콘크리트 이어치기 부위에 우수가 유입되면 팽창되어 공간을 꽉 채워준다. 즉, 그렇게 조인트 부위는 누수가 예방된다. 건설현장에서 방수공종이 투입되기 전까지 조인트에 누수가 예방된다는 것은 후속 공종을 위해서도 매우 반가운 일이다. 경험해 본 사람만이 아는 진실이다.

지수실란트는 바탕면이 고르지 않을 때, 지수판이 누락됐을 때, 지수 보강이 필요할 때 매우 적합한 자재이다. [그림5]와 같이 조경구간의 파라펫이 시공되는 부분에 지수판 설계가 되어있지 않아 지수 보강이 필요하다고 판단되어 지수실란트를 시공했다. [그림6]은 지하공간에 시공된 RC Wall, 6개월 후 합벽시공이 이어지는 조인트로 지하수와 우수가 유입될 수 있는 취약지점이다. 지수재와 지수실란트를 병행 시공했다.

결과는 지수(止水) 완벽!

지수실란트를 시공할 때 유의해야 할 점은 아래와 같다.

1) 바탕면에 확실히 부착될 수 있도록 할 것(바탕 정리, 젖은 상태 시공 금지)
2) 실링 폭 8mm 이상으로 반원형으로 시공할 것
3) 실링이 중간에 끊어지지 않고 연속성이 있을 것
4) 시공 타이밍!

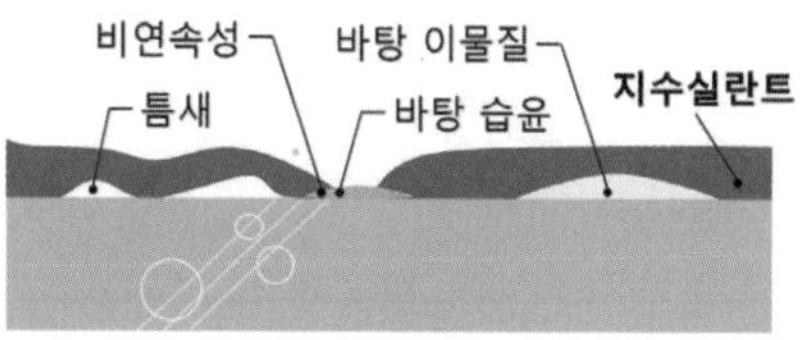

[Worst]

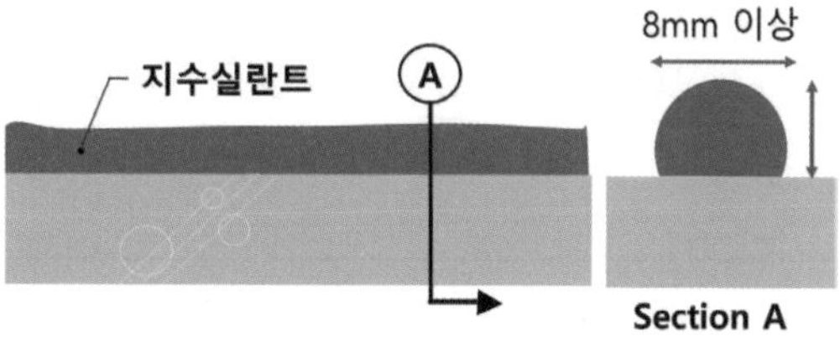

[Best]

지수실란트와 지수재는 수팽창하는 성질이 있다. 즉, 물이 유입되면 팽창하여 조인트의 틈새를 확실히 메꿔 물을 지수(止水)하는 것이다. 하지만 시공 후 비가 오거나 작업자의 살수작업으로 지수실란트, 지수재가 물을 접한다면 [그림7]과 같이 콘크리트를 타설하기도 전에 팽창해 버린다. 당연히 지수성능은 상실된다. 이럴 때는 아쉽지만 망설이지 말고 깨끗이 제거해서 재시공해야 한다.

건설현장에서 지수(止水)는 선시공 시 지수판, 후시공 시 지수재로 설계되는 게 일반적이다. 지수판은 지수(止水)를 위한 가장 확실한 방법이다(사진9, 11). 하지만 시공된 지수판이 시공 중 파손됐거나 누락됐을 때, 지수판 시공이 난해할 때 지수재가 적용되기도 한다.

지수재 자체의 성능은 우수하다. 하지만 [그림8]과 같이 바탕면과의 틈새가 불가피하게 발생되고, 지수재 고정을 위해서는 [그림9]와 같이 못을 사용하는데 못이 지수재를 관통하기 때문에 지수재 훼손이 불가피한 단점이 있다. 현장 여건에 따라 관리자의 냉철한 판단에 의해 적재적소에 지수자재를 시공해야 한다.

▶ 지수 관련 자재 비교

구 분	지수판	지수실란트	지수재
장 점	* 확실한 지수성능 * 유입수 다량부위 최적	* 거친 시공단면에 시공 가능 * 확실한 지수성능	* 시공편리
단 점	* 위치고정 위한 형틀시공 난해 * 형틀 수작업 사항 과다 * 시공 중 훼손 빈번 * 2차 타설전 깨끗한 청소필요	* 시공면에 확실한 부착필요 => 시공자의 숙련도 필요	* 부착면과 들뜸 * 고정못에 의한 훼손 => 지수성능 저하
주요사용	* Construction Joint => 기초, 슬래브, 수직부 * 수평재-수직재 조인트 * 수직재 분리타설 부위	* Construction Joint * 방수턱, 오픈구 후타설 * Slurrywall Capbeam * PRD 기초, 복공판 Post (H-beam용 지수재와 겸용)	* 수평재-수직재 조인트 => 기초-옹벽
유의사항	* 이음부, 연결캡 사용 * 지수판 적용 시 EJ용/ CJ용 구분 필요 * 지수판 고정 시 지수판 훼손 유의 (못 등)	* 지수실란트 두께 유지 * 타설 전, 물에 닿지 않도록 관리 필요 * 팽창에 의한 피복 박리유의	* 바탕면 면처리 필요 * 바탕 요철 미제거시 지수성능 없음 * Con'c 타설 전, 물에 닿지 않도록 관리 필요

[그림5] 수평재-수직재, 지수실란트 시공

수평, 수직재의 조인트에 지수판을 시공하는 것이 가장 좋다. 하지만 시공이 누락됐을 경우, 시공이 불가능할 경우, 지수재가 아닌 지수실란트를 적용해 보자. 그 성능의 달콤함을 맛볼 수 있다.

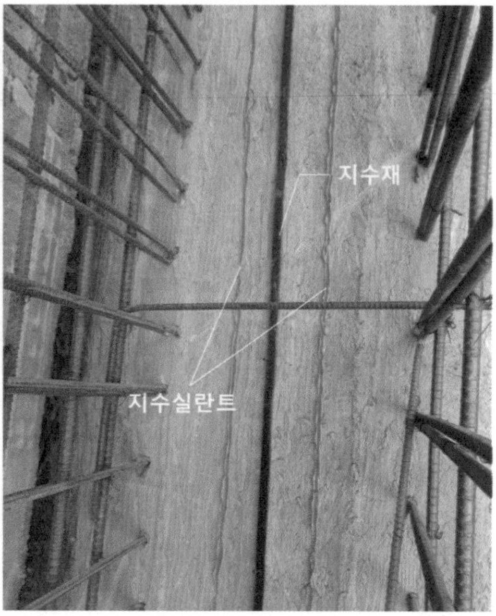

[그림6] '지수재 + 지수실란트' 병행 시공

RC wall이 선시공되고 합벽이 후시공 되는 부분이다. 지수판을 미리 시공했으면 좋았겠지만 형틀시공과의 간섭으로 불가능했다. 지하수 유입 확률은 100%. 그렇다면 대책은, 지수실란트와 지수재를 적용할 수밖에. 지수실란트 2중 시공 + 지수재를 병행 시공하여 지하수, 우수의 유입을 확실히 차단 시키려고 했다.

[그림7] 지수재와 지수실란트의 팽창

지수재와 지수실란트는 물과 반응하면 팽창되어 분리된 틈새를 꽉 채워 누수를 차단한다. 하지만 콘크리트 타설 전에 비가 내리거나 살수작업 등의 물을 접하는 사고(?)가 발생된다면 사진과 같이 미리 팽창되어 버린다. 당연히 본연의 성능은 이미 상실됐다는 슬픈 결론. 지수실란트의 시공 시점은 타이밍이 중요하다. 그리고 위 사진과 같이 이미 팽창되었다면 고민하지 말자. 벗겨내고 재시공해야지요~.

[그림8] 벽-슬래브에 시공되는 지수재의 틈새

지수재가 시공되는 바탕면은 요철이 있을 수밖에 없다. 이는 지수재와의 틈새를 유발시킨다. 이 틈새로 콘크리트가 유입되면 틈새는 더욱 커지고 지수재 시공의 의미가 없게 된다. 지수재의 최대 단점이다.

[그림9] 지수재의 고정

지수재는 바탕면과의 부착 면 사이의 틈새가 불가피하게 발생된다. 또한, 지수재 고정 시 못을 사용하면서 지수재 훼손이 불가피하다. 물론 시공하지 않는 것보다 좋지만, 시공 후 지수재의 기능이 상실된다면 한 번쯤 고민해 봐야 하지 않을까?

[그림10] 기초 C.J에서의 지수판

지수판은 전, 후 콘크리트 타설 전, CJ에 시공한다. 지수의 효과는 최고! 메탈라스, 다마가 등 형틀과 간섭되기 때문에 수작업이 많이 필요하다.

[그림11] 기초-합벽 Joint, 지수판

CIP 조인트에서는 다량의 유입수가 발생된다. 이를 차단하기 위해서는 기초-합벽 조인트에 지수판을 적용해야 한다. 지수재, 지수실란트로는 그 기능을 대신하기에는 부족할 수 있다.

▶ 건축기사의 생각

수영장 방수턱, 지수실란트 시공

PRD 철골, 지수실란트 시공

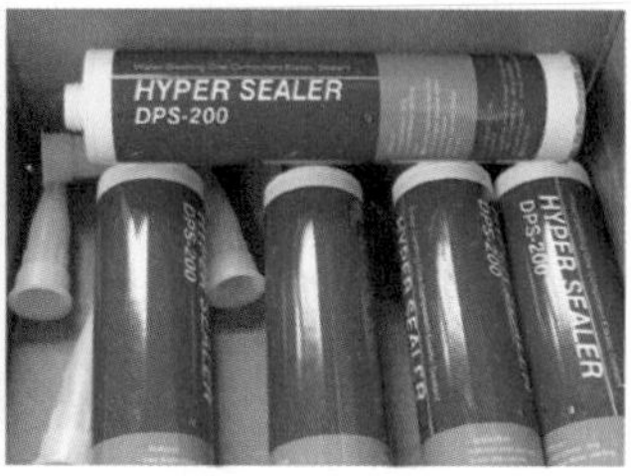

지수실란트(하이퍼실러)

지수판, 지수재는 일반적으로 사용되는데, 지수실란트는 생소했다. (건설사에 갓 입사한 생초보라서 모든 것이 생소하지만^^) 골조 협력사 관계자들조차 이런 자재에 대해 모르고 있었다. 선배가 지수실란트의 중요성을 가르쳐주면서 지수실라트의 존재를 알게 됐다. (감사합니다, 선배님!) 초반에는 지수실란트 시공을 하면서 성능에 대한 의구심이 들었다. 하지만 그 결과를 눈으로 직접 확인하는 과정에서 정말 깜짝 놀랐다. 적용할 때마다 지수실란트의 성능은 나를 흥분시켰다.

앞으로 이어치기 구간(Construction Joint)이나 오픈구 후타설 구간 등 지수판 사용이 어렵다면 반드시 지수실란트를 사용해 보자!

콘크리트 타설 면은 유리, 플라스틱 면처럼 곱지 않기 때문에 지수재 적용 시 지수재와 부착면 사이의 틈새가 발생될 수밖에 없다. 그래서 지수(止水)의 효과가 확실히 떨어지는 게 사실이다. 그렇다고 모든 이어치기 구간에 지수판을 사용하기도 어렵다. 성능이 좋다고 한들 모두 내 마음대로 시공되면 좋겠지만, 설계도서 명기 유무, 발주처, 감리단과의 관계, 비용문제 등 고려해야 할 사항이 많다. 특히, 지수판은 지수판 자재 비용보다 지수판을 시공하기 위한 형틀작업이 모두 수작업으로 진행되기 때문에 비용이 많이 소요된다. 원가적 측면에서 미리 계획되지 않으면 적용이 힘들다.

가성비 최고의 지수실란트!

혹시 모를 지수실란트 탈착에 의한 누수가 우려된다면 2중으로 시공해 보자.

소성수축균열과 소성침하균열, 도대체 뭐가 다른겨?

콘크리트 타설	➡	응결(Setting)	➡	경화(hardening)

콘크리트는 '시멘트 + 물 + 잔골재(모래) + 굵은골재(자갈) + 혼화재료'로 구성된다. 이는 타설 후 구성물질들이 자리를 잡는 응결(Setting)과 콘크리트 고유의 강도가 발현되는 경화(hardening)과정을 거치게 된다.

응결과 경화는 콘크리트가 본연의 기능을 할 수 있도록 하는 중요한 과정이며, 이를 양생 기간이라고 한다. 사람으로 비유하자면 아기가 태어나서 어른으로 성장하기 위한 유아기, 청소년기라고 할 수 있다. 이때 부모로부터 사랑과 보호를 잘 받으면 건강하고 튼튼한 어른으로 성장하지만, 그렇지 못하면 애정결핍 등으로 인해 비행과 일탈문제가 발생하기도 한다.

자. 왜 이렇게까지 비유 하면서 강조 할까…?

콘크리트를 타설해서 양생과정이 그만큼 중요한 것이며, 이 과정에서 관리 정도에 따라 균열의 빈도, 강도가 결정되기 때문이다. 특히, 소성수축균열과 소성침하균열은 양생 과정에서 관리자의 정성스러운 관심이 있다면 충분히 예방할 수 있다. 그렇다면 소성수축균열과 소성침하균열, 이 차이점은 무엇일까?

▶ 소성수축균열

콘크리트 타설 후 소성 상태에서 표면 수분이 급격하게 증발하게 되면 블리딩 양보다 증발량이 많게 된다. 건조한 날씨가 지속되면 논바닥이 갈라지는 것과 같이 타설된 콘크리트 표면에 인장응력이 발생하여 균열이 발생하는데, 이를 소성수축균열이라고 한다. 햇볕이 강할수록, 바람이 강하게 불수록 콘크리트 표면의 수분 증발이 가속화되어 균열은 증가하게 된다. 건조한 날씨에 세수, 샤워 후 피부가 뻣뻣해지고 쩍쩍 갈라지는 것과 같다.

소성수축균열은 [그림1]처럼 타설 후 표면부에서 발생한다. 특히 옥상 등 외부에서 타설되는 무근콘크리트의 경우 발생 확률이 매우 높다. 관통균열인지 확인하기 위해 [그림2]처럼 균열을 따라 커팅 후 확인해 봤으나 관통되지는 않았다.

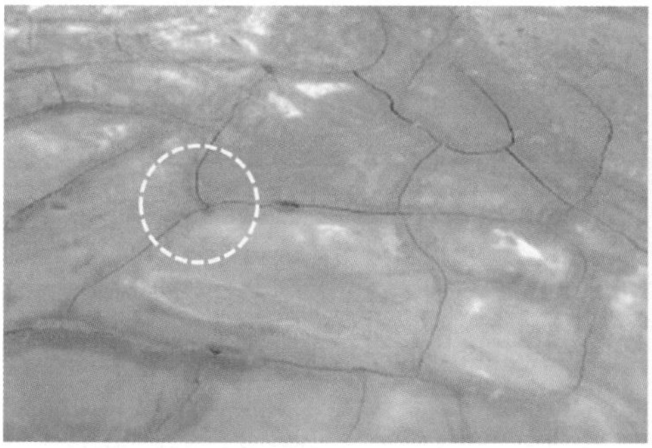

[그림1] 방수누름 Con'c 소성수축균열

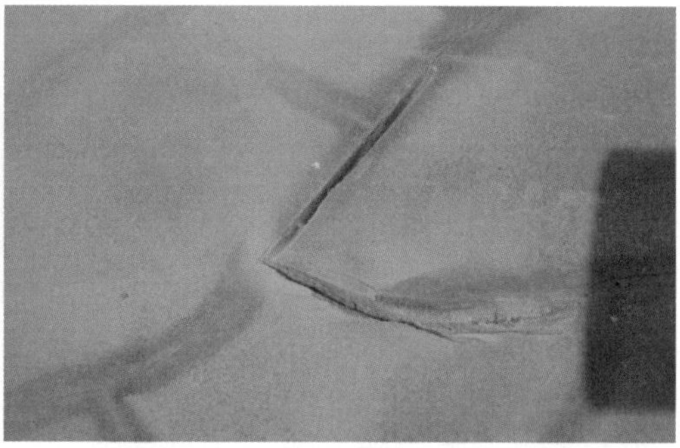

[그림2] 소성수축균열 표면부 커팅

햇빛이 강렬한 오후, 누름 콘크리트 타설 후 소성수축균열이 발생됐다. 균열의 깊이가 궁금해서 커팅을 실시해 봤다. 표면부에서 3~5mm 내외 깊이로 발생됐다. 비구조체이지만 균열은 반드시 최소한으로 발생되도록 관리되어야 한다.

[그림3] 소성수축균열

[그림4] 소성수축균열

건조한 상태에서 피부가 쩍쩍 갈라지듯이 콘크리트도 타설 후 급격한 건조상태가 조성되면 수분의 급격한 증발로 소성수축균열이 발생된다.

그렇다면 소성수축균열을 예방을 위해서는 어떻게 해야 할까?

피부가 쩍쩍 갈라지며 각질이 발생했다고 해서 몸의 뼈까지 문제가 있는 것이 아니듯 콘크리트에 소성수축균열이 발생했다고 해서 당장의 직접적인 구조적 문제가 발생하지는 않는다. 하지만 구조부재의 경우, 방치한다면 얘기는 달라진다. 균열 부위를 통해 물과 산성분이 유입되어 철근이 부식되는 탄산화 현상이 발생된다.

또한, 동결융해 과정을 거치면서 Popout이 발생할 수 있다. 균열 부위의 누수 발생에 의한 마감재 오염, 기계장비 부식 등도 문제가 된다. 즉, 중장기적 관점에서 건축물의 내구성, 사용성에 문제가 되기 때문에 예방에 만전을 기해야 한다.

타설 前: Slump 초과는 안 돼요!

현장에서는 Workability를 높이고 타설 속도를 높이기 위해 슬럼프를 설계 이상으로 주문하는 경우가 있다. Slump가 높다는 것은 콘크리트가 질다는 것으로 증발할 수 있는 물도 많다는 것이다. (레미콘의 단가는 강도로 결정된다. 현장에서 높은 슬럼프를 요구한다고 해서 레미콘사에서 시멘트량을 증가시키지는 않는다.) 콘크리트 내부의 물이 증발된 공극은 균열 발생을 초래한다.

즉, 콘크리트가 질고 강한 햇볕과 바람이 부는 날씨라면 타설된 콘크리트 양생 측면에서는 최악의 조건이다. 따라서 소성수축균열을 최소화하기 위해서는 수화반응과 Workability가 저하되지 않는 범위 내에서 슬럼프는 낮게 해주는 것이 좋다(그림4). 이는 중장기적 관점에서 소성수축균열뿐만이 아니라 건조수축균열 발생까지 최소화, 예방할 수 있다. 방수보호(누름)콘크리트, 무근콘크리트와 같이 비구조 부재의 경우, 철근이 없기 때문에 재료 분리, 철근과의 일체성 저하 등의 우려는 없다. 철근이 시공되는 슬래브, 보와 같은 구조 부재의 경우는 재료 분리가 발생하지 않는 범위 내에서 슬럼프 관리가 필요하며, 콘크리트가 철근과의 부착력에 문제가 발생하지 않도록 진동다짐을 철저히 하면 문제없다.

Slump가 낮으면 Workability도 낮아지기 때문에 타설 작업이 힘들어질 수 있다. 이 과정에서 타설 작업자들은 힘들어서 타설을 하지 않겠다고 건축기사에게 으름장을 내놓기도 할 것이다. 이때, 건축기사는! 골조업체와 타설 작업자들에게 그렇게만 해야 하는 이유를 설명하며 설득시켜야 한다.

Slump 조절 후 PE Film까지 보양해 주면 균열 예방은 최고다! 무근콘크리트의 경우,

균열 예방을 위해 Wire mesh를 시공하거나 섬유보강 콘크리트를 타설하기도 한다.

'Slump 관리 + PE Flim 보양'만큼의 효과에는 한참 미치지 못했다. 소성수축균열, 건조수축균열 동일했다. 수십 번의 테스트를 통한 결과다. 현장을 경험해 본 기술자라면 이해될 것이다.

[그림4] 옥상무근 Con'c, Slump 조절 후 타설 **[그림5] 타설 5년 후**

수화반응에 지장이 없는 기준 내에서 슬럼프는 최대한 낮게 조절해 주면 소성수축균열과 중장기적 관점에서 건조수축균열 발생까지 예방할 수 있다. 콘크리트 타설 후 일주일, 한 달, 일 년, 5년의 기간 동안 모니터링을 해본 결과 미세한 균열조차 발생하지 않았다. 현장을 경험해 본 기술자라면 이해할 수 있을 것이다.

타설 中/後: 수분크림과 수분팩으로 촉촉하게!

건조한 날씨에 피부가 트거나 각질이 발생하는 것을 예방하기 위해 보습제를 바르거나 얼굴에 보습팩을 하면 피부의 촉촉함을 유지하여 피부를 탄력 있게 만들 수 있다. 콘크리트도 이와 같이 햇빛에 의해 블리딩 양보다 증발하는 양이 많을 경우 발생하는 소성수축균열을 예방하기 위해 '보습'을 해주어야 한다(그림 6, 7).

1) 살수(撒水)작업: 수분크림 역할, 급격히 증발된 수분을 보충
2) PE Film 보양: 수분팩 역할, 수분의 급격한 증발 예방

살수작업은 백화현상이 수반되기 때문에 기둥, 벽체가 시공될 수평재일 경우는 살수작업보다 PE Film 보양을 하면 추후 백화를 제거해야 하는 번거로움을 줄일 수 있다. 하지만 급격한 수분 증발이 발생된다면 긴급처방으로써 살수작업이 불가피하다(그림7). 현장에서 날씨와 현장 상태를 보고 판단하면 된다.

콘크리트 타설뿐만 아니라 공동주택에서 뜬바닥 구조의 방바닥 미장을 실시하기 전에 창문 유리를 시공하고, 출입구에 천막보양을 하여 바람이 들어오지 않게 하는 것도 소성수축균열을 예방하기 위한 조치다. 실내이기 때문에 강한 햇볕은 없어도 강한 바람은 유입될 수 있기 때문에 차단시키는 것이다.

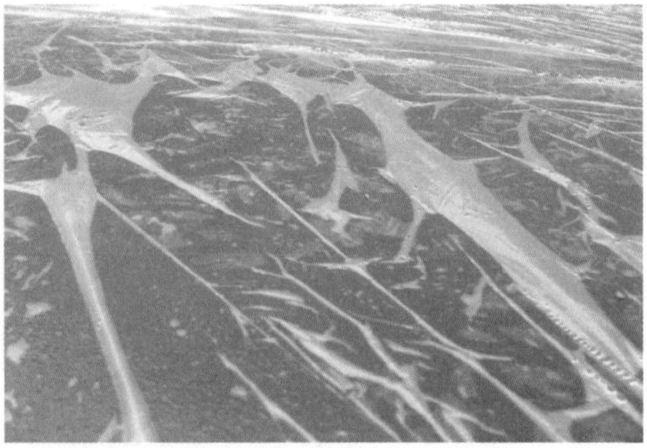

[그림6] 촉촉함을 위해! 옥상층 방수 보호 콘크리트 타설 후 PE Film 보양

PE Film으로 보양하는 것은 건조한 얼굴에 습윤팩을 붙여 피부의 갈라짐을 예방해 주는 것과 같다. 바람과 햇볕에 의한 수분 증발을 차단시키고 수화열에 의해 Film에 응결이 발생되면서 콘크리트를 습윤상태로 유지시켜 주는 보습제 역할까지 한다. 콘크리트도 촉촉하게 해주자!

[그림7] 살수(撒水)작업

날씨가 좋은 날, 콘크리트 초기 양생에 유의해야 한다. 구조체의 경우 수직철근 다월바로 인해 PE Film 고정이 어렵고, 바람에 의해 여기저기로 휘날리기도 한다. 그렇다고 그대로 방치해서는 안 된다. 살수(撒水)작업으로 급격한 수분 증발을 방지해야 한다.

▶ 소성침하균열

소성침하균열은 타설된 콘크리트가 '소성'상태에서 시멘트, 골재, 물 등의 콘크리트 구성요소들이 단면 변화 부분에서 부등(不等)침하하면서 발생하는 균열이다(그림8). 단면에 따라 발생 유무, 정도가 결정된다.

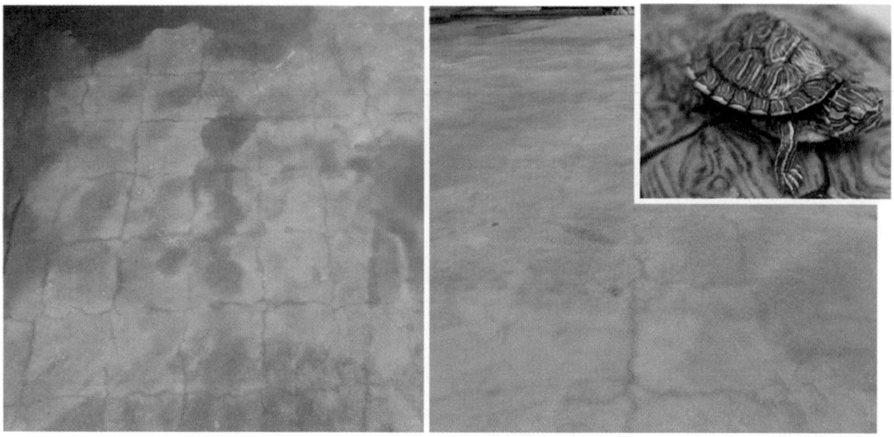

[그림8] 소성침하균열

철근배근 위치에 발생한 균열은 거북이 등 균열이라고 할 만큼 일정한 패턴으로 발생된다. 철근 부분과 철근이 없는 부분의 침하량과 침하속도가 다르기 때문에 발생된다.

[Case1] 철근콘크리트 부재

철근이 시공되는 수평재의 경우 철근을 경계로 단면 변화가 발생된다. 철근이 배근된 모양 그대로 균열이 발생되어 현장에서 '거북이 등' 균열이라고도 한다. 철근을 기준으로 구성요소들이 침하하는 속도와 양이 다르기 때문에 발생된다. 피복 두께가 작을수록, 레미콘 슬럼프가 높을수록 발생빈도가 높다.

[Case2] Thk 변화부

단면변화 경계를 기준으로 콘크리트 구성요소들의 침하하는 양이 다르기 때문에 이를 경계로 균열이 발생된다. 슬래브 Thk 변화부, 슬래브/보 경계부가 이에 해당하며, 슬럼프가 높을수록 균열 발생빈도가 높다.

[Case3] 無 단면변화

단면 변화가 없기 때문에 콘크리트 구성요소들은 똑같이 일정하게 침하되기 때문에 소성침하균열은 발생되지 않는다. 따라서 철근이 없는 무근콘크리트, Thk 변화가 없는 부재의 경우 소성침하균열은 발생되지 않는다. 즉, 부등(不等)침하가 아닌 등(等)침하가 발생하기 때문에 소성침하균열이 발생되지 않는 것이다.

단, 소성수축균열과 응결 후 건조수축균열은 발생할 수 있다.

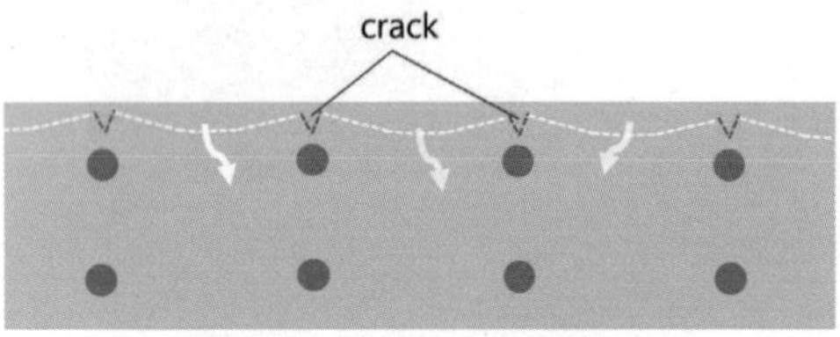

[Case1] 철근이 배근된 부재

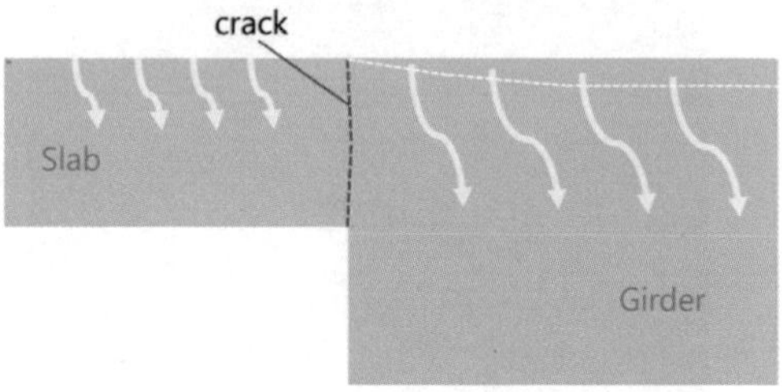

[Case2] Thk 변화에 의한 단면 변화부

[Case3] 단면 변화가 없을 시

네, 알겠습니다. 그러면 대안은 뭘까요?

현장에서 수십 번, 수백 번의 시행착오 통해 아래와 같이 결론을 내렸다.

1) 타설 前: 설계 슬럼프 초과 절대 금지(최대한 슬럼프 작게), 철근 피복 두께 확보

슬럼프가 높으면 소성상태에서 침하량이 높기 때문에 시공성을 침해하지 않는 선에서 슬럼프를 낮게 타설해 봤다. 그 결과 소성침하균열은 확실히 예방할 수 있었다. 또한, 증발하는 물 자체도 적기 때문에 소성수축균열 예방도 가능했다.

2) 타설 中: 단면 변화부 하부 선(先)타설, 표면진동기 이용한 Tamping

[그림10]과 같이 슬래브 단차 부위, Girder/Beam 부위 하부를 우선 타설하여 콘크리트 구성요소들이 미리 세팅(Setting)될 수 있도록 한다. 이때 단차 하부와 상부에 Cold Joint가 발생하는 것이 아니냐는 의문을 가질 수 있는데, 오해하지 마시라. 전체적으로 타설량과 시간은 정해져 있고 타설 순서상 우선순위를 미리 선정할 뿐이다. 미리 타설 작업자들에게 타설 순서를 공유하고, 콘크리트가 굳지 않도록 지속적으로 순환 타설을 해보자. 확실한 효과를 볼 수 있을 것이다.

[그림9]처럼 표면진동기를 활용해도 소성침하균열 예방에 좋다. 콘크리트 구성요소들이 침하할 즈음에 표면진동기를 사용하면 된다.

[그림9] 표면진동기 Tamping

[그림10] Girder, Beam 하부 先타설

균열을 원천적으로 차단할 수 없지만, 최소화는 할 수는 있다. 단차 부위가 발생하는 부재의 경우 하부를 우선 타설하고 콘크리트 구성요소들이 어느 정도 Setting 될 시기에 상부를 타설한다면 균열 발생을 최소화할 수 있다. 단, 단차 부위 선타설이라고 하면 Cold joint가 발생하지 않는 선에서의 시간이 준수돼야 한다. 콘크리트 피복까지 타설된 상태에서는 표면진동기를 이용하여 표면을 템핑(Tamping)하면 된다.

[그림11] 고무망치 Tamping

[그림12] 발을 이용한 Tamping

타설 다음 날 새벽, 콘크리트가 완전히 굳기 전 소성침하균열이 발생된 부분은 고무망치로 Tamping 하면 균열은 제거된다. 중요한 것은, 타이밍! 고무망치가 없다면 급하면 급한 대로 발로 밟아서라도 탬핑 조치를 하면 된다.

3) 타설 後: 발생 부위 템핑(Tamping)

그렇게 노력했음에도 불구하고 타설 다음 날, 새벽 타설 부위에 소성침하균열이 발생했다면? 마음이 아프겠지만 이미 벌어진 일을 어찌하오리까. 낙심하고 바라만 볼 것인가? 어차피 소성침하균열은 관통균열이 아닌 콘크리트 표면 부위에만 발생한다. 그렇다면 완전히 굳지 않은 콘크리트 표면의 소성침하균열은 고무망치로 템핑하면 된다(그림11). 계절과 날씨에 따라 양생 속도가 달라 템핑해야 하는 시점을 시간으로 정하기는 힘들다. 타설 다음 날 새벽, 출근 후 바로 확인해 보고 콘크리트가 굳지 않은 상태라면 바로 템핑을 실시해 보시라. 고무망치가 없어서 템핑 못하겠다는 핑계를 대지 말자. [그림12]처럼 발로 밟아도 템핑은 가능하다.

시간이 지난 후 콘크리트가 완전히 굳어버리면 템핑은 의미 없다. 타이밍에 유의하자.

▶ 건축기사의 생각

이해하기 어려웠다. 균열은 다 같은 균열인 줄 알았다. 소성상태가 무엇인지도 모르겠고, 균열이 왜 발생하는지도 모르고, 일단 타설 후 물만 뿌리면 되는 줄 알았다. 책에서 배운 것과 현장에서 실무적인 것들에 의해 머리속에서 엄청난 화학반응이 일어났다. 폭발하기 일보 직전까지….

힘들었지만 시간이 지나며 어려웠던 것들이 하나씩 매듭 지어지기 시작했다. 양생 초기에 발생하는 소성수축균열과 소성침하균열, 중장기적으로 발생하는 건조수축균열. 발생 원인도 다르고, 대책도 다르다. 하지만 한 가지 공통점은 Slump의 관리!

100m, 200m… 이상 높이의 위치에 타설되는 Flow Test 콘크리트는 관리가 힘들지만 일반적인 Slump Test 콘크리트는 충분히 컨트롤이 가능하다.

관리자의 균열에 대한 '이해도'와 관리하려는 '의지'에 달렸다.

철근시공,
나에게 묻고
나에게 답하다

Girder와 Beam이 만날 때는 어떻게 시공하나요?
보의 우선순위를 가르쳐 주세요
전기박스와 철근이 간섭될 때
기둥 Hoop의 Bending, 맞나요?
원형기둥 Hoop, 폐쇄시고 아닌가요?
개구부 마구리 부분은 왜 U-bar를..
Flat Plate Slab, Edge 보강철근은 어떻게 ..
Offset Column, Off Column 철근 시공은?
이상하네, Fin Wall이 생겨야 하는데
철근 VE, U-bar 시공을 바꿔보자
철근 VE, EV Wall U-bar를 변경하다
철근 VE, Link Beam side bar
철근 VE, 표준갈고리 남발은 안돼요
철근 VE, 시공철근이 과시공 된다면?
철근 VE, 고민하고, 협의하고, 테스트하고

[철근시공 Tip1] Girder와 Beam이 만날 때는 어떻게 시공하나요?

타워크레인 오픈구 부분은 추가적으로 작은 보(Beam)가 시공돼야 했다. 설계도면에는 철근 시공의 순서는 명기되어 있지 않았다. 현장에서 건축기사가 결정해야 할 부분이다. 구조적인 부분은 혼자 판단해서는 안 된다. 반드시 구조 전문가와 협의해야 한다. 시공 전(前) 도면 검토는 필수! 선(先) 검토해서 문제가 예상되는 부분과 안 되는 부분은 반드시 짚고 넘어가야 한다. 그렇지 않으면 재시공을 피할 수 없다.

타워크레인 부분의 보 철근시공 준비 중 고민했다. Girder와 Beam의 시공 순서는 어떻게 정해야 할까? 하중은 **'슬래브 => 작은 보(beam) => 큰 보(Girder) => 기둥 => 기초 => 지반'**으로 전달된다. 구조물 시공 시 이런 하중의 흐름을 역으로 생각해서 시공하면 이해가 쉽다. 즉, 시공 순서는 위 하중의 흐름과 반대 방향으로 **'기초 => 기둥 => 큰 보(Girder) => 작은 보(beam) => 슬래브'**. 철근 작업반장에게 위와 같이 설명하고 유사한 경우가 발생할 때는 위의 개념으로 적용할 것을 요청했다.

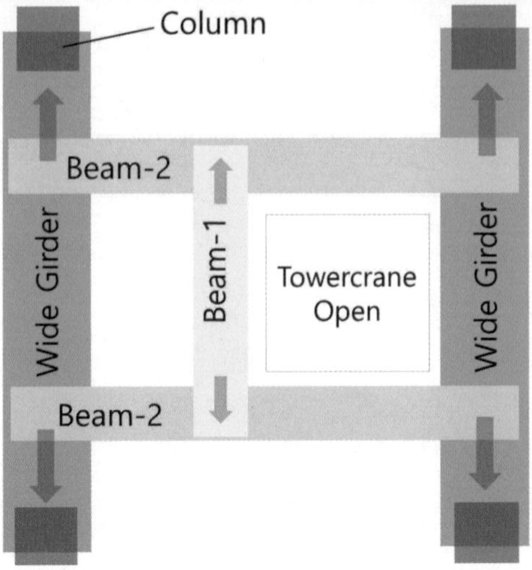

[철근시공 Tip2] 보의 우선순위를 가르쳐 주세요

철근시공 반장과 협력사 관계자로부터 질문이 쏟아진다. “강 기사님, 여기는 어떻게 시공할까요? 저기는 어떻게 시공할까요?” 건축기사인 나는 이곳저곳에서 질문에 답하느라 진이 빠진다.

철근반장은 실수로 인해 재시공이 발생된다면 시간, 비용적으로 타격이 크기 때문에 미리 도면에 확실히 명기해달라고 요청한다. 협력업체 입장에서 생각해 보면 재시공 없이 빨리 시공해서 투입되는 노무비를 줄여 이익을 증가시켜야 하기 때문에 ‘개념을 이해하고 시공’하기를 바란다는 것은 나의 욕심일 수 있다. [그림2]처럼 하중의 흐름의 순서를 생각해서 시공하면 된다.

‘Girder => Beam(大) => Beam(小)’

지하주차장 보는 코어를 중심으로 거미줄같이 얽혀있어 형틀과 철근을 시공하기에 매우 어려웠다(그림3). 이에 [그림1]과 같이 도면에 보의 우선순위를 명기하고 근로자들에게 알려주니 매우 만족해했다. 오시공 없이 빠른 속도로 Wide Girder가 시공됐다.

뿌듯하다.

[그림1] 보의 우선순위

철근 작업자들이 보시공을 쉽게 이해할 수 있도록 도면에 컬러로 표시했다. 작업반장, 작업자들이 알아서 이해하고 응용하기를 바란다면 너무 큰 욕심일 수 있다. 건축기사는 작은 것까지 일일이 챙겨야 하는 극한 직업(?)이기도 하다.

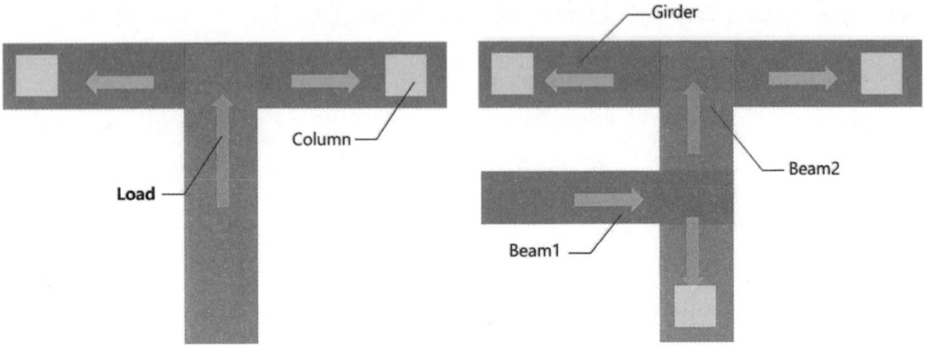

[그림2] 하중 전이

하중은 슬래브 => 작은 보(Beam) => 큰 보(Girder) => 기둥으로 전이된다. 이에 보의 시공은 하중의 흐름을 역으로 생각하고 시공하면 된다.

[그림3] Wide Girder 시공 완료

지하주차장 수평재 철근 시공 완료, 형틀 시공도 어렵지만, 20년 이상의 철근시공 경력자들도 위와 같이 복잡하게 얽힌 Girder, Beam 시공을 어려워했다.

[철근시공 Tip3] 전기박스와 철근이 간섭되는데, 어떻게 하나요?

[그림1] 전기박스와 철근의 간섭

[그림2] 간섭 부위 철근의 벤딩(Bending)

슬래브 철근 시공 시 [그림1]과 같이 하부 철근은 전기박스와 간섭되는 경우가 발생된다. 이때 작업자는 [그림2]와 같이 하부 철근을 구부리는 경우가 빈번하다. 하지만 이와 같이 철근을 구부린다면 철근 본연의 기능을 할 수 없기에 구조부재의 균열을 유발한다.

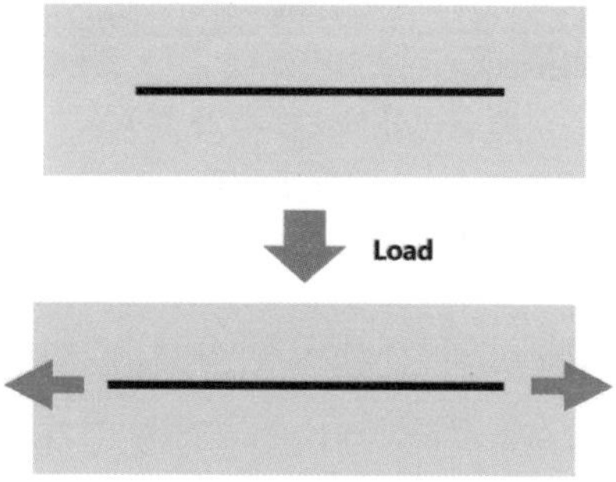

[Case 1] 정상적 철근 시공

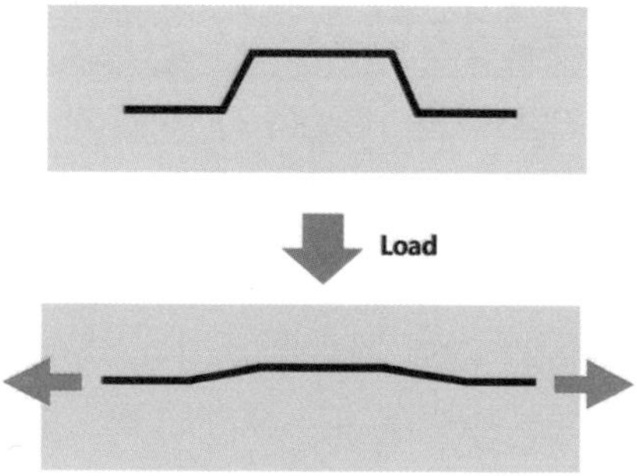

[Case 2] Bending 철근

위와 같이 슬래브에 하중이 발생하여 인장력이 작용했다고 생각해 보자.

[Case1] 정상적인 철근시공

슬래브에 하중이 발생된다면 인장력이 발생되는 부분에서 일정한 간격으로 배근된 철근은 항복강도까지 응력이 증가하면서 인장력에 취약한 콘크리트를 보완하여 균열을 예방한다.

[Case2] 전기박스 간섭에 의한 철근의 벤딩(Bending)

슬래브의 인장력이 발생되는 부분에서 벤딩된 철근은 인장력에 대응할 수 없다. 인장력이 발생하면 벤딩된 부분의 철근은 응력이 증가하는 것이 아니라 철근이 그냥 '펴진다'고 생각하면 된다. 생각해 보라, 각각의 철근들은 응력이 증가하면서 철근 본연의 기능을 하는 동안 벤딩된 철근은 그냥 펴지기만 한다면 그 부위의 콘크리트는 균열이 발생할 수밖에….

그렇다면 수직재 경우는 어떨까?

[그림3] 기둥 Hoop와 전기박스 간섭

간섭으로 인해 Hoop 철근을 벤딩(Bending)했다. 이렇게 한다면 Hoop를 시공하지 않은 것과 같다.

[그림4] Hoop 추가 보강

전기작업자의 Hoop 벤딩에 대한 보강으로 Hoop를 추가적으로 시공했다.

[그림3]과 같이 기둥에 전기박스가 설치될 경우 Hoop와 간섭이 발생되기도 한다. 공정상 철근팀이 Hoop를 시공한 후 전기팀이 전기박스를 시공한다. 전기팀은 전기박스와 Hoop의 간섭이 발생되면 사진과 같이 벤딩을 한다. Hoop의 위치를 상하로 조절해서 시공하면 해결될 일을…. 작업자도 문제지만 이를 보고 그냥 지나치는 관리자, 감리자는 문제점 자체를 인식 못 하거나 인식했을지라도 '괜찮겠지'라는 생각. 답답하다.

후속 조치는 [그림4]와 같이 Hoop를 추가 시공하거나 Hoop의 위치를 조절하면 깔끔하게 정리된다. Hoop의 경우, 주근을 폐쇄하여 하중(수직, 지진 등)이 발생될 때 주근이 터지는 것을 방지하는 역할을 하기 때문에 매우 중요하다. 지진 발생 시 기둥이 처참하게 터져버리는 경우를 봤을 것이다. Hoop 오시공이 그 원인이다.

'Hoop 한 대 잘못된 것이 뭐 그리 중요하겠어?'
라는 마인드를 갖고 있다면……. 기술자로서 할 말 없다.

[철근시공 Tip4] 기둥 Hoop의 Bending, 맞나요?

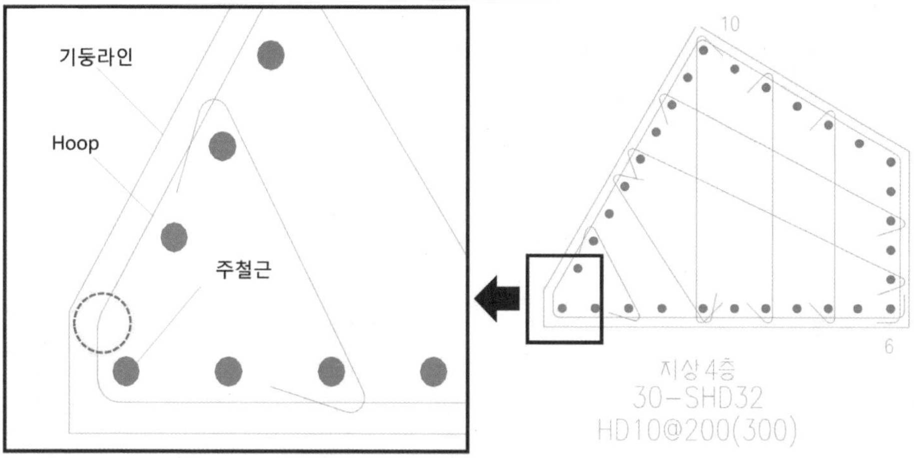

[그림1] 기둥 주철근과 HOOP

이상하다. 구조도면에 Hoop가 기둥라인을 따라 벤딩되어 있다. Hoop가 벤딩되는 곳은 주철근이 위치하면 문제없지만, 기둥 형상에 맞추려고 Hoop가 벤딩되었다?

이상하다.

Hoop는 주근을 폐쇄하여 하중에 의해 기둥이 터지는 것을 방지하는 역할을 한다. 그런데 구조도면에는 [그림1, 4, 5] 과같이 코너 부분에 hoop가 벤딩(Bending)처리되어 있다. 이 부분은 설계 실수라고 생각됐다. (철근시공 Tip3 전기박스와 철근의 간섭 참조) 그리고 아래와 같이 수정돼야 한다고 생각했다.

[대안1]: [그림3] Hoop, Bending 없이 재시공
[대안2]: [그림3]처럼 Hoop, Bending 부분에 주철근 추가 시공

현장에서 시공자 입장에서는 [대안2]는 철근이 추가적으로 시공돼야 하지만, [대안1]은 철근 가공 시 벤딩 처리를 하지 않으면 된다. 원가관리적, 시공적 측면으로 봤을 때, [대안1]이 가성비가 높다.

구조기술사에게 문의했고, 설계에 오류가 있었다고 답변을 받아 예상대로 [대안1]처럼 구조도면을 수정했다. 고민한 보람이 있었다.

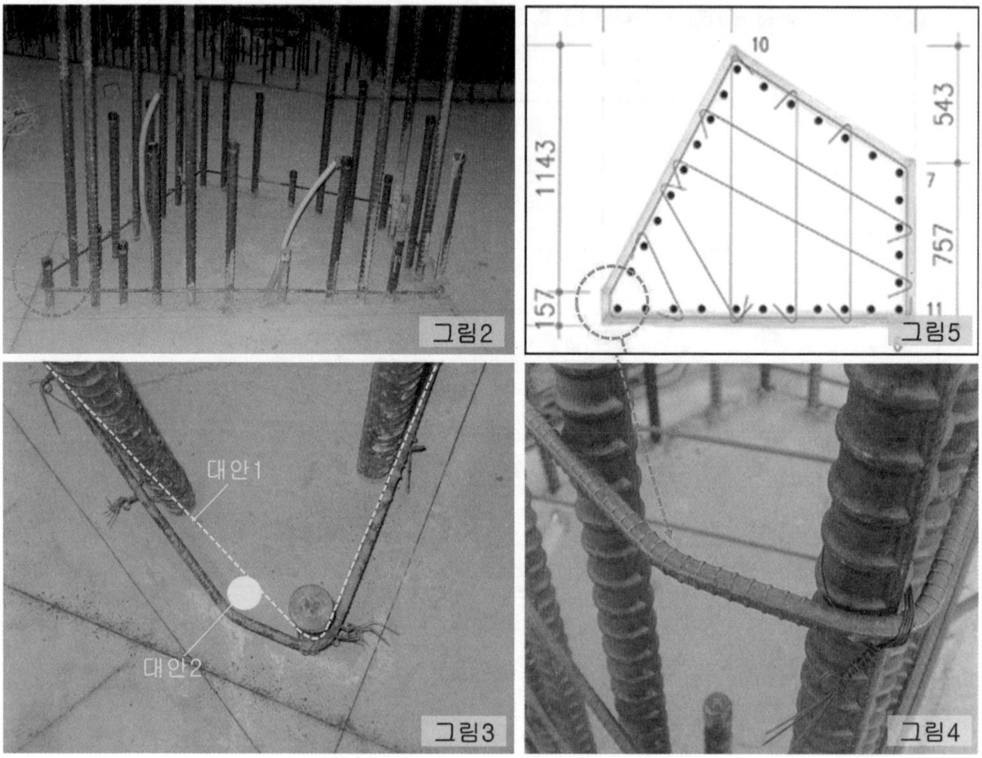

[그림2~그림5] 벤딩된 Hoop의 시공

시공하면서도 머릿속이 복잡해진다. '이건 아닌데…', '이렇게 되면 Hoop 본연의 기능을 발휘할 수 없는데.'

[철근시공 Tip5] 원형기둥 Hoop, 폐쇄시공 아닌가요?

[그림3]은 내가 대학 시절 철근콘크리트 공학 교재에서 발췌한, 가장 좋아하는 사진이다. Hoop 부족, 오시공에 따른 기둥의 파괴현상이며, Hoop의 기능과 중요성을 인식할 수 있다. Hoop는 주철근을 폐쇄하여 하중 발생 시 주철근이 위치를 이탈, 콘크리트가 터져 기둥이 파괴되는 것을 방지한다.

장방형 기둥의 경우 [그림4]와 같이 Hoop의 이음 부분은 표준갈고리를 시공하여 기둥을 완전히 폐쇄시킨다. 그렇다면 [그림1]의 원형기둥에서도 Hoop의 이음 부분이 폐쇄돼야 한다. [그림1]은 Hoop가 철근 이음 길이 기준을 적용하여 이음처리됐다. Hoop의 기능을 생각한다면 이는 구조설계가 오류이든지, 설계자의 의도가 설계에 잘못 반영된 결과라는 생각이 들었다. 구조사무실에 문제를 제기했고, 원형기둥은 [그림2], [그림5]와 같이 표준갈고리로 폐쇄시공으로 수정했다.

[그림1] 원설계, Hoop 이음처리

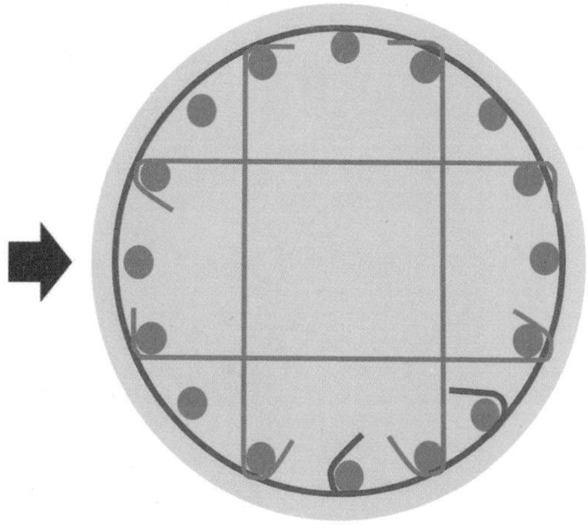

[그림2] 수정안, Hoop 표준 갈고리시공

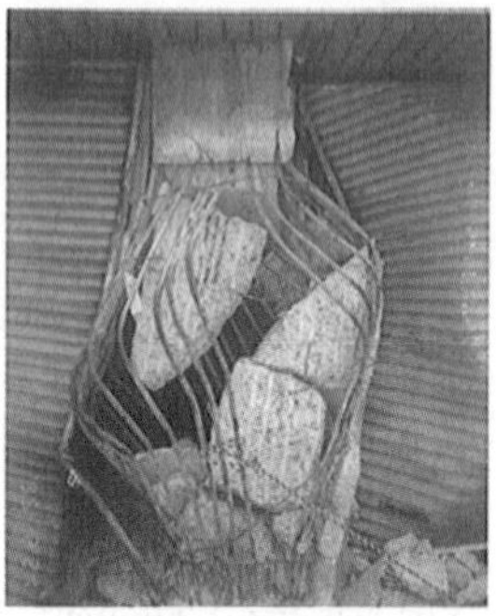

그림 5.3 1995년 일본 고베 지진시 띠철근 부족에 따른 파괴(사진 : 최창식)

[그림3] 지진과 기둥 파괴

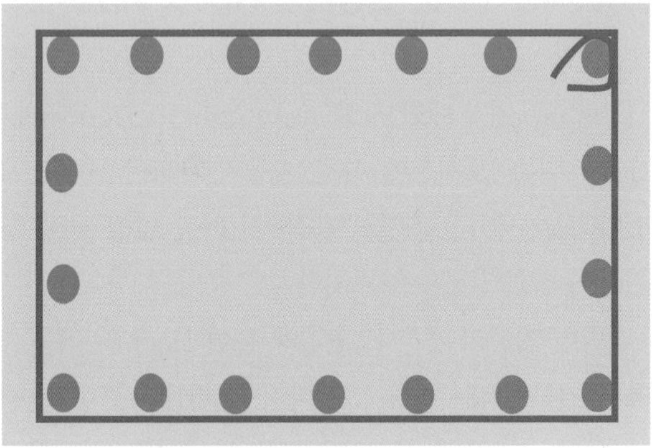

[그림4] 장방형기둥, Hoop 폐쇄

[그림5] 원형기둥 Hoop, 표준갈고리를 적용하여 완전히 폐쇄된 원형기둥

[그림2]의 수정안을 적용하여 시공했다. 사진으로 보면 아무 느낌이 없을 것 같지만, 철근을 시공하는 입장에서는 원형기둥 Hoop를 폐쇄시키는 것은 매우 어려운 일이다.

[철근시공 Tip6] 개구부 마구리 부분은 왜 U-bar 시공이 필요한가요?

[Case1] U-bar 미시공

U-bar 없는 상태에서 지진하중이 발생했다고 가정해 보자. [그림1,2], Fin Wall의 Mass 'B' 하부는 고정할 수 있는 철근이 없다. 세로, 가로철근의 리브와 마디로만 Mass 'B'가 지탱되는 꼴이다. 따라서 지진하중에 의해 'B' 부분은 쉽게 파괴될 것이다.

[Case2] U-bar 시공

U-bar가 오픈구 마구리 부분을 전면 폐쇄시켰다. 지진하중 발생 시 콘크리트의 파괴를 지연, 예방시켜 준다. U-bar 시공목적은 구조체의 연성을 증가시켜 지진하중 발생 시 구조체의 파괴를 지연, 최소화하는 것이다. U-bar의 기능을 숙지한다면 왜 시공해야 하는지, 어느 부분을 중점 관리해야 하는지 쉽게 이해할 수 있다.

[그림1] Fin Wall, 오픈구

Fin Wall 부분에 오픈구가 생긴다. 가로세로 철근만 보강하면 될까? 마구리 부분에 U-bar 시공이 돼야 하는 게 아닐까?

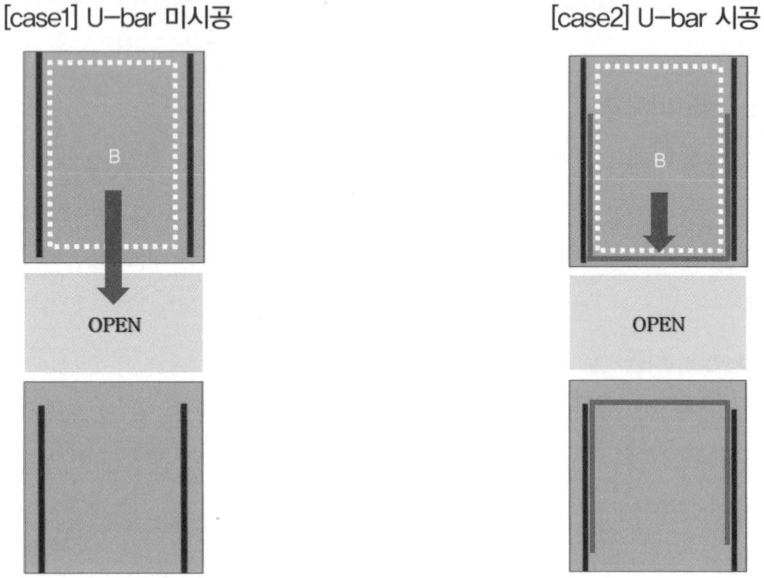

[그림2] 개구부 단면(Section A)

Fin Wall 부분에서 개구부가 시공되었다. [그림1]의 오픈구 주위는 가로, 세로 철근만이 시공되었고(case1), 오픈구에 의해 손실된 가로, 세로 철근이 보강 시공된다. 잠깐, 이렇게만 마무리되면 될까? [case2]처럼 마구리 부분에 U-bar가 필요하지 않을까? 결국 [case2]처럼 수정했다.

[철근시공 Tip7] Flat Plate Slab, Edge 보강철근은 어떻게 시공하나요?

커튼월 마감공사를 위해서는 [그림4]와 같이 콘크리트 타설 전에 Embed Channel을 매립해야 한다. Flat Plate Slab의 비틀림이 발생되는 것(그림3)을 방지하기 위해 슬래브 가장자리에 4-HD19 철근보강이 적용됐다. 하지만 보강철근이 Embed anchor와 간섭되어 위치 이동이 불가피하다.

감리단 측에서는 보강철근의 위치에 대해 끊임없이 문제를 제기하며 공사를 중지시켰다.

아… 피가 마르고 가슴이 옥죄어 왔다. 또… 또 중단.

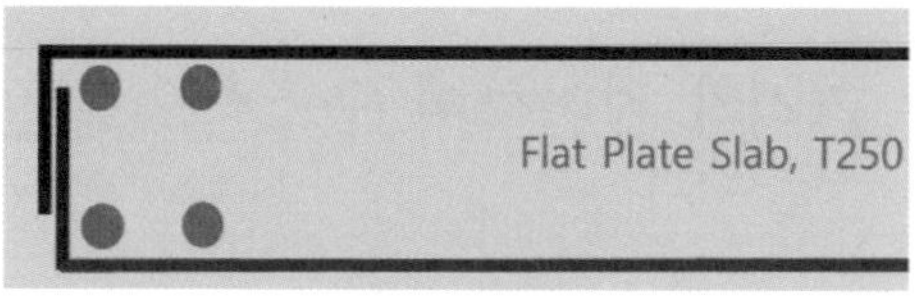

[그림1] 설계안

Flat Plate Slab, Edge 부분의 철근 보강

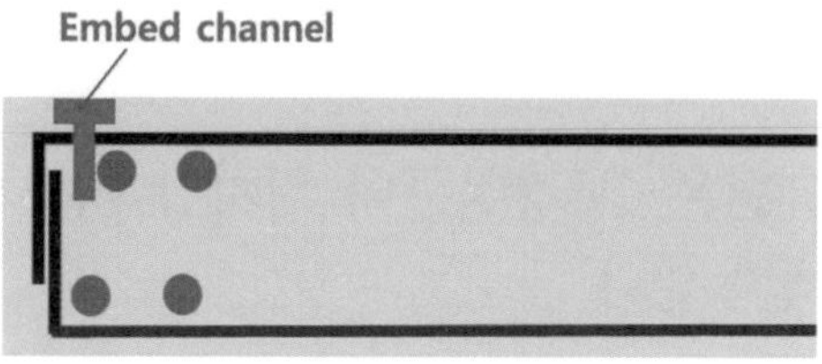

[그림2] 실제 시공

커튼월 Embed channel 매립 후 실제 시공

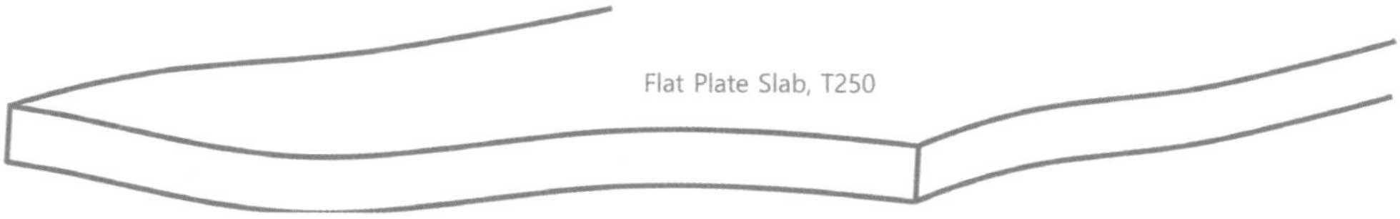

[그림3] Flat Plate Slab, Edge 철근보강이 없다면

Flat Plate Slab, Edge 부분에 철근보강을 하는 이유는 Slab의 비틀림 현상을 방지하기 위함이다.

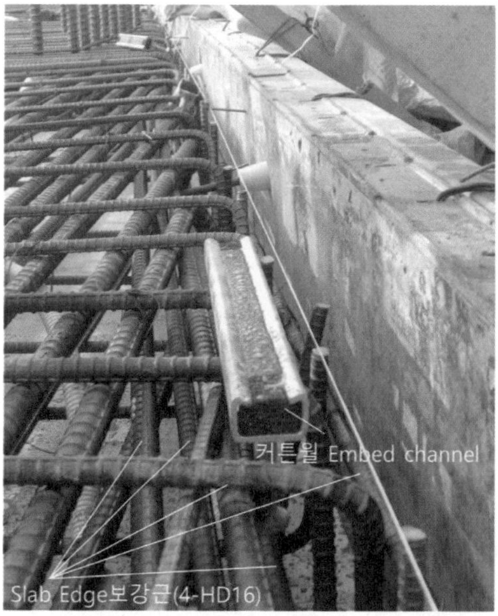

[그림4] Embed channel 시공과 보강철근

[그림5] 대안1, channel 외측 시공

[그림6] 대안2, 하부 hook 외측 시공

[그림7] 대안3, 추가 시공

구조사무실에 현장에서 가장 적합한 대안을 의뢰했다(그림5~7).

답변은, '보강철근이 위치상 이동되는 거리가 경미하여 구조적으로 문제가 없다'.

지금껏 공사 중지하며 작업자들이 엄청난 불만과 4day cycle 공정관리에 타격을 입은 것을 생각하니 화가 치밀었다. 하지만 Flat Plate Slab, Edge 보강철근의 기능을 이해하는 기회가 되었다.

[철근시공 Tip8] Offset Column, Off Column 철근시공은?

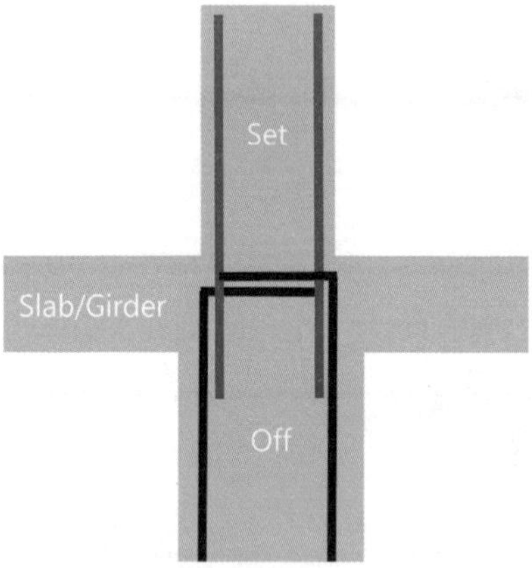

[그림1] Offset Column

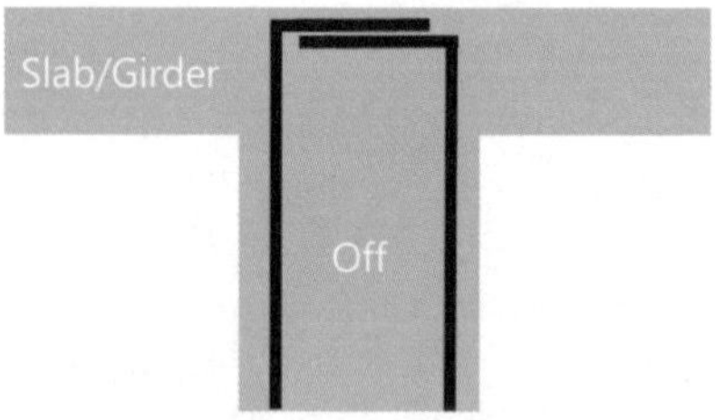

[그림2] Off Column

구조가 변경되는 지하층/지상층, 상가층/기준층의 Transfer Girder, 최상층 수평재 등에서는 기둥 규격이 변경, 새롭게 생성되거나 없어지는 경우가 발생된다.

[그림1]은 기둥의 규격이 변경되는 경우로, 하부층 기둥은 없어지고(Off) 상부층은 기둥이 새롭게 생성(Set)되는 Offset Column. [그림2]는 기둥이 없어지는(Off), Off Column. 이때 하부층의 기둥은 슬래브, 보에 반드시 정착되어야 한다(그림5).

[그림3] Off Column 오시공

'Off' 되는 철근은 슬래브, 보에 정착되지 않았다.

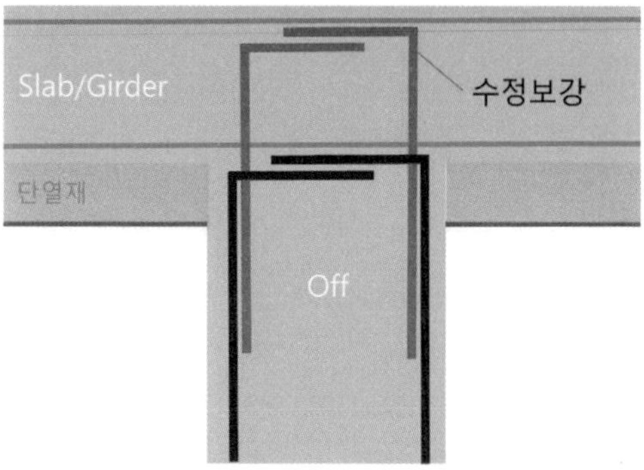

[그림4] Off Column 철근 수정 보강

'Off' 되는 기둥 철근이 슬래브, 보에 정착되지 않았다면 위과 같이 보강해야 한다.

[그림5] Wide Girder에 완전히 정착된 Off Column

'Off' 되는 하부층 기둥 철근은 보, 슬래브 상부 철근 바로 밑까지 정착시켜야 한다. 수직철근 Shop drawing 검토 시 유의하자.

저층부 1~3층은 상가건축물이다. 3층은 최상층으로 천장에 단열재가 시공됐다. 철근 Shopdrawing 작성 시 단열재 두께를 감안하지 못해 Off Column 철근의 정착길이 부족 현상이 발생했다(그림3).

뼈 아픈 실수였다. 엄청난 죄책감을 느끼며 [그림4]같이 이음 길이를 감안해서 보강시켰다.

이 과정을 통해 Offset Column과 Off Column의 개념을 확실히 이해하는 계기가 되었다.

[철근시공 Tip9] 이상하네, Fin Wall이 생겨야 하는데…

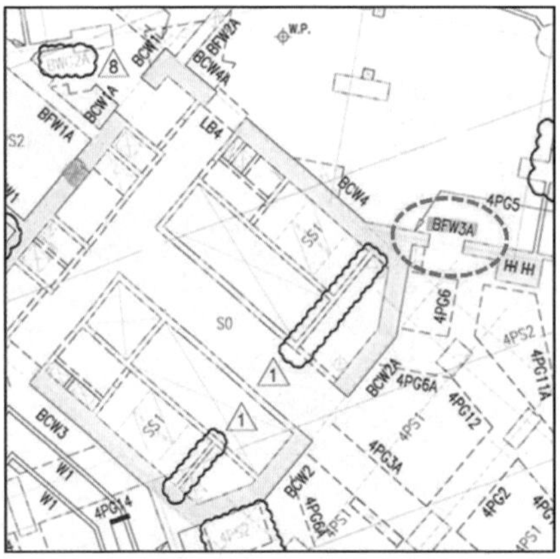

[그림1] 4층 Pit 구조평면도

[그림2] 누락된 인방보 철근 시공

이상하다.

주상복합 건축물로 지상 3층까지는 상가, 지상 4층부터는 APT로 시공되고 있었다. 5층 APT부터는 Fin Wall이 신설돼야 하는데 Fin Wall 수직철근이 정착될 수 있는 보가 없다. 구조도면에도 인방보는 설계되어 있지 않았다(그림1, 3).

뭔가 잘못되고 있는 것 같은 확신이 들었다. 아… 내일 콘크리트 타설해야 하는데…. 구조설계사에 문의할 시간조차 없다. 가슴 속이 타들어 간다. 다행히 형틀팀은 설계누락임을 직감하고 미리 인방보 형틀은 시공했다(혹시 인방보가 필요 없으면 형틀로 다시 막는 것이 쉽다고 판단했던 것). 정말 감사했다. 문제의 원인은 구조설계도면에 누락됐기 때문에 철근

Shopdrawing, 철근가공도 당연히 누락된 것이다.

일단 주위에 남는 철근을 긴급히 수급하여 인방보 철근을 시공했다(그림2, 4, 5). [그림5]와 같이 배근시키고 구조사무실에 시공된 배근에 대해 검토를 의뢰했다. 결과는 대성공! 모른 척하고 넘어갈 수도 있었지만, 어차피 추후에 문제가 될 것임이 분명하기에 최대한 빨리 수정하는 것이 옳다.

쪽팔리게 숨지 말자!

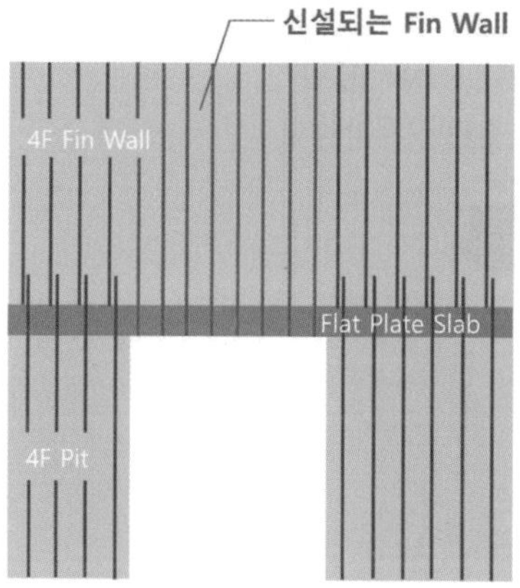

[그림3] Fin Wall 하부, 인방보 누락된 설계

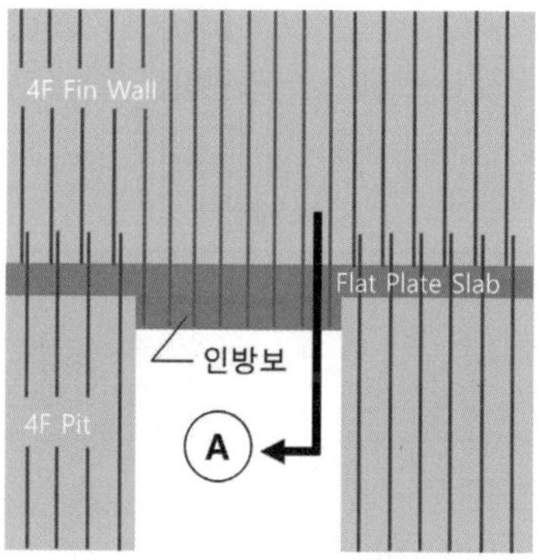

[그림4] Fin Wall 하부, 인방보 수정 시공

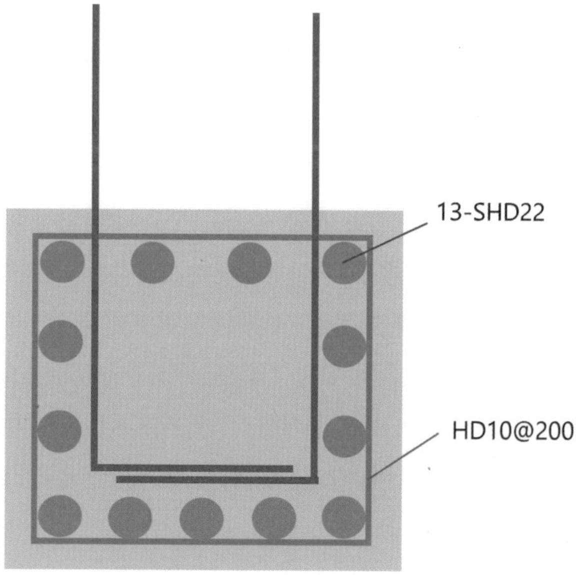

[그림5] Seciton A

[철근시공 Tip10] 철근 VE, U-bar 시공을 바꿔보자

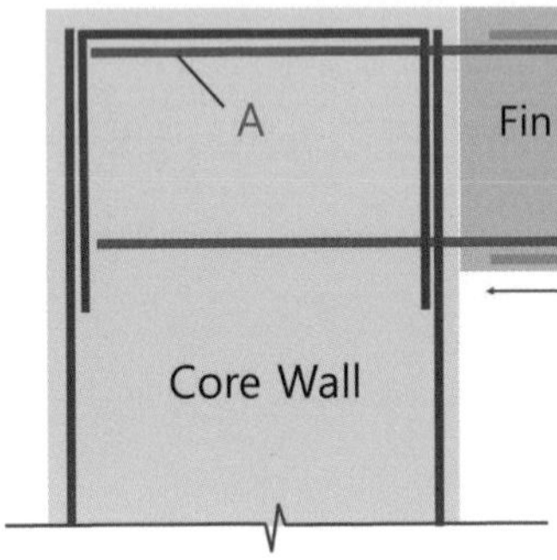

[그림1] 기존안/Core Wall U-bar 상세

가로철근(A)와 U-bar를 일체화한다면 이음길이(B) 부분의 철근은 절감된다.

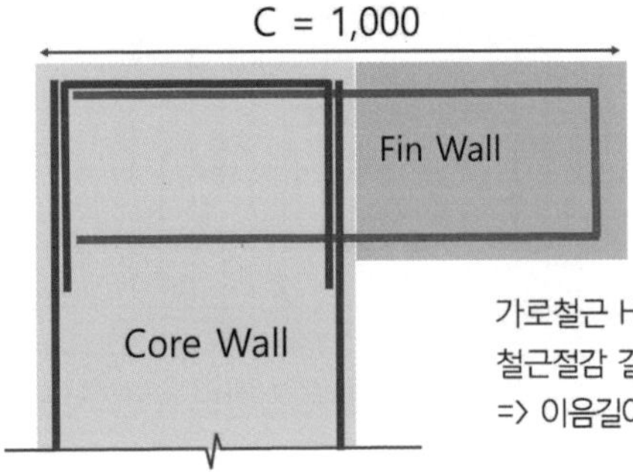

가로철근 HD16@160, 층고 3,200, Slab Thk 250
철근절감 길이 :
=> 이음길이(B) x 2 x [(3,200-250)/160+1] x 4개소/층 x 60개층

[그림2] 변경안/ 가로철근과 U-bar 일체화

가로철근과 U-bar를 일체화했다. 이음길이 부분의 철근도 절감, 시공 속도도 향상된다. 모든 수직재 마구리 부분의 U-bar를 일체화해서는 안 된다. 철근가공, 작업자의 시공성을 고려해야 한다. [현장에서 철근팀과 시공성을 고려해 본 결과 HD16 기준, 최대 길이 (C)는 1,200까지 가능]

수직재 마구리 부분의 U-bar 시공 목적은 구조체의 연성증대이다. 가로철근과 U-bar를 일체화하여 시공하면 좋겠지만, 장스팬의 경우 가로 철근 길이 때문에 시공이 불가능하여 가로철근과 U-bar를 분리 시공하는 것이다. 하지만 이에 익숙해져 있어 설계자, 철근 작업자, 시공사 직원들도 항상 가로철근과 U-bar를 분리 시공해야 한다는 고정관념에 사로잡혀있다(그림1). 만약 수직재 가로길이(C)가 1,000mm 내외라면? 일체시공이 가능하다. [그림2]처럼 U-bar와 가로철근을 일체화하여 변경 시공하였다. 철근도 절약되고 시공 속도도 향상된다.

일거양득(一擧兩得)!

[철근시공 Tip11] 철근VE, EV Wall U-bar를 변경하다

EV Wall은 THK 250~300으로 설계되었다. HD10, HD13이며, 벽체 마구리 부분의 경우 [그림1]과 같이 U-bar로 폐쇄시공이 일반적이다. U-bar와 가로철근을 일체화 시공하면 좋겠지만, 수직재의 가로 철근 길이가 길 경우는 시공성과 철근가공 효율성이 저하된다. 일체화가 가능한 기준은 현장마다 부재의 길이와 규격이 다양하기 때문에 정확히 설정할 수는 없다.

현장에서는 철근팀과 협의하여 U-bar 일체화 구간을 설정했다. 구조전문가로부터 [1안]과 [2안]으로 적용 시 문제가 없다는 회신을 받고 철근샵과 철근가공을 변경하여 현장에서 몇 번의 시공성 테스트 후 [2안]으로 확정했다.

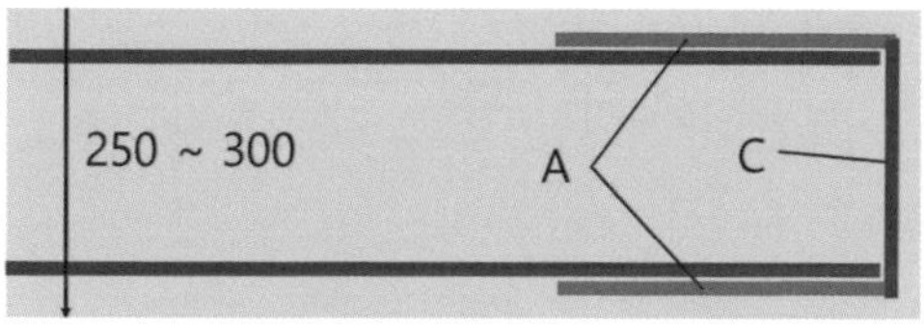

[그림1] 기존안, 일반적 U-bar시공

수직재 마구리 부분은 가로철근에 U-bar로 이음처리 한다(A: 가로철근 이음길이 적용). 가로철근과 일체화를 적용한다면 이음길이 부분의 절감이 가능하다.

EV Wall 마구리 부분, U-bar 시공

[1안] U-bar => L bar로 변경
이음길이 A 절감 / 마구리 부위 C추가

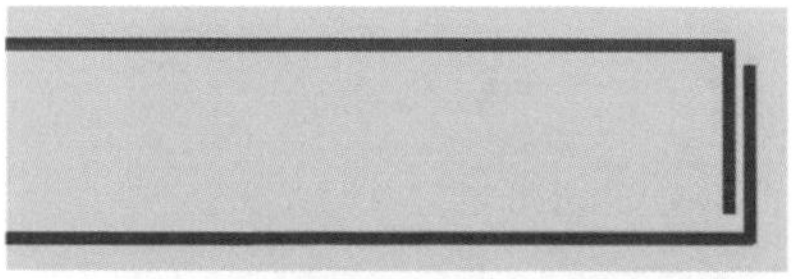

[2안] U-bar => 7-bar로 변경
이음길이 B 절감

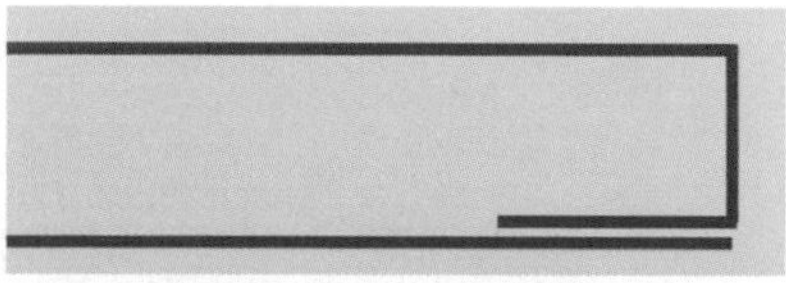

[그림2] 변경안

Thk 200, 250 EV Wall의 경우 U-bar를 위와 같이 두 개의 타입으로 변경하여 테스트를 진행했다. 철근팀의 시공성을 고려하여 2안으로 최종 확정하고 현장에 적용하였다.

[철근시공 Tip12] 철근 VE, Link Beam Side Bar

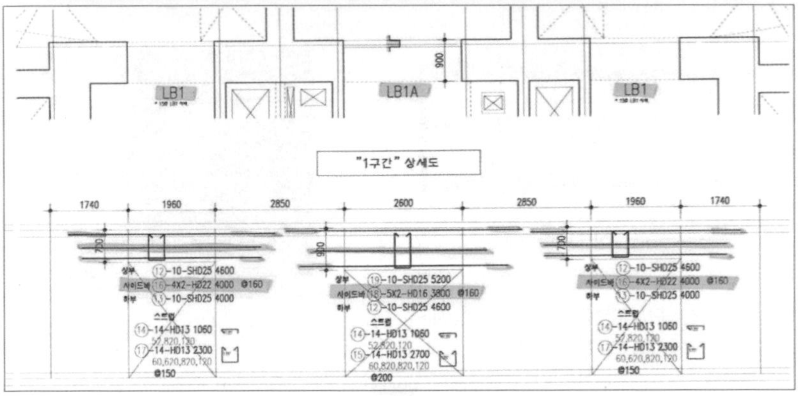

[기존안] Link Beam Side Bar 시공

[수정안] Link Beam Side Bar 삭제

링크빔(Link Beam)에 시공되는 Side Bar에 대한 의문이 들었다. 구조설계사에서는 상하부 철근이 아닌 측부에 시공되는 철근은 온도철근으로 설계했다고 했다. 이미 스터럽(Stirrup) 철근이 촘촘히 시공되는데 굳이 왜 HD16@160으로 시공되는 것일까? 시공한다고 해도 온도철근의 일반적 배근인 HD10@300으로 하면 되는데. 구조설계사로부터 철근샵 드로잉 적용 시, 불필요한 설계라고 확인 받았다.

[철근시공 Tip13] 철근 VE, 표준갈고리 남발은 안 돼요

수평재의 철근은 수직재에 정착하게 된다. 표준갈고리는 수평재 철근이 수직재에 정착 시 정착 길이가 부족할 때 적용된다. 그래서 일반적으로 폭 200~250의 벽체에는 표준갈고리가 자주 적용된다. (철근규격과 콘크리트 강도에 따라 상이함)

하지만 당 현장의 경우, Core Wall(W600~1100)과 Fin Wall(W600) 경우 수평철근이 충분히 정착될 수 있기에 표준갈고리 적용이 불필요했다. 구조사무실에 검토 의뢰 후 수정했다.

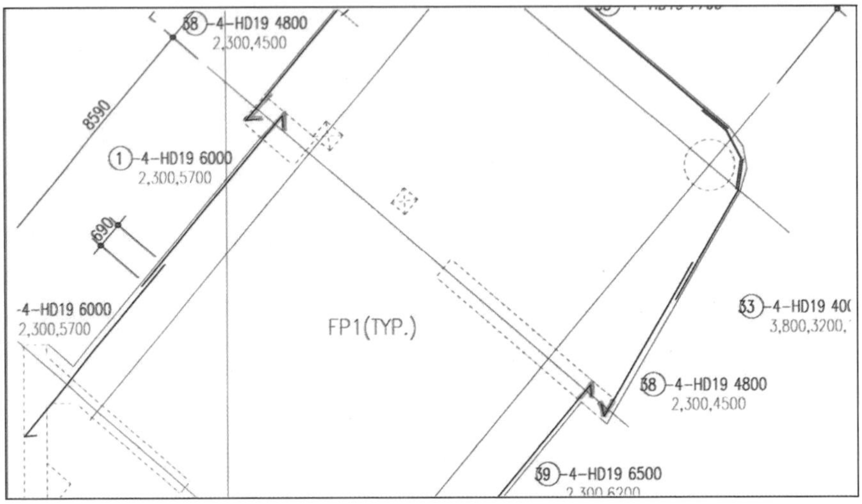

[기존안] 표준갈고리의 남발

모든 부재에 표준갈고리를 적용할 필요는 없다. 표준갈고리의 사용 목적을 이해한다면 불필요한 부분은 삭제하고 관리하면 된다. 구조설계 시 모든 상황에 맞게 'case by case'로 설계하지는 않는다. 일이 너무 많고 복잡해지기 때문에 일반적으로 시공이 가능하도록 설계한다. 시공 관리자는 단지 시공'만'을 관리하는 것이 아니라 설계의 과부족, 오류 부분을 찾아내는 것도 의무다.

[수정안] Fin Wall에 정착된 철근

정착 길이가 충분하다면 표준갈고리를 적용할 필요는 없다. 물론 시공자의 편의성을 고려하였다고 하지만 설계자의 편의성에 의해 적용되는 경우가 허다하다. 결국, 위 사진과 같이 표준갈고리를 삭제했다.

[철근시공 Tip14] 철근 VE, 시공철근이 과시공 된다면?

구조설계된 철근이 부재의 형상을 유지하기 위해서는 시공철근이 필요하다. 시공철근은 구조적 목적이 아닌 시공을 위한 철근이기 때문에 설계도서에 명기되지 않으며, 현장에서 시공성을 고려하여 개소와 규격이 선정된다. 대부분 Shopdrawing 작성 시 결정되기 때문에 이때 반드시, 과도하게 적용되는지를 체크해야 한다.

1) 수직재 시공철근: 수직부재 철근의 전도 예방, 내외부 철근 위치 고정, 피복 두께 확보
2) 수평재 시공철근: 상하부 철근 위치 고정, 피복 두께 확보, 후속 공종 작업 시, 작업자 이동 시 본철근 파손 예방

골조공사 철근의 경우 철근이 소모된 수량에 비례하여 철근 시공비가 산정된다. 따라서 협력사 철근시공팀은 시공철근을 과다하게 요구하고 적용하는 경우가 있다. 가장 쉽게 철근 수량을 증가시킬 수 있는 부분이기 때문이다. 이 부분을 개선하려고 했을 때 철근팀 작업자, 반장으로부터 온갖 협박을 받기도 했다. 하지만 비(非)구조적인 부분에 필요 없는 철근이 과도하게 낭비되는 꼴을 그냥 지나칠 수는 없지 않은가?

수직재는, 'Core Wall(W, 800~1100), Fin Wall(W, 600)'과 'EV Wall(W, 200~250)' 두 종류로 분리하여 검토하였다. 지하층 및 저층부 등 비(非)기준층 경우 층고(4.8~6.4m)가 높아 개선안을 적용할 경우 수직재 철근의 전도사고의 위험이 있어 기존 시공안을 그대로 적용했다.
기준층인 4층부터는 층고가 3.2m이기 때문에 개선안을 적용해도 안전에 문제가 없었다. 4층부터 69층까지 개선안을 적용하고 시공철근의 개소까지 재검토하여 적용해 보니(Belt Wall 제외) 기존 적용안 대비 약 80% 절감이 가능했다.

1) 시공철근, 비구조철근으로 이음길이 적용 불필요 => 불필요한 접합 길이 축소
2) Core Wall, Fin Wall 철근 HD22 => 철근 전도 위험 없음, 시공철근 감소 가능
3) 마구리 부분은 U-bar 적용으로 시공철근 불필요 => 중앙에만 배치하여 개소 절감

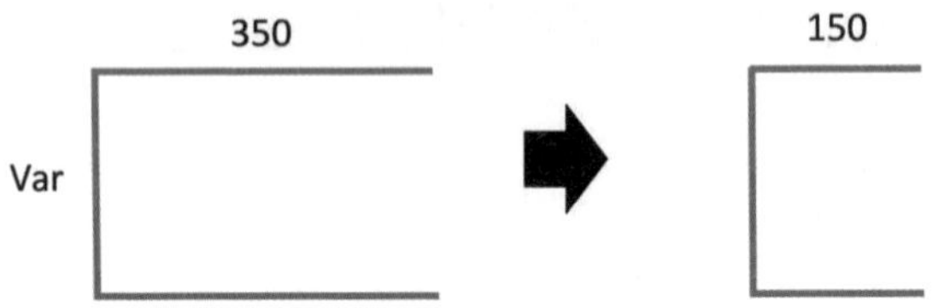

[수정1] EV Wall, 시공철근 개선

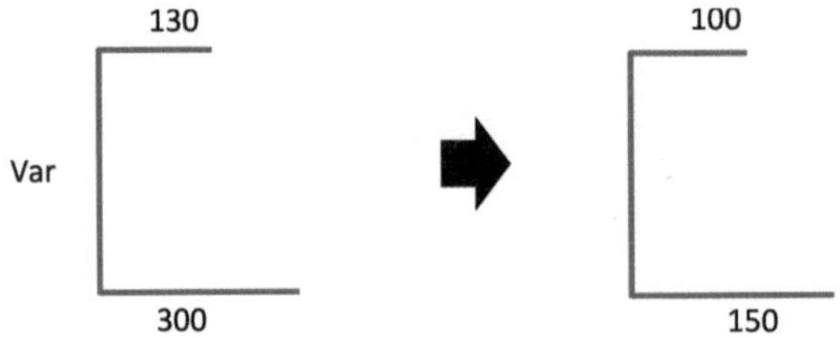

[수정2] Core Wall, Fin Wall 시공철근 개선

[철근 VE] 고민하고, 협의하고, 테스트하고…

공사과장님으로부터 원가절감 지시가 내려왔다.
이면지 사용, 사무실 전등 소등 잘하기, 퇴근 시 PC 스크린세이버 사용하기 등 직원들은 다양한 절약하기 의견을 내놓았다.

조선 시대에 불멸의 이순신 장군이 있었다면 지금은 불멸의 건축기사가 있다. 기술자로서, 건축전공자로서 원가절감은 현장에서 이루어지는 기술적 요소를 검토하여 절감해야 한다는 절체절명의 의무감이 발동했다. 진행 중인 철근콘크리트 공사에서 VE Item을 샅샅이 파헤쳤다. 철근 절감은 협력사 입장에서는 추가적으로 발생하는 이익에 대해 감소되는 것을 뜻한다. 골조업체 몇 명이 나를 현장 구석, 음습한 곳으로 데려가더니 **'오사마리('끝내다'의 일본말) 지어버리겠다.'**라는 협박도 수차례 받았다.
그렇다고 굽힐 건축기사가 아니다.
"지금 회사와 현장 상황을 아시면서 이러시면 우리 다 죽어요. 잉여 부분에 대한 추가 이익이 감소하는 것이지, 밥그릇 뺏는 건 아니잖아요."

철근 시공팀이 수용하지 않으면 강행할 수는 없다. 왜냐하면, 아무리 좋은 아이디어를 적용해도 철근 시공은 협력사 철근팀이 한다. 수차례 설득했다. 철근 VE 아이템 적용 시 구조적으로 문제가 없는지 구조 전문가로부터 확인을 받아야 했다. 구조설계 사무실 입장에서도 정말 귀찮은 일이었다. 시공사에서 건축기사란 놈이 쉴 새 없이 질의를 해오니 문서로 일일이 회신해야 하고…. 그래도 과정에서는 힘들었지만, 결과는 좋았다.

원가절감 방안 검토

1. 시공관련 **2010.01 강두현사원**

진행완료

* 250, 300mm 코어내부 벽체 U-bar=> L-bar변경
* 코어벽체 정착되는 표준갈고리 설계부위=> 표준갈고리 삭제, 정착길이 확보로 설계변경
* 층고 3.2m, 코어벽체의 시공철근 불필요 부위 최소화
* 링크빔 Side-bar불필요 부위 삭제
* EV Open사선보강 철근(HD16) 삭제
  => 구조철근이 아닌관계로 삭제 가능, 균열은 상/측부 보강철근으로 충분
  => CS구조엔지니어링과 협의 완료 및 현장 적용 후 균열 발생 없음
* 슬래브, 벽체, 정착길이 초과분 삭제
* 슬래브 Edge부위 U-bar => L-bar로 변경 : 시공성 향상, 철근물량 감소
* Wall column부위 장방형/ 평행 부위 철근 삭제 => 단부 정착길이 확보
* 슬래브 시공철근 => 주철근 선시공으로 대처
* Finwall, Corewall간섭 부위 단부 보강 수직철근 삭제 => HD22, SHD25

=> CS구조엔지어링과 구조검토 완료/ 협력사 철근팀과 협의 및 적용테스트 완료

진행중

* 코어 200mm, 300mm 수평철근 코어메인 벽체 정착길이 초과분 삭제
  => passing이 아닌 정착길이로 충분
* 코어내부 오픈부위 보강철근 삭제 => 동하중 없음
* 슬래브 상하부 철근 이음부위 일체시공으로 Loss최소화
* 통신박스 철근보강 시공부위 Wall Column과 Finwall 세분화하여 보강철근 절감

1개층 6T Save가능

기준층에 적용시 60층*2개동 => 6T*60*2=720t 철근절감 가능

꿈은 야무지게

전(全) 층에 적용됐으면 좋았겠지만 1) **검토**, 2) **구조전문가 검토**, 3) **현장 시공성 테스트**, 4) **철근팀 협의** 등의 과정이 필요했기 때문에 많은 시간이 필요했다.

지하층 시공 시에 검토했으면 좋았을 텐데, 더욱 미리 검토했어야 했는데….

후회가 되기도 했지만, Zerobase에서 시작한 원가절감 시도와 적용은 건축기사로서 보람을 느끼게 했다.

마감, 기타

마감공사는 내부, 외부공사로 분류된다.
골조공사가 완료되면 외부마감으로 커튼월, 도장공사
내부마감으로 조적, 석재, 타일, 도장, 도배, 청소공사 등이 진행된다.

이 장에서는 계단 마감공사와 기타 부분으로 측량 관련 사항을 소개하고자 한다.

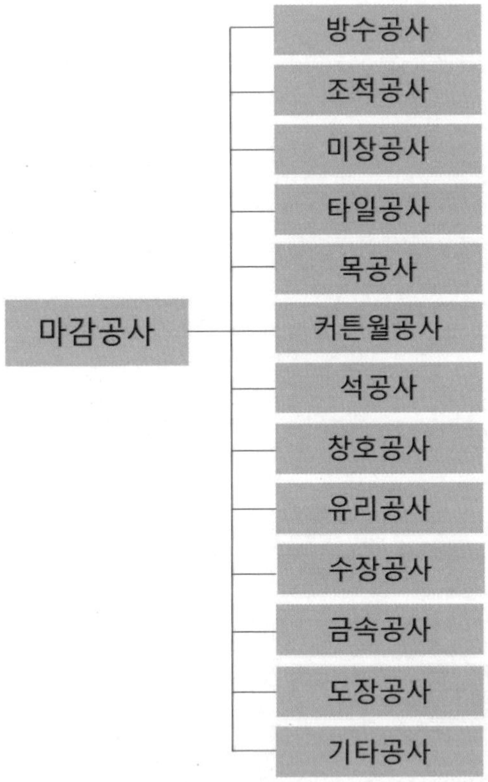

5장
마감, 기타

계단이 눈물을 흘려요!

맙소사, 계단에 물청소를 한다구요?

측량, 기본 개념은 알고 갑시다

이설 TBM을 설치하시죠

복공판 레벨을 확인하라!

계단이 눈물을 흘려요!

우연히 절을 방문했던 적이 있다. 급히 화장실을 가는 길…….

화장실 주변에 외부계단에 마구리 부분에 하얗게 백화 오염이 발생된 것을 보았다(그림1). 건축기사의 직업정신인가, 호기심 발동! 왜 이렇게 백화 오염이 발생되었을까?

계단 석재마감을 위해서는 석재 하부에 모르타르(시멘트+모래)로 사춤시공이 된다. 만약 비가 내린다면 석재 조인트로 빗물이 스며들 것이며, 빗물은 시멘트와 반응하여 백화현상을 발생시켜 석재를 하얗게 오염시킬 것이다. 특히, 이곳 절이 위치한 곳은 위치적 특성상 나무가 우거진 숲이며, 바로 옆에 물이 흐르는 천(川)이 있어 항상 습하다. 그래서 더욱더 백화가 발생할 확률이 매우 크다. 그렇다면 내가 근무하는 현장에는 이런 상황이 발생하지 않을까…… 하는 고민을 했다.

도면을 검토하던 중 선큰 구간에 외기에 노출된 계단이 있었고, 바닥과 마구리가 석재마감으로 설계되었다. 계단 구조체에 방수시공은 명기되어 있었지만 마구리 부분에 대한 상세 설명은 없었다.

마구리 부분 석재마감 부분도 오랜 시간이 흐르면 백화 오염물이 석재마감으로 흘러나와 백화 오염이 발생할 수 있을 것이라고 판단됐다. 이를 예방하기 위해 [그림2, 3]과 같이 계단 마구리 부분은 액체방수로 턱을 시공하였다. 현장에 적용된 외부계단 마구리 부분 마감은 석재이다. 석재를 고정하기 위한 화스너는 석재 조인트로 유입된 빗물에 의해 녹이 발생될 수 있다. 물론, 방청제를 도포했지만, 장기적 관점에서 노후화에 의해 방청제의 기능이 상실될 것을 감안해야 한다. 이와 같이 최소한의 방안으로 방수턱을 시공한다면 백화현상과 녹 발생을 사전에 차단할 수 있을 것으로 판단했다.

[그림1] 외부계단의 백화현상

구조체와 석재마감 사이는 모르타르 사춤이 시공된다. 석재마감 조인트로 우수가 유입되면 시멘트(CaO)와 반응하여 백화현상($CaCO_3$) 발생이 불가피하다. 이는 디딤판과 첼판 조인트로, 골조와 사춤 조인트로 백화 침전물이 유출되어 마감을 오염시킨 결과이다.

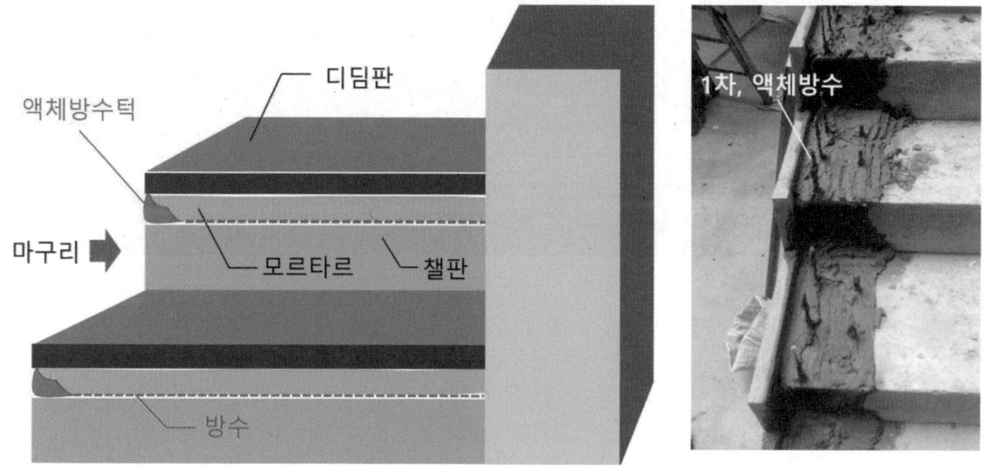

[그림2] 계단 마구리 부분 방수

액체방수를 이용해 우수가 흘러내려 가지 않도록 1~2차에 걸치 턱을 시공했다. 마구리 부분이 석재로 마감되는 경우 석재 고정 화스너에 녹이 발생되면 석재마감이 녹으로 오염될 수 있기 때문에 방수는 필수적이다. 미장+도장으로 마감되는 경우, 백화현상 발생 확률이 매우 높다.

[그림3] 외부계단 마구리, 액체방수

외부계단 디딤판, 챌판 액체 방수시공뿐만이 아니라 마구리 부분에 액체방수로 턱을 시공하여 우수(雨水)를 차단시켜야 한다. A라인에 RC 계단 파라펫이 있다면 방수시공이 쉽다. 하지만 사진과 같이 철제 난간대로만 설계되었을 경우는 B처럼, 이렇게라도 반드시 방수를 시공해야 한다.

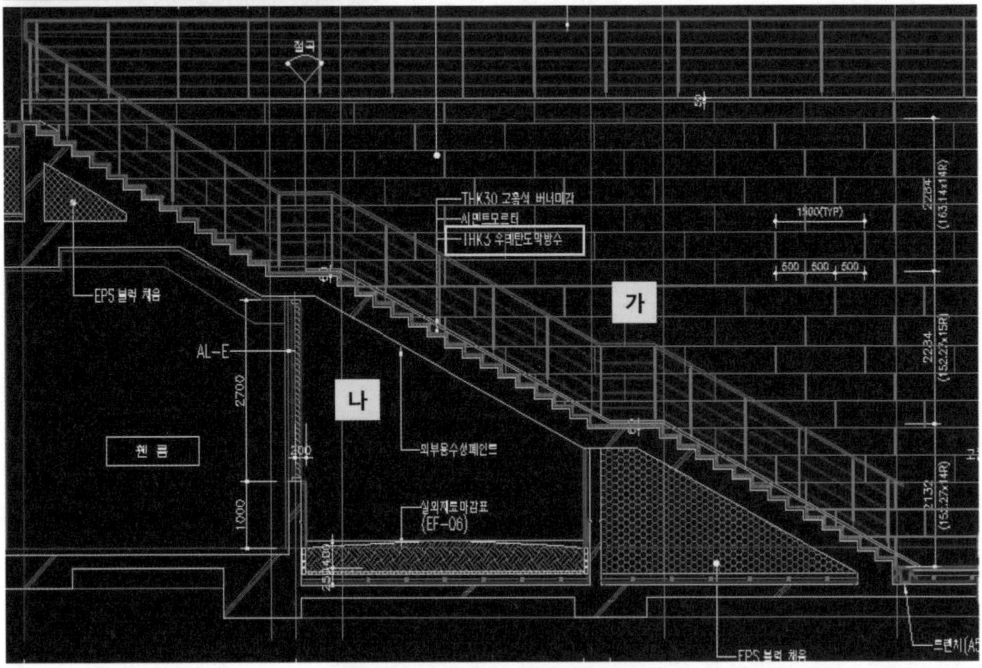

[그림4] 선큰 외부계단 단면도

외부계단 석재마감 전에 '우레탄 도막방수'로 설계되었다. 설계자의 센스 넘치는 설계다. 계단 구조체도 균열이 발생될 수 있고, 벽체 (가) 측으로 누수가 발생할 수 있는 것을 사전에 차단하기 위함이다. 우레탄 도막방수에는 모르타르 사춤이 부착되지 않기 때문에 액체방수로 시공해야 한다는 의견도 있다. 하지만 우레탄 도막방수 적용 시 규사를 분사하면 마찰력이 증가하여 모르타르 사춤과의 접착성을 높일 수 있다. 액체방수는 구조물의 거동, 신축팽창 시 파단되어 방수기능이 상실되는 단점이 있다. 방수의 적용은 현장 상황에 맞도록 판단하여 적용하면 된다.

■ 계단방수의 종류별 장단점

구분	우레탄도막방수	액체방수
장점	* 방수 성능 우수 * 탄성력 높음, 바탕면의 신축팽창과 거동에도 방수 성능 유지 가능	* 습식마감과 부착성 높음
단점	* 습식마감(모르타르+석재, 타일)과 부착성 감소 => 규사 도포 필요	* 탄성력 없음 * 바탕면 신축팽창, 거동 시 파단 * 액체방수 양생 시 자체 균열 발생 =>실외 공간 사용 불가

[그림4]와 같이 외부계단 설계단면을 보면 석재시공을 위한 모르타르 시공 전 우레탄방수를 적용했다. 우레탄 도막방수 위에 모르타르 시공이라……. '우레탄 도막방수에 모르타르가 부착이 될까?'라는 우려가 될 것이다. RC구조체 + 방수 + 모르타르/석재, 이런 상황에서 방수는 바탕면과 추후 마감을 고려할 때 액체방수 적용이 우선적으로 생각될 것이다. 하지만 외부계단의 경우 외기에 노출되는 구조물이기 때문에 신축 팽창, 구조물의 거동을 고려한다면 방수 파단을 우려해야 한다. 따라서 신축성이 높은 우레탄 도막방수를 적용하는 것이 좋다. **설계자의 방수에 대한 높은 지식이 돋보이는 부분이다.**

우레탄 도막방수와 모르타르의 부착력 저하를 우려한다면 **규사를 분사하면 쉽게 해결될 일이다.** 이렇게 '어떤 종류의 방수를 적용할 것인가' 하는 고민을 했다면 매우 우수한 설계자이며, 기술자다. 설계자는 방수 자체를 누락하거나 시공자는 방수의 필요성 자체를 인식하지 못하는 경우가 다반사다. 슬픈 현실이다.

[그림5]와 같이 RC 구조체에 균열이 발생된다고 생각해 보자. 방수를 적용하지 않는다면 석재 조인트로 유입된 빗물은 [그림4]의 공간 '나', 벽체 '가' 부위로 누수될 것이다. 누수된 빗물은 모르타르 사춤 부분을 관통했기 때문에 하얗게 백화현상을 유발, 마감재를 오염시킬 것이다.

외부계단의 경우, 방수 적용이 누락되는 경우가 빈번한다. **구조물은 거동과 신축팽창을 동반한다!** 균열은 불가피하게 발생하며 이에 대한 대안이 있어야 한다. 추후에 균열 부위에 우수에 의해 누수가 되어 마감재를 철거해서 이잡듯이 균열 부위를 찾을 것인가, 시공 중 방수를 적용하여 쉽게 누수를 예방할 것인가?

곰곰이 생각해 보자.

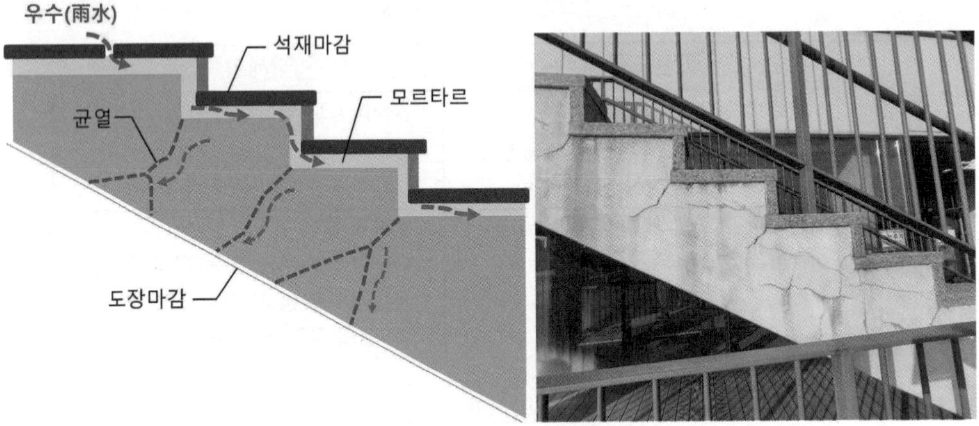

[그림5] 외부계단 누수

RC 구조체의 균열 발생은 불가피하다. 외부계단의 경우, 외기에 노출됐기 때문에 우천 시 위와 같이 우수는 균열을 통해 누수가 발생될 것이다. 누수만 발생되면 그나마 다행이지만, 누수된 물은 석재시공을 위한 모르타르 사춤 구성성분 중 시멘트(CaO)와 반응하여 백화현상이 발생시켜 마감재를 오염시킨다.
이를 알고도 아무런 조치도 하지 않을 것인가?

▶ 건축기사의 생각

주변의 건축물 계단을 보면 사진과 같은 경우를 종종 본다. 느끼는 것이 없는가.
외부계단에 방수를 적용해야 하느냐, 마느냐를 고민하는 사람들이 있다. 필수적인 사항인데도 고민 한다는 자체가 웃기는 얘기다. 설계도면에 없다면 도면을 수정했어야 했다. 도면대로 시공한다고 모든 게 끝나는 게 아니다. 언제부터 도면편에 섰는가.

외부계단에 RC난간(파라펫)에 방수를 강조했다. 하지만 R.C난간 조차 없는 경우가 있다. 이럴 때는 최악의 상황이다. 최소한 현장에서 액체방수턱을 만들어야 했었다. 도면 검토 시 난간 누락을 발견했었다면 좋았을 텐데, 시공중에도 이렇게 방치했다면…. 정말 할 말이 없다.
가슴에 손을 얹고 생각해 보자.

나는 건축 전공자가 맞는가……. 나는 기술자가 맞는가…….

맙소사, 계단에 물청소를 한다구요?

건설현장 마감공사 진행 시 수십 개 공종, 수백 명이 투입되어 공사가 진행되기 때문에 복도, 계단 바닥은 본드, 도장찌꺼기 등에 의해 오염이 발생된다. 이에 현장에서는 건식청소로는 한계가 있어 습식청소를 진행하는 경우가 종종 있다. 하지만 이는 대단히 잘못된 판단이며, 하자를 발생시키는 주요 요인이다. 외기에 노출된 계단의 경우, 우천 시 빗물이 마감 조인트로 침투하여 백화현상을 유발시키는 것을 예방하기 위해 방수를 하고, 방수턱을 시공한다. 내부계단에는 빗물이 유입될 경우가 없는데, 해서는 안 될 물청소로 인해 [그림2,3]와같이 석재를 오염시키는 것은 정말 부끄러운 일이다. 백화현상이 발생하지 않는다고 해도 조인트로 유입된 물은 시멘트 모르타르 사춤을 습윤한 상태로 만들어 마감재를 변색시킨다(그림4). 바닥은 마감재에 의해 폐쇄된 상태이다. 증발되지 못하는 물은 수년간 습윤상태를 지속시킨다.

물을 원망하지 마시라. 물은 잘못이 없다. 물을 뿌린 사람이 잘못이다.

$$CaO + H_2O = \mathbf{Ca(OH)_2}$$

$$\mathbf{Ca(OH)_2} + CO_2 = CaCO_3 + H_2O$$

[그림1]의 백화현상은 아래와 같이 발생된다.

① 물청소 진행, 석재 및 테라조 조인트로 물(H_2O) 침투

② 석재시공 위한 모르타르 중 석회(CaO)와 반응하여 수산화칼슘($Ca(OH)_2$)을 생성

③ 수산화칼슘($Ca(OH)_2$)과 공기 중의 이산화탄소(CO_2)와 반응하여 탄산칼슘($CaCO_3$) 생성

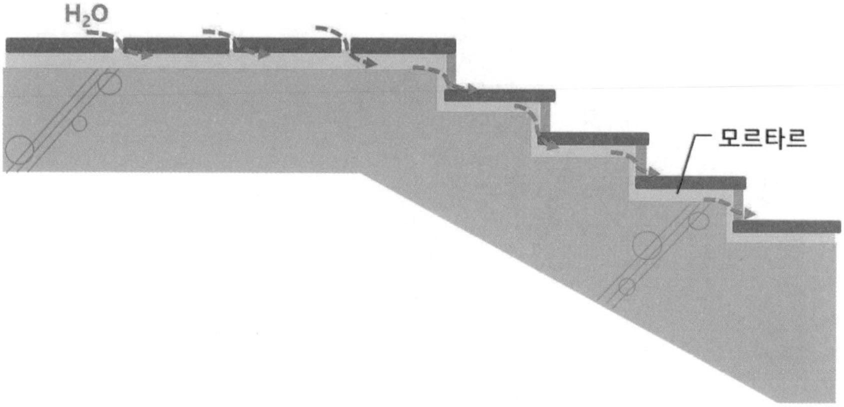

[그림1] 계단, 백화현상 발생

내부계단에 물 청소를 하면 위와 같이 석재 조인트로 물이 유입되어 석재 부착을 위한 모르타르와 반응하여 백화를 유발시킨다.

[그림2] 계단 마구리 부분, 백화 오염

물청소 후 계단 마구리가 밝은색으로 도장되었지만, 백화가 선명하게 발생됐다. 석재시공을 위한 모르타르와 물이 반응하여 백화침전물이 발생한 것이다.

[그림3] 석재마감의 백화오염

내부 물청소로 인해 계단 석재마감이 백화침전물에 의해 오염되었다.

[그림4] 유입된 물에 의해 오염된 바닥재

백화현상이 발생하지 않는다고 해도 물에 의해 마감재는 변색된다. 마감재 조인트로 유입된 물은 마감재에 의해 폐쇄되어 증발되지 못하고 모르타르와 평생을 같이 해야 한다. 당연히 변색된 상태도 함께한다. 물이 무슨 죄인가? 물은 죄가 없다.

▶ 건축기사의 생각

군시절을 생각해 보았다. 지금 생각해 보면 내무반 바닥, 복도, 계단은 테라조 물갈기(일본어: 도끼다시) 마감이었다. 휴무일은 부대정비 시간으로 실내공간에 대규모 물청소를 진행한다. (치약과 물을 섞어 걸레로 힘껏 닦는데, '믹싱'이라는 기발한 청소방법이다.)
이런 테라조 물갈기 마감은 조인트가 없기도 하고, 시멘트 모르타르 사춤이 없어 물 청소를 해도 백화현상이 발생되지 않는다. (그게 아니어도 군대에서는 매일매일 닦고 청소를 하기 때문에 백화오염이 발생될 가능성 0%)
위에서 지적한 사진은 동네에 갓 준공된 아파트를 구경 갔을 때의 일이다. 우연의 일치인가, 구경 갔던 단지마다 출입구, 복도와 계단에 물청소를 해서 백화현상과 물 오염이 발생된 것을 목격했다. 시공사 직원에게 왜 물청소를 했는지 물어보고 싶었다.
아마 물청소를 지시한 자는 군시절 '믹싱'이란 물청소를 통해 좋은 결과를 얻었던 경험(?)이 있었기에 건설현장에서도 그렇게 똑같이 물청소를 한 것이 아닐까?

측량, 기본 개념은 알고 갑시다!

측량은 가설공사, 흙막이공사, 굴착공사, 골조공사, 마감공사, 부대토목공사…. 모든 공종에 걸쳐 적용되며, 건설기술자로서는 당연히 익혀야 하는 매우 중요하고 가장 기본적인 작업이다. 하지만 측량은 토목공학에서 다뤄지기 때문에 건축 전공자 입장에서는 아킬레스건일 수 있다. 측량에 대한 지식이 없고, 측량을 할 수 없다면 건축현장에서 토목 협력사 측 측량자료에 100% 의존할 수밖에 없다. 공사 관리감독자가 측량을 모른다면 어떻게 공사를 관리하지? 아이러니한 상황이다.

슬러리월, RCD Pile 공사를 관리하면서 측량에 대해 많이 공부하고 배울 수 있었다. 공사 초기에 배워둔 측량은 추후 골조공사 시 수직도 관리, 층별 레벨 관리, Column Shortening 관리, 마감공사 시 각 공종 간의 레벨 관리 시 유용하게 활용할 수 있었다.

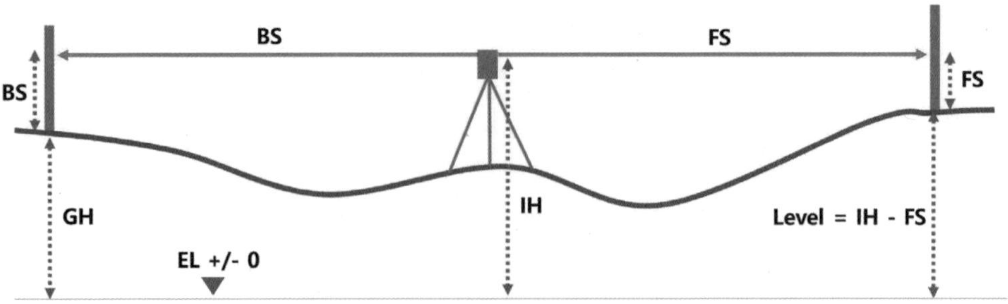

BS(後視): Back Sight　FS(前視): Fore Sight　GH(지반고): Ground Height

IH(기계고): Instrument Height

IH: GH + BS　GH = IH － FS

Original Benchmark: 수준원점(水準原點)

국토의 높이를 정하는 기준점, 평균 해수면과의 차이를 측량하여 육지에 설치한 시설물. 전국의 수준점을 정할 때 높이의 기준. 수준원점의 높이는 26.6871m.

수준원점(인천광역시 인하공전 内 위치)

BM: Bench Mark, 수준점(水準點)

인천만 평균 해수면(표고: 0m) 기준, 국토지리정보원의 수준측량 성과표에 등록해 놓은 기준점 수준원점을 기준으로 각 지역, 높이를 측정하여 국도 등에 표시됨 해수면 표고 기준(EL +/−0)으로 계산. Ex) EL +15, EL −15. [그림1]참조

TBM: Temporary Bench Mark, 임시 동안 사용할 의도로 만들어진 수준점

BM에서 현장에 따온 수준점

Ex) 건축현장 굴착공사 시 사용: Final Level, EL− 20 = EL +/−0 기준으로 하부 20m

RCD Pile 선단 레벨 측정 시 사용: EL− 40 = EL +/−0 기준으로 하부 40m

CP: Control Point, 도근점, 지적측량 위한 기준점

이미 설치된 삼각점만으로 세부측량 시 부족하여 측설하는 보조 기준점. 측량지역 내 기준점 측량 위해 설치. [그림2] 참조

TP: Turning Point, 이기점

고저 차를 구하는 2점이 멀리 떨어져 있을 때 기계를 옮겨 세야 하므로 이때 전시, 후시를 취하는 점. [그림3] 참조

슬러리월 Capbeam 시공 시 콘크리트 타설 전 TOC 레벨을 확인하는 것은 매우 중요하다. Capbeam이 지상 1층 슬래브 레벨을 결정하기 때문이다. Capbeam은 슬래브의 가장자리에 위치하기 때문에 지상 1층 슬래브에 물 고임을 예방하고, 누수를 사전에 차단하기 위해서는 레벨 선정이 매우 중요하다. 따라서 시공 전후로 레벨을 확인해야 한다(그림4).

RCD 파일은 기반암에 2m 깊이로 정착시켜야 한다. 파일 선단부 레벨과 두부(頭部) 레벨 관리가 중요하다. 레벨을 모른다면 파일의 길이를 산정할 수 없다. 파일 설계와 실제 시공과의 차이를 알아야 자재 수량 등의 산정도 가능하다. 파일 두부 레벨은 두부 정리 시 굴착 Final level과 Lean Con'c Thk를 고려해야 한다(그림5).

토목공사뿐만이 아니라 골조공사와 마감공사에서도 측량은 중요하다. 외부마감 공사인 커튼월 Unit system 타입 적용 시 자재는 기본적으로 설계상의 치수로 발주된다. 일반 창호처럼 골조공사가 완료된 후 실측에 의해 발주되는 것이 아니라 골조공사와 동시에 발주된다. 각 층 골조공사 완료 후 외부 마감공사인 커튼월 공종이 5~7개 층 밑에서 바로 진행되어야 하기 때문이다. 이 경우 공용부 층고 변경, Belt Wall 공간 등의 변수들이 발생되는데, 변수에 의한 수치가 반영하지 못한다면 Joint 틈새가 크게 발생하거나 시공 자체가 불가능할 수 있다. 반드시 레벨 관리를 통해 자료를 업데이트하며, 변동사항은 각 공종 협력사, 설계사와 공유해야 한다(그림6).

지하층 슬래브 레벨은 슬러리월 Dowel Bar 시공 시 이미 결정된다. 슬러리월은 토목설계사에서 진행하고, 골조와 마감은 건축설계사에서 진행한다. 동상이몽이 되지 않기 위해서는 기준을 명확히 하여 레벨 기준을 공유해야 한다(그림7).

측량에 대한 개념을 이해하고, 전 공종에 걸쳐 레벨의 중요성을 인식하자.

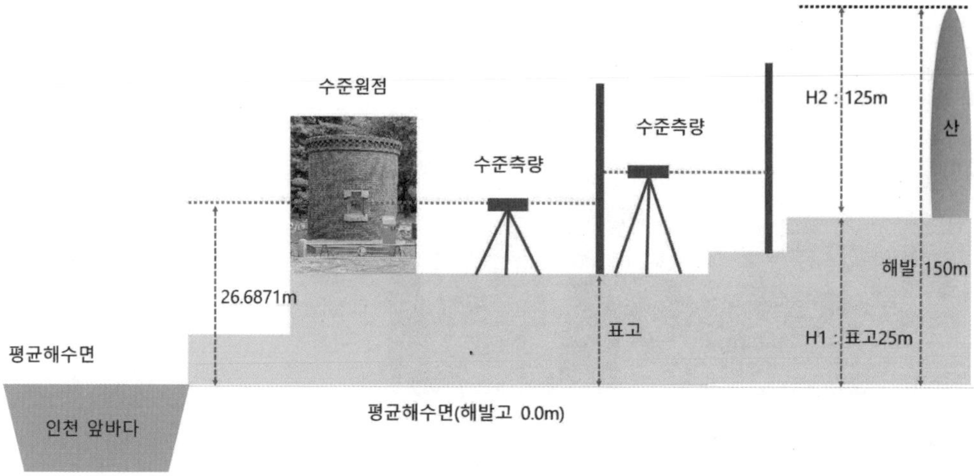

[그림1] 수준측량에 의한 해발고도의 원리

H = 산 높이(h1+h2), 해발 150m

h1 = 평균해수면으로부터 수준점까지의 높이, 25m

h2 = 수준점으로부터 산 정상까지의 높이, 125m

[그림2] 현장 내부, CP

TBM을 기준으로 현장 내부 각 모서리 4개소에 측량기준점을 설치했다. X, Y 좌표, 레벨을 명기하여 슬러리월공사, RCD 파일공사, 복공판공사, 굴착공사 Final Level, 지하층 골조공사 중 측량 진행 시 활용하였다. 굴착공사 중 측량기준점 또한 침하될 가능성이 있기 때문에 지속적인 모니터링이 필요하다.

[그림3] TP

전후 측량을 여결하기 위해 전시, 후시를 함께 취하는 점으로써 측량결과에 중요한 영향을 준다

[그림4] Slurry Wall Capbeam, T.O.C 레벨 확인

시공 전, 후 확인작업은 필수다. 물론 토목 협력사 직원들이 레벨 확인을 하고 자료도 제출한다. 하지만 그 자료의 데이터가 정확한지 확인이 필요하다. 건축기사는 재확인을 통해 오시공 유무를 확정할 수 있다. 동료와 함께 Capbeam 레벨을 확인작업 중이다.

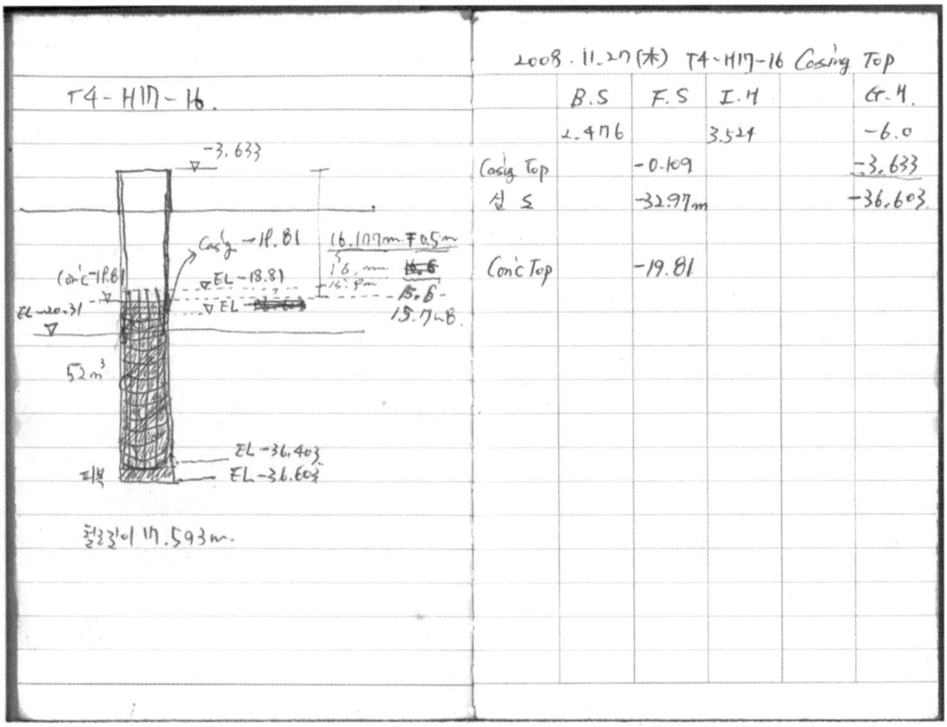

[그림5] Level book, RCD Pile Casing 레벨 확인

RCD Pile 공사의 경우 연암, 경암의 레벨, RCD 파일 선단부 피복, 철근 길이, 파일 두부 레벨, Casing 레벨 등 직접 확인하면서 기록을 해야 한다. 추후 파일 레벨을 관리하는 중요한 자료가 되며, 반드시 건축기사가 확인해야 할 사항이다. 슬러리월, RCD 파일, 굴착공사 등을 진행하며 측량관리를 위한 야장수첩이 수십 권이 쌓여갔다.

층별레벨

By 건축기사 강두현

층	층고	FL(건축,EL+) Earth Level	FL(토목,EL+) Elevation	SLAB * Core	SLAB * 일반	비고
1	6.4	0	12.6	FL-80	FL-80, var	계단전실 -40
2	6.4	6.4	19	FL-80	FL-80, var	계단전실 -40
3	4.5	12.8	25.4	FL-80	FL-80, var	계단전실 -40
4-Pit	2.5	17.3	29.9	FL-100	FL-100	계단전실 -40, 계단참-690
4	4.8	19.8	32.4	FL-120, -170	FL-170,var	
5	3.2	24.6	37.2	FL-120, -170	FL-170	
6	3.2	27.8	40.4	FL-120	FL-120	
7	3.2	31	43.6	FL-120	FL-120	
8	3.2	34.2	46.8	FL-120	FL-120	
9	3.2	37.4	50	FL-120	FL-120	
10	3.2	40.6	53.2	FL-120	FL-120	하부 레벨계산 모식도 참조
11	3.2	43.8	56.4	FL-120	FL-120	
12	3.2	47	59.6	FL-120	FL-120	
13	3.2	50.2	62.8	FL-120	FL-120	
14	3.2	53.4	66	FL-120	FL-120	
15	3.2	56.6	69.2	FL-120	FL-120	
16	3.2	59.8	72.4	FL-120	FL-120	
17	3.2	63	75.6	FL-120	FL-120	
18	3.2	66.2	78.8	FL-120	FL-120	
19	3.2	69.4	82	FL-120	FL-120	
20	3.2	72.6	85.2	FL-120	FL-120	
21	3.2	75.8	88.4	FL-120	FL-120	
22	3.2	79	91.6	FL-120	FL-120	
23	3.2	82.2	94.8	FL-120	FL-120	
24	3.2	85.4	98	FL-120	FL-120	
25	3.5	88.6	101.2	FL-120	FL-120	
26	5.7	92.1	104.7	FL-60,-200	FL-200	
27	3.2	97.8	110.4	FL-120	FL-170	
28	3.2	101	113.6	FL-120	FL-120	
29	3.2	104.2	116.8	FL-120	FL-120	
30	3.2	107.4	120	FL-120	FL-120	
31	3.2	110.6	123.2	FL-120	FL-120	
32	3.2	113.8	126.4	FL-120	FL-120	
33	3.2	117	129.6	FL-120	FL-120	
34	3.2	120.2	132.8	FL-120	FL-120	

층	층고	FL(건축,EL+)	FL(토목,EL+)	SLAB * Core	SLAB * 일반	비고
35	3.2	123.4	136	FL-120	FL-120	
36	3.2	126.6	139.2	FL-120	FL-120	
37	3.2	129.8	142.4	FL-120	FL-120	
38	3.2	133	145.6	FL-120	FL-120	
39	3.2	136.2	148.8	FL-120	FL-120	
40	3.2	139.4	152	FL-120, -1300	FL-120	
41	3.2	142.6	155.2	FL-120	FL-120	
42	3.2	145.8	158.4	FL-120	FL-120	
43	3.2	149.0	161.6	FL-120	FL-120	
44	3.2	152.2	164.8	FL-120	FL-120	
45	3.2	155.4	168	FL-120	FL-120	
46	3.2	158.6	171.2	FL-120	FL-120	
47	3.2	161.8	174.4	FL-120	FL-120	
48	3.2	165.0	177.6	FL-120	FL-120	원형기둥 경통하부 띠
49	3.2	168.2	180.8	FL-120	FL-120	
50	3.2	171.4	184	FL-120	FL-120	
51	3.2	174.6	187.2	FL-120	FL-120	
52	3.2	177.8	190.4	FL-120	FL-120	
53	3.2	181.0	193.6	FL-120	FL-120	
54	3.2	184.2	196.8	FL-120	FL-120	
55	3.2	187.4	200	FL-120	FL-120	
56	3.2	190.6	203.2	FL-120	FL-120	
57	3.2	193.8	206.4	FL-120	FL-120	
58	3.2	197.0	209.6	FL-120	FL-120	
59	3.2	200.2	212.8	FL-120	FL-120	
60	3.2	203.4	216	FL-120	FL-120	
61	3.5	206.6	219.2	FL-120	FL-120	
62	4.8		#VALUE!	FL-60,-200	FL-200	
63	5.2	214.9	227.5	FL-60	FL-170,-500	
64	4	220.1	232.7	FL-140,-120	FL-140,-500	
65	4	224.1	236.7	FL-120	FL-120,-500	
66	3.6	228.1	240.7	FL-120	FL-120	
PH1	3.7	231.7	244.3	FL+100,+240	FL+-0, +100	
PH2	3.45	235.4	248	FL-100, -60	FL-100	
RF	-	238.85	251.45	FL+-0	FL+-0	

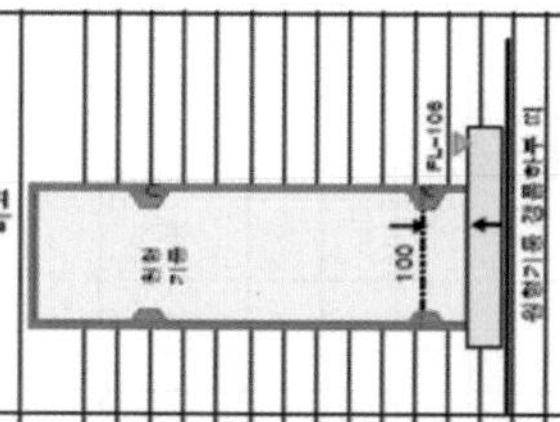

1. * 각층 Slab FL은 다운구간이 있으나 메인 FL을 명기, 구조 및 건축도면 참조 바람.
2. 각층 슬래브 형틀 레벨은 FL, Slab두께를 감산하여 산정. Ex) 10F 형틀 Level= 40.6-0.12-0.25=40.23, EL+40.23
3. T.O.C level = FL을 감안하여 산정. Ex) 10F T.O.C level = 40.6-0.12=40.48, EL+40.48
4. 당현장의 건축도면(해안건축)은 SL=FL로 감안, 혼동이 될 수 있기에(마감, 기전, 골조업체) 앞으로는 레벨 산정시 FL을 사용하는게 좋
   ex) SL(Slab Level)과 FL(Floor Level)이 같을 수는 없다.
5. FL을 건축, 토목으로 분리한 이유는 건축도면(해안건축)이 1F SL+-0 = FL= SL = EL+-0 = GL.12.6로 명기하였기에 혼동을 줄이고자 하였음
   => 즉, 건축 FL은 당현장에만 적용되는 상대적 레벨(1F 기준, GL.12.6=EL+-0)이고 토목 FL은 지하공사때부터 사용했던 절대적 레벨(해수면기준).
6. T.O.C level은 Con'c타설시 위치별 레벨차이가 발생할 수 있기에 전기, 통신, 설비 박스 높이 측정시 T.O.C가 아닌 FL을 기준으로 설치해야 함.
7. 수정 및 의문사항은 금호건설 건축기사 강두현에게 문의하시기 바랍니다.

EX) 10F 레벨 산정 모식도

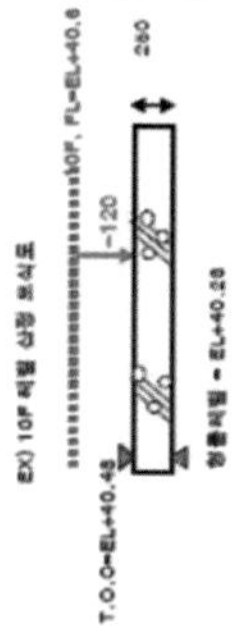

By 강두현

[그림6] 지상층 구조체 레벨 관리 리스트

측량은 토목공사뿐만이 아니라 골조공사, 마감공사 시 레벨 관리를 위해 매우 중요하게 사용되었다. 특히, 외부마감은 커튼월은 Unit system 타입으로 골조공사 실측에 의한 자재 발주가 아니라 설계상의 치수로 발주가 진행된다. 공용부의 경우 층고가 변경되었고, 실제 시공 시 레벨 시공 오차가 발생한다면 커튼월 시공사와 정보를 공유하고 기준을 제시해야 했다. 레벨관리 리스트는 중요한 자료로 사용되었다.

층별레벨(지하층)

층	층고	FL(건축,EL+-) Earth Level	FL(토목,EL+-) Elevation	SLAB * Core	SLAB * 일반	비고
1F	-	0	+ 12.6	FL-60	FL-60, var	Slab Thk. 400
B1F	6.4	-6.4	+ 6.2	FL-100	FL-100, var	Slab Thk. 200
B2F	4.3	-10.7	+ 1.9	FL-100	FL-100, var	Slab Thk. 200
B3F	3.3	-14	-1.4	FL-100	FL-100, var	Slab Thk. 200
B4F	3.3	-17.3	-4.7	FL-100	FL-100, -600 *	* 열병합 발전실/Slab Thk 200
B5F	3.3	-20.6	-8	FL-100	FL-100	Slab Thk. 200
B6F	3.3	-23.9	-11.3	FL-100	FL-100, -300	Slab Thk. 200
B7F	6.1	-30	-17.4	FL-350	FL-350	

1. * 각층 Slab FL은 다운구간이 있으나 메인 FL을 명기, 구조 및 건축도면 참조 바람.
2. 각층 슬래브 형틀 레벨은 FL, Slab두께를 감산하여 산정. Ex) B2F 형틀 Level= -10.7-0.1-0.2=-10.4, EL-10.4
3. T.O.C level = FL을 감안하여 산정. Ex) B3F T.O.C level = -14 - 0.1= -13.9, EL-13.9
4. 당현장의 건축도면(해안건축)은 SL=FL로 감안, 혼동이 될 수 있기에(마감, 기전, 골조업체) 앞으로는 레벨 산정시 FL을 사용하는게 용이.
   ex) SL(Slab Level)과 FL(Floor Level)이 같을 수는 없다.
5. FL을 건축, 토목으로 분리한 이유는 건축도면(해안건축)이 1F SL+-0 = FL= SL = EL+-0 = GL.12.6로 명기하였기에 혼동을 줄이고자 하였음
   => 즉, 건축 FL은 당현장에만 적용되는 상대적 레벨(1F 기준, GL.12.6=EL+-0)이고 토목 FL은 지하공사때부터 사용했던 절대적 레벨(해수면기준).
6. T.O.C level은 Con'c타설시 위치별 레벨차이가 발생할 수 있기에 전기, 통신, 설비 박스 높이 측정시 T.O.C가 아닌 FL을 기준으로 설치해야 함.
7. 수정 및 의문사항은 금호건설 강두현기사에게 문의하시기 바랍니다.

EX) B2F 레벨 산정 모식도

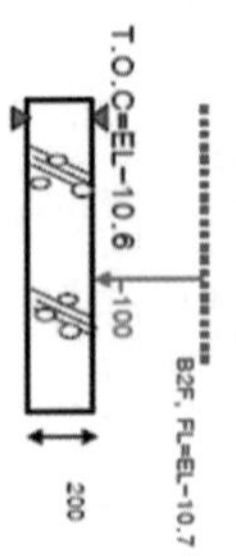

형틀레벨 = EL-10.4

[그림7] 지하층 레벨 관리 리스트

지하층은 7층으로 설계되었다. 각 층 슬래브 레벨은 슬러리월 시공 시 이미 결정된다. 지하층 바닥마감, 지상층 토목마감 등을 고려할 때 각 공종 이해관계자 간의 충돌이 발생될 수 있다. 한 번 잘못되면 수습하기 위해 많은 시간과 원가가 손실된다. 아등바등대면서 관리해도 부족한데 그냥 방치한다면 결과는…. 불 보듯 뻔하지 않겠는가?

▶ 건축기사의 생각

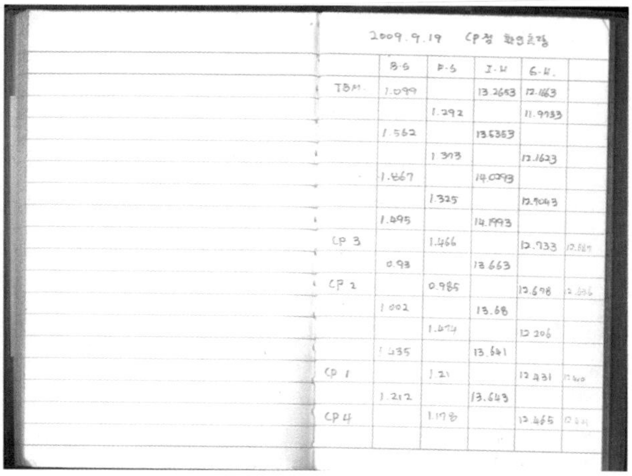

측량은 건축전공자들에게 생소하다. 선배들은 측량에 대해 반드시 건축기사 시절에 공부해 둬야 한다고 조언해 주셨다. 레벨과 좌표에 대해서 신입사원 시절인 건축기사 때 배우지 못하면 평생 모르고 갈 수밖에 없다고 했다. 대부분의 건축직들은 토목 협력사의 측량 자료에만 의존하다 보니 레벨, 좌표에 대한 이해가 부족하여 수동적 입장으로 공사를 관리하는 게 태반이며, 능동적으로 공사를 컨트롤하며 여러 공종 간의 문제를 시원하게 풀어내는 이들은 극히 일부라고 했다.

나보다 어린 토목 협력사 직원으로부터 레벨북을 선물받았다. 측량에 대해 문외한인 나에게 측량에 대한 지식과 실제 측량을 하면서 이것저것 많이 가르쳐주었다.

정말 고마운 친구다.

이설 TBM을 설치하시죠

현장 인근 아파트 지하층 공사 시 '제거식 Earth Anchor' 시공 후 강선을 제거하지 않아 현장 Earth Anchor와 간섭되어 현장 주변 도로 일부가 침하됐다(그림2).

아뿔사!

우연의 일치인가. 침하된 부위 인근에는 TBM가 설치된 곳이다. 지하층 공사 중 현장에 설치된 CP를 기준으로 측량을 진행하는 중에 지속적인 오차가 발생했다. (CP에 좌표 및 레벨 표기)

이상하다!

현장 내부에 설치된 CP는 가설도로가 침하하면서 같이 변동될 수 있다. 침하는 발생할 수 있다고 치자. 하지만 측량 수치에 의하면 CP가 융기하는 현상이 발생했다(그림1의 No1, No4). CP가 융기한다고?

이것은 뭔가 잘못되고 있다는 증표다. 정기적인 좌표, 레벨 모니터링을 진행하면서 CP의 융기가 아닌 현장 외부 도로가 침하하면서 TBM도 침하되고 있다고 확신했다. 다행히 침하될 확률이 없는 위치에 레벨과 좌표를 표기한 TP를 설치했던 터라 지하층 골조공사 진행에는 문제가 없었다.

NO	최초 ①	`09.04 ②	오차 ②-①	`09.05③ 이설TBM	`09.09 ④	오차 ④-①	조정안 0.036	`09.10	`09.11
TBM	12.166	-	-	-	-	-	12.130	12.130	12.130
이설TBM	-	-	-	13.958	13.963	0.005 (④-③)	13.927	13.927	13.927
No.1	12.403	12.410	0.007	-	12.438	0.035	12.402	12.402	12.402
No.2	12.636	12.632	- 0.004	-	12.677	0.041	12.641	12.641	12.641
No.3	12.676	12.676	-	-	12.726	0.050	12.690	12.690	12.690
No.4	12.405	12.422	0.017	-	12.462	0.057	12.426	12.426	12.426
B동 TP	6.600	-	-	-	6.636	**0.036**	6.600	6.600	6.600

[그림1] 측량 모니터링(EL)

최초 TBM과 이설 TBM, 그리고 현장 CP에 표기된 레벨 기준으로 모니터링을 실시하여 보정값을 정하고 재기준을 확정했다. 골조공사, 마감공사, 부대토목공사 등 준공 시 레벨까지 전반적으로 고려하여 보정값을 산정했다.

[그림2] 주변도로 침하

현장 옆, 이미 준공한 아파트 단지는 흙막이 지지공법을 '제거식 Earth Anchor'를 적용했지만, Earth Anchor를 제거하지 않았다. 현장에서 Earth anhor를 시공하면서 기존 미제거된 Earth Anchor의 천공홀, 강선과 간섭되면서 주변 도로의 침하가 발생했다. 우연의 일치로 이곳에는 TBM이 설치된 곳이다.

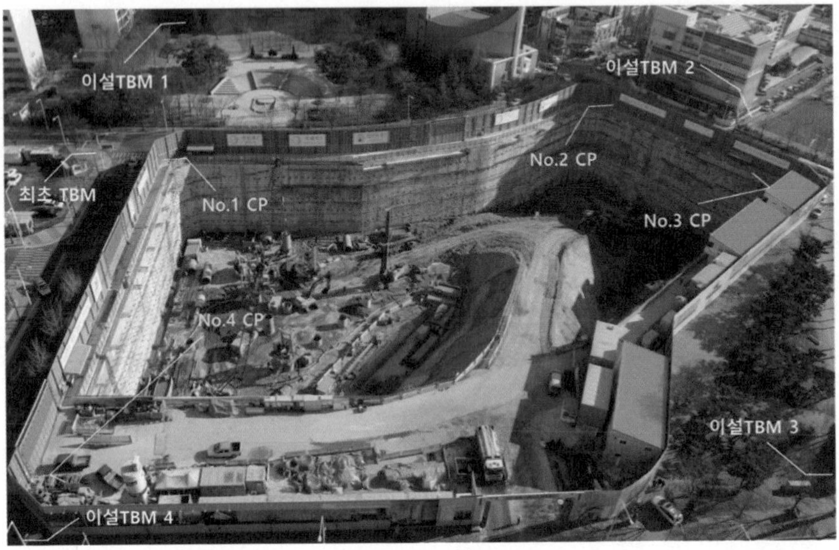

[그림3] TBM과 이설TBM

최초에 설치된 TBM은 도로침하 및 차량에 의한 파손으로 무용지물이 됐다. 추가적으로 이설 TBM을 4면에 한 개씩 설치하고 지속적으로 크로스체크 했다. 만약 TBM을 1개만 설치했다고 치자. 어떠한 이유로 침하된다면 현장에서는 그것을 모른 채 침하된 TBM을 기준으로 현장에서 골조, 토목공사를 진행할 것이다. 만약을 대비해서 미리 준비할 것인가. 대책 없이 공사를 진행하다가 땅을 치고 후회할 것인가? 판단해 보시라.

[그림4] 이설 TBM 설치 중

측량팀이 이설 TBM을 설치하고 있다. 이설 TBM은 현장 대지경계에서 약 50M~100M 거리의 구조벽체에 설치됐다. 현장에서 흙막이/굴착공사를 진행하면서 침하 우려가 되는 거리를 초과해야 하기 때문이다. 설치 기준을 정한다면 1) 현장, 주변 공사장의 영향을 받지 않을 것, 2) 측량에 어려움이 없을 것, 3) 설치되는 바탕은 견고한 구조체일 것, 4) 혹시 모를 상황에 대비하여 추가적으로 설치할 것(TBM 1~4)

이렇게 현장 주변의 여건에 의해 TBM이 훼손될 수 있음을 인지하고, 추후에도 재발생될 수 있음에 대비하여 [그림3, 4]처럼 현장 각 4면에 이설 TBM(예비 TBM)을 설치하였다. 그리고 정기적으로 이설 TBM인 'TBM 1~TBM 4' 을 확인하여 레벨 변동을 모니터링했다. TBM은 현장 공사진행 시 레벨을 산정하는 기준으로 매우 중요하다.

도로침하, 차량 이동에 의한 파손, 주변 도로 공사 중 파손 등 예기치 못하게 훼손될 가능성은 있음을 인지하여 이설 TBM을 준비한다는 것을 배우는 좋은 경험이었다.

▶ 건축기사의 생각

TBM은 현장에서 레벨 측량을 하는 기준으로 토목, 골조공사 중 레벨관리에 중요한 지표가 된다. 도로침하, 차량 이동에 의한 파손, 주변 도로 공사 중 파손 등 예기치 못하게 훼손될 가능성은 있다. 특히, 지하층이 깊게 시공되는 경우는 지하층 골조공사가 완료되기 전까지 Boiling, Piping 등으로 인해 현장 가설도로, 주변 도로 등의 침하가 발생할 수 있다는 최악의 경우를 생각해야 한다. 가령 Earth Anchor 지지공법 적용 시 강선인장에 의한 도로 침하, Strut 공법 적용 시 토압에 의한 변위, Topdown 공법 적용 시에도 변위가 발생될 확률이 있기 때문에 이에 대비해야 한다.

그 방법은 최초 TBM을 설치하고 예비 TBM을 추가적으로 설치하여

Cross checking!

복공판 레벨을 확인하라!

지하철 공사 중인 도로를 지나다 보면 철판으로 된 도로 바닥을 보게 된다. 상부는 임시적으로 차량통행이 가능하도록, 하부는 공사를 진행할 수 있도록 하는 가설재이다. 건축현장에서는 현장 내부에 가설도로 등 내부 면적이 부족하여 건설장비의 이동, 작업이 불가능할 때 적용된다.

현장은 현장 내부에 지하층 굴착공사 위한 장비 통행, 지하층 골조공사 시 콘크리트 타설 장비 등을 운용하기 위해 복공판이 필요했다(그림1~2).

복공판은 **'Post Pile => Bracket => 주형보 받침보 => 가새보강 => 주형보 => 복공판'** 순서로 시공되며, 본구조체인 1층 슬래브 시공 후 해체된다.

Post Pile 시공 후 주형보 받침보를 시공하는데 뭔가 이상하다는 느낌이 들었다.

슬러리월 Cap Beam의 Dowel Bar 레벨과 복공판 Post Pile 상부 레벨을 고려했을 때 주형보 받침보 레벨이 너무 높은 것 같은 느낌이 들었다. 복공판 시공팀에서 1F Slab 레벨을 1F Dowb Slab 레벨로 착각하여 시공하는 듯했다. 복공판 설치소장에게 확인 요청했지만, 복공판 시공 경력이 수십 년이란 근거로 문제가 없다고 주장했다.

이렇게 기술적 근거와 논리적 근거도 없는 주장은 항상 오류를 동반한다. 오류 확률 100%. 복공판 레벨 오류 시 현장의 재앙급 상황이 머릿속에서 빠르게 돌아갔다.

1) 복공판 주형받침보와 1층 슬래브 간섭(슬래브보다 복공판이 낮게 시공되는 중)

구 분	설 계	시 공 中
A) [복공판] 복공판 바닥	EL +13.40	–
B) [복공판] 주형보 받침보 브라켓(Plange 하단)	EL +12.20	EL +11.15
C) [RC 공사] 1F Slab T.O.C	EL +12.15	EL +12.15(예정)
D) [RC 공사] 1F Down Slab T.O.C	EL +11.10	EL +11.10(예정)

2) 1층 RC 슬래브 시공 불가

3) 복공판 때문에 RC 슬래브를 시공할 수 없다면 복공판 철거 필요

=> 논리적 모순. 복공판의 시공목적은 지하층~지상 1층 RC 슬래브 시공을 위한 가설 부재. 그런데 1층 슬래브 시공을 위해 복공판을 철거하면? 1층 슬래브를 시공할 수 없다.

[그림1] 현장 중앙에 설치되고 있는 복공판

[그림2] 주형보 받침보 시공

복공판은 지하 7층 기초부터 지상 1층 슬래브 설치 시까지 굴착공사를 위한 덤프트럭 통행, 지하층 골조공사를 위해 레미콘의 이동, 펌프카, 이동식 크레인 등에 반드시 필요한 가설구조물이다. 하지만 굴착공사, 지하층 골조공사 등의 본공사를 '위해' 존재하는 공종인 만큼 피해를 끼쳐서는 안 된다.

결론은 '현재 오시공되고 있는 복공판을 수정해야 한다'.

[그림3~4], 복공판 단면도의 레벨을 분석해 보자. 주형보 받침보 브라켓 플랜지 하단과 1층 슬래브 간격은 50mm. 설계 자체가 정말 아슬아슬하다. 불가피하게 시공 오차가 발생해도 문제가 커질 판에 오시공 되고 있는 상황을 바라만 보고 있을 것인가?

수차례 레벨 측량을 진행하며 오시공을 재확인했다. 결국, 수정했다.

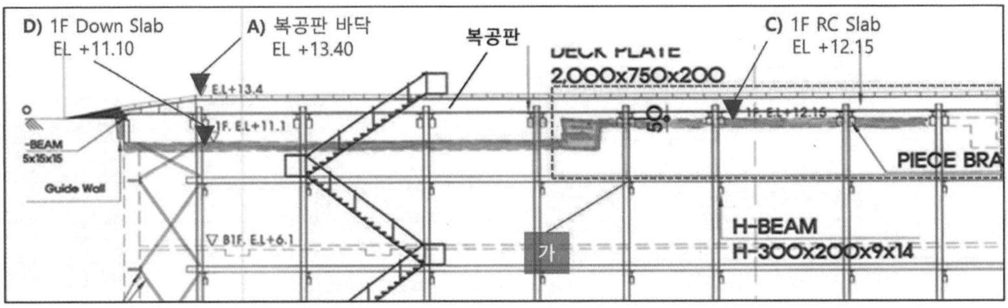

[그림3] 복공판 단면도

1층 슬래브는 Down 되는 구간이 있다. 공동주택의 경우 1층 슬래브는 조경 구간, 주차보도 구간, 출입구, 부대시설 등이 설계·시공되어 다양한 레벨로 설계·시공되기 때문에 토목 및 골조공사 시 레벨에 유의해야 한다.

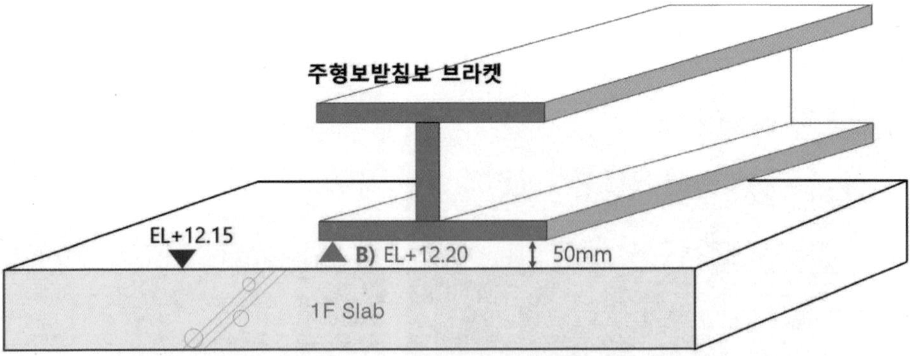

[그림4] 그림3, '가' 구간 복공판 주형받침보와 슬래브 단면 모식도

주형보 받침보 브라켓 하부 플렌지와 1층 RC 슬래브의 차이는 50mm로 설계되어 있다. 복공판은 사용 중 미세한 침하 발생을 고려한다면 정말 정확히 시공해야 한다는 생각이 들 수밖에 없다. 불가피한 시공 오차, 사용 중 오차로 인해 문제가 커질 판에 오시공을 바라만 보고 있을 것인가? 바로잡는 것이 정도(正道)이다.

▶ 건축기사의 생각

건축기사는 현장에서 작업을 지시하면서 이런 고민을 하게 된다.

'내 판단이 잘못된 것이면 어떻게 하지?' vs '아니야, 이건 정말 확실히 잘못됐어.'

'좋은 게 좋은 거라고 하며 그냥 넘어가자고 하는데.' vs '안 돼, 그냥 넘어가면 나중에 위험해.'

'다른 것은 몰라도 구조적인 부분의 오류는 반드시 수정해야 해. 나중에 붕괴될 수 있잖아.'

'내일 타설해야 하는데, 공사 기간이 지연되는데. 그렇다면 나중에 후폭풍을 감당할 수 있을까?'

'수십 명이, 수백 명이 공사를 진행하고 있는데 공사가 잘못됐다고 수정하자고 하면 다들 손 놓고 있어야 하는데. 나만 바라보는 시선들…. 아, 그냥 모른 척하고 넘어갈까?'

'아니야, 나중에 더 큰 문제가 발생될 수 있어, 그냥 넘어간다는 건 직무유기야.'

이렇게 지시된 사항의 결과물이 나올 때까지 긴장상태에서 벗어나지 못한다. 복공판 시공 소장에게 오류를 지적하여 확인 요청을 했지만, 협력사 소장은 20년 경력을 자랑하며 '이 바닥에서 수백 번도 더 시공했었다. 문제없다.'라는 기술적 근거도, 논리적 근거도 없는 답변만 돌아온다. 잘못된 결과가 눈에 선하게 보이는데 그냥 눈감고 갈 수는 없었다.

1층 슬래브를 시공하지 못하거나 시공한다 해도 철거해야 하는 그림이 그려지는데 그냥 넘어간다고? 결국, 협력사 소장과 난투극까지 벌어졌고, 도면 등을 재검토하여 나의 주장이 받아들여졌다. (국회의사당에서 국회의원들의 난투극이 벌어지는 것이 이해될 줄이야.)

결과물이 나왔다.

지상 1층 슬래브 타설 완료. 판단은 정확했다. 시공 여유 치수까지 시공되어 슬래브와 복공판 간섭되지 않았고, 정확히 맞아 떨어졌다.

눈물이 난다. 상쾌, 통쾌, 온몸에서 전율이 느껴진다.

에필로그

5~10년 후에 귀하의 경력 목표는 무엇이며, 그것을 추구하는 이유를 서술해 주십시오

첫째, <전공분야>
건설현장에서 경험을 쌓은 후 5년차에 건축시공기술사시험에 응시, 합격하여 진정한 기술자로 태어나고 싶습니다. 그리고 10년 후에는 그동안 선배님, 동료들과 함께 축적한 기술과 노하우를 바탕으로 초급, 중급, 고급기술자를 위한 전공서적을 집필하겠습니다. 대학에서 건축을 공부하면서 그리고 현장에서 근무하면서 이론에 치우친 서적을 보면서 이런 결심을 하게 되었습니다.
둘째, <인생분야>
첫 월급을 받기 시작한 후부터 부모님을 위한 적금통장을 만들어서 아버지, 어머니를 위해 한국인이 가장 잘 걸리는 6대 암 검진을 정기적으로 시켜드리는 선물을 해드리고 싶습니다. 그래서 지금껏 저를 키워주신 은혜에 보답해 드리고 싶습니다. 부모님의 건강은 저의 행복이고 제가 금호아시아나그룹에서 저의 역량을 힘껏 발휘할 수 있기 때문입니다.

대학시절 건축을 공부하면서 '나중에 꼭 전공관련 서적을 집필할꺼야'라는 목표는 입사(入社)를 위한 목표가 되었고 입사 후 현장을 바라보는 관점을 넓게, 깊게 해주었다.

나는 대한민국 건축기사다. 나는 대한민국 건축대리다.
나는 대한민국 건축과장이다. 나는 대한민국 건축공무다.
나는 대한민국 건축소장이다…….

시리즈로 출간해 보겠다는 신입사원의 포부.

건축기사로 근무하면서 현장, 타사현장, 주변 건축물 시공의 장단점을 벤치마킹하며 기록했다. 그 기록들은 많은 양이 되었고 10년이 지난 지금, 당시 원고를 이용해 출간하게 되었다. 이번 출간물에 많은 양의 기록들이 실리지 못해서 아쉽다. '4day cycle공정관리', 'Tact공정의 원리', '마징가 제트 곤도라', '건축기사의 초고층 세계투어'….
다음편을 기약하면서 건축기사 시절에 썼던 원고의 프롤로그로 마무리 하려고 한다.

Why, Why….

1년 동안의 슬러리월 흙막이 공사, RCD 파일, 흙파기 공사를 끝내고 2009년 3월, 드디어 지하7층 Mat기초 시공을 위한 치환/버림콘크리트를 타설했다. 이를 시작으로 매일 이어지는 골조공사의 숨가쁜 진행은 신입 건축기사인 나에게 호기심을 가득 선물해 주었다.

이를 계기로 필드에서 철근, 형틀, 콘크리트 공사를 관리하면서 발생했던 실수와 아이디어를 메모하였고 자료로 정리하기 시작했는데… 웬걸… 솔솔한 재미가 있었다.

Why… Why?… 내 자신에게 질문을 던지며 그 해답을 찾기 위해 주말에도 도서관, 서점에서 온갖 서적을 파헤쳤다. 나의 첫 현장은 배움의 장이다. 시공, 구조, 마감, 민원관리의 중요성 등 이런 경험을 할 수 있는 건축기사가 대한민국에 몇 명이나 될까하는 혼자만의 행복한 고민은 어제도 오늘에도 이어졌다.

본 기록은 신입 건축기사 시절의 1,000일이 넘는 시간 동안에 건축기사의 날카로운 눈으로 바라본 바를 정리했으며 상당부분이 주관적인 견해다. 인터넷, 시중에 나와있는 책의 일반적인 내용은 없다. 필자가 직접 경험한, 특별한 부분만 기록했다.

실제 공사관리를 하면서 촬영한 사진을 최대한 활용해 이해가 쉽도록 했다. 누구에게 보여주기 위해 기록한 자료가 아닌, 순수한 개인적 시공일기이다. 따라서 진부적일 수도 있고 유치한 부분도 있다. 하지만 해가 지날 수록 이러한 기록은 나와 후배들의 건축지식을 체계적으로 향상시킬 수 있으리라 확신한다.

나는 기억력이 좋지 않다. 그래서 항상 메모하고 데이터로 기록했다. 어쩌겠는가. 앞으로도 같은 실수를 반복하지 않으려면 이렇게라도 해야하지 않겠는가.

2010년 12월 30일

늦은 밤, 현장사무실에서

대한민국 건축기사 강 두 현

나는 대한민국 건축기사다

펴 낸 날 2023년 5월 12일

지 은 이 강두현
펴 낸 이 이기성
편집팀장 이윤숙
기획편집 윤가영, 이지희, 서해주
표지디자인 윤가영
책임마케팅 강보현 김성욱
펴 낸 곳 도서출판 생각나눔
출판등록 제 2018-000288호
주 소 경기도 고양시 덕양구 청초로 66 덕은리버워크 B동 1708호
전 화 02-325-5100
팩 스 02-325-5101
홈페이지 www.생각나눔.kr
이 메 일 bookmain@think-book.com

• 책값은 표지 뒷면에 표기되어 있습니다.
ISBN 979-11-7048-560-5(13540)